알아두면 좋은
과수 병해충

국립원예특작과학원 著

알아두면 좋은

과수
병해충

THE DISEASE AND INSECT PESTS OF FRUITS

Contents

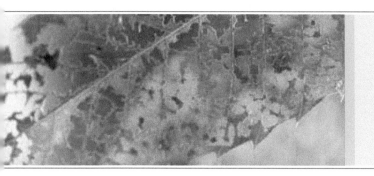

제1장 과수 병해 총론

1. 서론

넓은 의미로의 병해는 생리적 장해, 환경적 장해를 포함하며, 좁은 의미로는 미생물이나 바이러스 등 병원체의 침입 및 기생에 의하여 작물의 감수가 일어나는 것을 말한다. 과수에 발생하는 주요 병해로는 탄저병, 부패병, 흰가루병, 녹병, 잿빛곰팡이병, 검은별무늬병, 흰날개무늬병, 자주날개무늬병, 세균성 병해, 바이러스성 병해 등이 있다. 이러한 병해의 발생 생태나 병원균 등을 확실하게 알아두면 효과적인 방제가 가능하며 과수의 수량 감소나 품질 저하, 재배 연한 단축 등의 피해를 방지하여 농가 소득을 증대시킬 수 있다.

2. 과수의 병해 피해

과수는 영년생 작물이기 때문에 병해가 발생할 경우 그다음 해까지도 피해를 받게 되어 수익에 큰 차질이 생기게 된다. 과수 병해의 직접적인 피해는 과실 수량 및 품질의 저하와 농약의 과다 살포에 의한 생산비 증가 등이 있다. 간접적인 피해로는 나무의 수세 약화, 과실 크기 및 당도의 감소와 착색 불량 등이 있으며 이 외에도 천적자원이 감소함에 따라 농약 의존형 농법이 가속화된다는 점을 들 수 있다. 뿐만 아니라 병해충의 증가는 국제간 검역 강화에 따른 분쟁의 소지를 낳고 있으며 최근에는 이러한 피해를 줄이기 위해 환경 농업 전환을 서두르고 있다. 현재 우리나라에서 발생하여 피해를 주는 병해를 발생 부위별로 분류해 보면 다음과 같다.

과일에 발생하는 병

○ 사과 : 겹무늬썩음병, 탄저병, 검은별무늬병, 점무늬낙엽병, 흰가루병, 그을음
　　　　병, 역병, 바이러스병, 바이로이드병
○ 배 : 겹무늬병, 검은별무늬병, 붉은별무늬병, 역병, 바이로이드병
○ 포도 : 탄저병, 흰가루병, 녹병, 새눈무늬병, 꼭지마름병
○ 복숭아 : 탄저병, 세균구멍병, 흰가루병, 잿빛곰팡이병, 잿빛무늬병
○ 감귤 : 궤양병, 더뎅이병, 소립점무늬병, 잿빛곰팡이병, 녹색곰팡이병,
　　　　푸른곰팡이병

잎에 발생하는 병

○ 사과 : 점무늬낙엽병, 검은별무늬병, 흰가루병, 그을음병, 갈색무늬병, 바이러
　　　　스병
○ 배 : 검은별무늬병, 붉은별무늬병, 검은무늬병, 잎검은점병
○ 포도 : 갈색무늬병, 노균병, 녹병, 흰가루병, 바이러스병
○ 복숭아 : 세균구멍병, 잎오갈병
○ 감귤 : 궤양병, 더뎅이병

줄기에 발생하는 병

○ 사과 : 부란병, 겹무늬썩음병, 가지마름병, 역병, 바이러스병
○ 배 : 가지마름병, 붉은색가지마름병
○ 포도 : 뿌리혹병
○ 복숭아 : 수지병, 줄기썩음병, 가지마름병
○ 감귤 : 트리스테자 바이러스병, 타트리프 바이러스병

뿌리에 발생하는 병

○ 사과 : 흰날개무늬병, 자주날개무늬병, 뿌리혹병
○ 배 : 흰날개무늬병
○ 포도 : 근두암종병
○ 복숭아 : 흰날개무늬병

3. 병원균의 종류 및 분류

식물체의 양분과 유전정보를 이용해 기생하면서 식물에 생리적, 형태적 변이를 일으켜 피해를 주는 것을 병원체라 한다. 이 중에서 바이러스(Virus), 바이로이드(Viroid), 파이토플라스마(Phytoplasma), 스피로플라스마(Spiroplasma)를 제외한 곰팡이(Fungi : 진균), 세균(Bacteria)을 병원균이라 한다. 현재까지 우리나라에 알려져 있는 피해가 심한 과수 병해는 주로 곰팡이에 의해 일어나며 세균에 의해서도 일부 발생하고 있다. 과수 바이러스병에 대한 연구는 1991년부터 전문연구인력을 보강하면서 시작되었으며, 문제 바이러스의 종류 조사와 방제를 위한 조직배양 연구가 진행 중에 있다.

파이토플라스마는 마이코플라스마로 불리던 병원체로 국내에 대추나무 빗자루병의 원인으로 잘 알려져 있으나 주요 과수에서는 아직 발생에 관한 보고가 없다. 바이로이드는 바이러스와 비슷하나 핵산으로만 이루어진 병원체로 일본에서 배에 유부과를 일으키며 특히 감귤의 피해가 큰 것으로 알려져 있다. 우리나라 사과 과원에서는 과육에는 변화가 없으나 과실이 울퉁불퉁해지는 증상들이 발견되고 있는데 이것이 바이로이드에 의한 병해인 것으로 밝혀지고 있다. 스피로플라스마에 의한 과수 병해로는 감귤의 그리닝병이 있으나 우리나라에서는 아직 발생한다는 보고가 없다.

진균

진균의 형태를 나눌 때 생식기관과 영양기관으로 나눌 수 있다. 균사체는 영양기관이며 포자는 생식기관이다. 포자는 무성포자와 유성포자로 구별된다. 무성포자로는 분생포자(Conidia), 병포자(Pycniospore), 유주자(Zoospore)가 있으며 유성생식에 의하여 만들어지는 유성포자의 종류에는 접합포자(Zygospore), 난포자(Oospore), 자낭포자(Ascospore), 담자포자(Basidiospore) 등이 있다.

가. 진균의 종류와 과수병원균

(1) 조균류(藻菌類, Phycomycetes)

이 병원균은 균사의 발달이 빈약하거나 균사가 없는 것도 있으며, 균사가 있더라도 격막(Septum)이 없어 다른 진균과 쉽게 구분이 가능하다.

과종	병명 및 병원균
사과, 배, 포도, 감귤	역병(*Phytophthora cactorum, P. citrophthora*) 노균병(*Plasmopara viticola*)

(2) 자낭균류(子囊菌類, Ascomycetes)

균사에는 격막이 있고, 균사 조직으로 균핵(Sclerotium)과 자좌(Stroma)를 형성한다. 유성생식에 의하여 자낭 속에 보통 8개의 자낭포자가 만들어진다. 자낭은 특별한 형체를 갖춘 자낭과(Ascocarp)의 내부에 만들어지는 것과 노출되는 것이 있다. 자낭균은 무성포자인 분생포자와 유성포자인 자낭포자로 세대를 이어가는데 분생포자 세대를 불완전세대, 유성포자 세대를 완전세대라 한다.

과종	병명 및 병원균
사과, 배, 복숭아, 포도, 감귤	겹무늬썩음병(*Botryosphaeria dothidea*), 흰가루병(*Podosphaera* spp.), 부란병(*Valsa ceratosperma*), 탄저병(*Glomerella cingulata*), 꽃썩음병(*Monilinia mali*), 검은별무늬병(*Venturia* spp.), 검은점무늬병(*Diaporthe citri*), 더뎅이병(*Elsinoe fawcetii*), 잿빛무늬병(*Monilinia fructigena*), 흰날개무늬병(*Rosellinia necatrix*)

(3) 담자균류(擔子菌類, Basidiomycetes)

균사에는 격막이 있고, 유성포자는 담자기 위에 형성되는 담자포자이다.

과종	병명 및 병원균
배, 사과, 자두	붉은별무늬병(*Gymnosporangium* spp.), 흰비단병(*Athelia rolfsii*), 녹병(*Phakopsora ampelopsidis*), 뿌리썩음병(*Armillaria mellea*), 자주날개무늬병(*Helicobasidium mompa*), 고약병(*Septobasidium* spp.)

(4) 불완전균류(不完全菌類, Deuteromycetes)

유성세대가 알려져 있지 않기 때문에 불완전균류라고 한다. 완전세대가 밝혀지면 자낭균류에 속하는 균들이 많을 것이며 몇 종은 담자균류에 포함될 것이다. 균사에는 격막이 있으며, 분생포자는 균사가 자라서 만들어지는 분생자병 위에 형성된다. 분생자병이 밀생하여 층을 이룬 것을 분생자층(Acervulus)이라 하며, 바구니와 비슷한 자실체를 병자각이라 한다. 분생자병이 다발로 합쳐진 형태의 것을 분생자병속(Coremium)이라 하며 균사가 밀집한 층 위에 많은 분생자병이 형성된 것은 분생자좌(Sporodochium)이다.

과종	병명 및 병원균
사과, 배, 포도, 복숭아	갈색무늬병(*Marssonina* mali), 점무늬낙엽병(*Alternaria mali*), 배 검은무늬병(*Alternaria kikuchiana*), 포도 잿빛곰팡이병(*Botrytis cinerea*), 갈색무늬병(*Pseudocercospora viticola*), 줄기마름병(*Phomopsis* spp.), 복숭아 탄저병(*Gloeosprium laeticolor*), 푸른곰팡이병(*Penicillium* spp.)

세균

세균은 이분법에 의하여 증식하는 미생물로서 식물에 병을 일으키는 것은 크기가 0.6~3.5μm이며 지름이 0.3~1.0μm 범위 내에 있다. 세균의 모양으로는 짧은 막대기 모양의 간균, 공 모양의 구균, 나사처럼 꼬인 나선형, 콤마형 및 사상형 등이 있다. 세균의 증식은 매우 빨라서 S자형의 증식곡선을 그리고 어느 정도의 밀도가 되면 양적인 증가가 거의 정지된다. 과수에 병을 일으키는 세균의 종류는 많지 않다. 대표적인 세균병으로는 각종 과수의 근두암종병(*Agrobacterium tumefaciens*)과 핵과류 세균구멍병(*Xanthomonas arboricola* pv. *pruni*, *Pseudomonas syringae* pv. *syringae*), 감귤 궤양병(*Xanthomonas campestris* pv. *citri*), 참다래 궤양병(*Pseudomonas syringae* pv. *morsprunorum*) 등이 있다.

바이러스

바이러스는 주로 핵산과 단백질에 의하여 구성된 병원체로 광학현미경으로 관찰이 불가능하며 살아 있는 세포에서 증식을 한다. 과수가 바이러스에 감염되면 초본류같이 증상이 단기간 내에 나타나지 않고 서서히 나타나면서 생육저하, 수량저하, 품질 저하 등을 일으킨다. 일반적인 병징은 접목 부위에 이상이 생겨 접목 불친화가 되거나 목질부 괴사, 잎의 기형 및 모자이크, 과일의 크기 감소 및 당도 저하 등 내외부에 다양한 증상으로 나타난다. 과수에 발생하는 주요 바이러스병으로는 사과나무 황화잎반점병(*Apple chlorotic leaf spot virus*, ACLSV), 배나무 잎검은점병(*Apple stem grooving virus*, ASGV), 감귤 접목부이상병(*Citrus tatter leaf virus*, CTLV), 포도나무 잎말림병(*Grapevine leafroll-associated virus*, GLRaV), 복숭아나무 괴사반점병(*Prunus necrotic ringspot virus*, PNRSV) 등 30여 종이 있다.

파이토플라스마(Phytoplasma)

파이토플라스마는 Mycoplasma-like organism(MLO)을 개칭한 것으로 병원균의 크기가 0.1~1μm로 세균에 가까운 병원균이다. 우리나라에서는 대추나무를 감염시켜 빗자루병을 일으키며 외국에서는 사과와 복숭아에도 이 병이 발생하는 것으로 보고되어 있다. 이 병은 주로 매미충에 의해 전염되며 방제 약제로는 테트라사이클린 등이 있으나 완전 방제는 어렵다.

바이로이드(Viroid)

바이로이드는 한 가닥의 RNA 핵산으로 구성되어 있으며, 세상에서 가장 작은 병원체로서 접목 및 접촉 전염을 한다. 이 병이 발생하면 식물체가 위축되거나 과일의 색깔이 변색되는 등 바이러스병과 유사한 증상이 나타난다. 비이로이드병으로는 사과나무 바이로이드병(*Apple scar skin viroid*, ASSVd), 포도나무 바이로이드병(*Hop stunt viroid*, HSVd), 감귤 바이로이드병(*Citrus bent leaf viroid* 등 6종) 등이 있다.

4. 과수의 병해 환경 및 발병

자연환경

가. 햇빛(일조)

햇빛은 식물이 탄수화물을 생산하는 데 에너지를 제공하고 기온을 상승시키며 물을 증발시켜 재배지를 건조하게 만든다. 햇빛을 많이 쪼여 줄 경우 과수가 건강하게 자라서 병의 침입이 어렵고 견디는 힘이 강해져 피해가 줄어든다. 반면에 일조가 부족할 경우에는 식물체가 연약해지며 체내에 가용성 유리질소가 축적되어 병에 대한 저항성이 떨어진다. 또한 비가 오거나 습도가 높은 경우가 많아 병원균의 증식, 전염 및 침입이 쉬워진다. 실제로 대부분의 과수 병해는 강수량이 많은 해에 발생한다. 방제를 위해 과도한 밀식을 방지한다든지, 적당한 전정을 실시해서 햇빛이 잘 들게 하는 이유도 여기에 있다.

나. 온도

온도는 병이 발생하는 데 가장 중요한 요인이다. 온도는 병원균의 활동과 기주의 저항력에 모두 영향을 준다. 겨울의 저온은 병원균의 월동량을 떨어뜨려 병의 발생을 줄일 수 있으나 동고병같이 동해를 입은 부위로 침입하는 병은 오히려 더 많이 발생할 수도 있다. 겨울의 저온은 포도에 동해를 입혀 휴면병과 같은 생리장해를 일으키기도 한다. 과수에 발생하는 병해 중에서 붉은별무늬병(赤星病)과 검은별무늬병(黑星病)은 봄철에 비교적 저온일 때 많이 발생하며 감염 시기도 길어진다. 사과 겹무늬썩음병은 8월 하순 이후 고온이 오랫동안 지속될 때 2차 및 3차 감염이 많아진다.

다. 강우량

강우는 병원균에 수분을 공급해 포자가 발아하기 쉽게 하고 균사의 생장을 촉진시킨다. 또한 빗물이 흐르거나 튈 때 병원균의 분산을 도와 발병을 조장한다. 붉은별무늬병은 월동 후 4월 중순에서 5월 초 사이에 비가 와야 향나무에서 동포자가 부풀어서 발아한 후 소생자가 생겨 배나무나 사과나무로 날아가 병을 일으킬 수 있다. 이때 비가 적게 오면 병의 발생이 적어진다. 반대로 흰가루병은 비가 많이 오면 발생이 적어진다. 역병은 비가 와서 침수된 하천 부지 등에서 지제부에 발생해 어린 과실과 잎에도 영향을 준다. 대부분의 곰팡이병은 습도가 높을 때 발병하므로 비가 자주 오는 장마철 시기의 방제가 그 해 방제의 성공 여부를 가름한다.

라. 바람
강한 바람이 불면 상처가 생길 수 있고, 그 상처를 통해 병원균이 침입할 수 있다. 태풍은 비까지 동반하므로 병의 발생을 더 유발한다. 강풍이 불면 생리적인 소모가 많기 때문에 병에 대한 저항력이 약해진다. 대표적인 예로 복숭아 세균구멍병이 있는데, 이 병은 바람이 직접 닿는 부분에 많이 발생한다. 이는 과수원 개원의 적지 선정을 위한 조건으로 주의해야 할 부분이다.

마. 토양 환경
토양 병해는 토양 환경이 부적당해 지상부의 생육이 불량한 경우에 많이 발생한다. 토양 내에서 발생하므로 토양 환경의 지배를 받는다. 산지를 새로 개간한 후에 과수를 심으면 자주날개무늬병의 발생이 많으며 유기물의 분해가 서서히 진전됨에 따라 흰날개무늬병의 발생도 많아지게 된다. 토양 수분의 급격한 변화, 즉 하천 부지나 경사지 토양에서 발생하는 갑작스런 수분의 포화나 부족은 흰날개무늬병을 조장한다. 또한 토양의 비옥도나 산도는 양분 흡수에 관여하여 병의 발생을 조장한다. 그러므로 적당한 비옥도 유지와 산도 교정은 과수원에서 유의해야 한다.

인위적 환경

가. 재배 품종
과수에서 고유한 형질이 유전되어 다른 개체들과 구분이 가능한 집단을 품종이라고 한다. 각 품종은 여러 가지 특성을 가지는데 이 중에서도 병에 견디는 힘, 즉 저항성은 품종과 병해의 종류에 따라 다르다. 먼저 품종을 선택할 때에는 품질, 재배 지역 환경에 대한 적응성, 관리 방법에 따른 특성 등을 고려해야 한다. 아울러 재배 지역에 많은 피해를 주거나 피해가 우려되는 병해충에 대해서도 숙고해야 한다. 방제는 여러 방법이 복합적으로 이루어져야 큰 효과를 나타내는데, 특히 병에 견디는 힘이 강한 재배 품종은 적은 노력이나 경비로도 방제가 가능하다. 저항성에 대한 개념과 구분방법은 여러 가지가 있으나 여기서는 생략한다.

나. 재배 체계

과수를 재배할 때 고려해야 할 사항 중의 하나가 밀도에 따라 재식 거리를 정하는 것이다. 수량이나 작업의 편리성을 좇아 밀식하는 방향으로 과수원을 조성하는 경우 통풍이나 통광이 잘 안되어 병의 발생이 많아지므로 신규 과수원에서는 너무 밀식하지 않도록 조심해야 한다. 밀식장해가 나타난 과수원에서는 간벌 및 전정에 유의할 필요가 있다.

전정 방법에 따라서도 병의 발생이 좌우된다. 너무 심한 전정은 수량을 떨어뜨리지만 전정이 부족할 경우에는 통풍 및 통광이 나빠져 병이 쉽게 발생한다. 대목의 종류에 따라 나무의 수형이 달라지기도 하지만 사과 역병 같은 경우는 M-106보다 M-26이 약간 강하다. 최근에는 M-9에서 다시 선발한 저항성 대목이 개발되어 있으므로 가능하면 저항성 대목을 사용하는 것이 좋다.

초생재배 시 *Monilinia fructicola*에 의한 잿빛곰팡이병의 경우 지표면이 잘 건조되지 않는 환경에서 자낭반이 잘 형성되어 병 발생이 많아진다. 나지재배의 경우 토양에서 증식한 역병균이 빗물에 의해 튀어 올라 잎이나 과일에 병을 일으킬 수 있다.

봉지재배를 하는 경우 병원균의 부착을 차단할 수 있으므로 병의 발생이 적어지지만 가루깍지벌레 같은 해충의 발생은 많아질 수 있다. 최근 축사에서 나오는 유기물을 시용하는 과수원이 증가하고 있는데, 부숙하지 않은 유기물을 너무 많이 시용함으로써 장해가 발생하기도 한다. 유기물 시용에 의한 질소원의 증가로 나무가 웃자라거나 과번무하여 병의 발생이 많아질 수 있다. 전정가지를 썩히지 않고 유기물 재료로 토양에 시용할 경우 날개무늬병류의 병원균에 영양원을 마련해 주는 셈이어서 토양 병해가 발생하기 쉽다.

가뭄 피해를 막기 위해 물을 관개하는 방법으로는 점적관수, 전면관수, 스프링클러 등이 있다. 전면관수는 역병과 같은 토양 병해의 발생을, 스프링클러는 세균성 병해나 곰팡이 병해의 발생을 조장하기 때문에 결과적으로 점적관수가 바람직하다. 과다한 관수는 뿌리에 침수 피해를 주므로 생육에 악영향을 미친다. 지하수위가 높은 곳, 즉 배수가 잘되지 않는 경우에도 뿌리 발달에 좋지 않기 때문에 배수가 잘되도록 노력해야 한다.

과일의 수확 시기나 약제 방제는 품질 및 판매시기에 따라 결정해야 할 문제이다. 과일을 너무 늦게 수확하면 병원균이 침입 및 부착하여 병을 일으킬 수 있으므로 품질에 지장이 없는 한 일찍 수확하는 것이 좋다. 저장할 과일에는 농약잔류 특성이 문제되지 않는 범위 내에서 약제를 최대한 늦게 살포해야 한다. 최근 포도의 시설재배가 늘어나고 있는데 시설재배는 노지재배와 달리 관수에 의해 습도가 높게 유지되어 곰팡이 병해의 발생이 많아지므로 하우스재배 시 잿빛무늬병은 꼭 방제해야 한다. 핵과류의 경우에도 하우스재배가 시작되고 있는데 잿빛곰팡이병이나 흰가루병의 방제에 유의해야 한다.

5. 진단

병해 방제 대책을 수립하기 위해서는 올바른 진단이 필요하다. 진단이 잘못될 경우 아무리 좋은 약제를 살포해도 병을 막을 수 없다. 이병식물을 검사해서 어떤 병인지 정확히 결정한 후에 병의 진전 상황, 피해 예상, 방제 여부, 방제 방법까지 제시해야 진정한 진단이라고 할 수 있다. 정확한 진단을 하기 위해서는 진단의 요점, 방법, 병징, 표징 등을 습득할 필요가 있다.

재배지 진단

과수원에서는 여러 가지 병이 한꺼번에 발생할 수도 있다. 잘 알려진 병해는 흔히 발생하는 편이나 때로는 새로운 병이 문제될 수도 있다. 병 이외에도 제초제, 살균제, 살충제 등의 약해나 비료 및 미량요소의 결핍 또는 과잉에 의한 영양장해 그리고 바람, 가뭄, 습기, 추위, 서리 등의 기상재해 및 공해 등이 발생하여 병해와의 구분을 어렵게 한다. 이런 경우에 식물체의 특정 부위나 한두 개체만 봐서는 진단하기가 어렵다. 재배지 진단은 병명을 구분하는 데도 중요하지만, 병의 진전이나 피해 정도를 산정하는 데 있어 꼭 필요한 단계이다. 개체별 병징, 재배지 전체의 발병 상태, 인접 재배지의 발병 상황 내지 입지 조건을 염두에 두고 경종 개요, 기상 환경, 발병 경과, 병 방제 개요 등 여러 각도에서 자세하게 실시해야 한다. 동일 재배지나 동일 과종 또는 품종이 전체적으로 일부분에서 같은 증상이 나타나는 경우 비료 성분의 과잉 또는 결핍 등의 영양장해나 약해 등이 의심된다. 동일 재배지의 발병 집단 내에서 각 과수의 병징에도 정도의 차가 있다. 시간이 경과함에 따라 발생이 확산된 흔적이 있는 경우, 일정한 곳을 중심으로 확산된 경우, 장마철이나 일기가 불순할 때 급격히 만연한 경우에는 기생성 병원균에 의한 병으로 볼 수 있다.

개체진단

이병주의 병징과 특징을 보고 진단하는 것을 육안진단이라고 한다. 각 병원균은 특징적인 병징 때문에 구별이 가능하지만 병징은 발병 시기나 발병 부위, 품종에 따라서 달라질 수 있으므로 주의해야 한다. 표징은 병원균이 이병식물에 육안으로 보이는 것으로 병원균의 종류에 따라 달라진다. 사과 부란병을 예로 들면 사과나무의 표피가 갈색으로 부풀어 올라서 까만 돌기가 생기고 이 돌기로부터 황색의 포자 덩어리들이 나오며 알코올 냄새가 나는데 이것이 병징과 표징이다. 겉으로 구분하기 곤란할 때 발병 부위를 잘라서 보면 구별이 가능한 경우가 있다. 세균성 병해는 발병 부위를 잘라서 물에 담그면 세균을 분출하기도 한다. 사과의 겹무늬썩음병과 탄저병의 경우에 감염된 부위를 세로로 잘라 보면 겹무늬썩음병은 과일 내부가 많이 부패하여 식용이 불가능하나 탄저병은 중심을 향하여 수직으로 썩으므로 나머지 부분은 식용이 가능하다. 물론 확대경이나 현미경을 이용해서 균사나 포자를 관찰할 수 있으면 진단이 더욱 정확해진다. 이 외에도 병원성 검정을 비롯하여 이화학적 검정, 혈청학적 진단, 생물학적 진단 등이 있다. 바이러스를 분리·동정하는 경우에는 이병성인 지표식물을 사용하게 된다. 과수에서는 초본식물을 이용하는 경우도 있지만 주로 목본식물을 이용해 접목 전염을 시키는 경우가 많으며 핵과류에서는 GF-305가 많이 이용된다. 날개무늬병류 중에서 자주색 날개무늬병은 조기 진단 시 토양에 사과 유과나 고구마를 묻어두면 병원균이 쉽게 부착되고 증식되어 발병한다.

6. 전염

병원체는 전염원으로부터 건전식물에 부착·침입한 후 증식하면서 병을 일으키고 발병식물이 다른 건전식물을 계속 전염시켜 병이 만연한다. 이처럼 병의 발생과 만연의 반복을 발생 생태라 한다. 발생 생태를 알기 위해서는 먼저 전염원에서 어떻게 옮겨 가는지 그리고 기주에 어떻게 침입·증식하는지를 알고, 발병에 필요한 기상 조건과 재배 조건 등의 환경을 살펴볼 필요가 있다.

전염원

과수 병해의 전염원으로는 과수 자체의 줄기나 가지, 꽃눈, 잎눈이 가장 중요하다. 예를 들면 복숭아 세균구멍병의 경우에는 가지의 병반이나 엽흔, 눈의 인편에서 월동한 뒤 봄이 되어 수체 내 환원당이 증가함에 따라 병원균이 다시 활동하여 병을 일으킨다. 사과 겹무늬썩음병의 경우 수피에 작은 혹을 형성해 월동한 후 갈라지면서 포자를 형성한다. 그다음으로 중요한 것은 병에 걸려서 떨어진 잎이나 과실의 병반에 살아 있는 병원균인데 많은 경우가 이에 해당한다. 그러므로 방제할 때 이병물의 제거는 전염원을 제거한다는 측면에서 매우 중요하다. 묘목에 의해 전염되는 병도 많은데 사과의 뿌리혹병은 주로 묘목에서 감염되며, 바이러스병은 묘목 육성 시 접목 전염에 의해 감염된다. 토양에 의한 전염은 토양 병해에 문제가 되며 날개무늬병류나 역병은 이병토양이 전염원이 된다. 과수원 내부나 주위에 심어져 있는 식물이 전염원이 되는 경우도 있는데 사과·배 붉은별무늬병의 경우 주로 향나무에서 월동한 후 전염원이 된다. 잿빛곰팡이병의 경우 시설재배 시 하우스 자재에서 월동한 후 전염원이 되기도 한다.

전염 방법

병이 발생하기 위해서는 병원균이 제1차 전염원으로부터 기주식물로 전염되어 기생해야 한다. 병원균은 유주자를 제외하고는 스스로 운동성이 없어서 물리적 또는 생물적 매개체에 의해 숙주식물에 운반되어야 한다. 식물병원균은 종자, 바람, 비, 물, 곤충, 접촉 등에 의해 전염이 이루어진다. 과수에서는 종자에 의한 전염이 거의 일어나지 않으며 바람, 비, 물 등에 의해 주로 전염된다. 곰팡이병 중에서 탄저병은 곤충에 의해 전염된다고 보고되어 있으며, 세균성 병해인 화상병은 화분 매개충과 개미가 옮기기도 한다. 과수 바이러스 중에서 Plum pox virus와 Citrus tristeza virus는 진딧물에 의해 전염되기도 한다.

침입

세균은 스스로 식물의 표피를 뚫지 못하므로 상처, 기공, 수공 등 자연적으로 열려 있는 구멍을 통해 들어간다. 한 예로 세균병인 감귤 궤양병의 경우 병원균이 기공을 통해 침입하여 기공 주위에서 증식한 후 반점성 병반을 형성한다. 또한 수공에서 도관으로 들어가는 잎가에 긴 병반을 만들고, 도관을 막아 위축·고사시킨다. 곰팡이에 의한 침입은 종류에 따라 다르다. 포자가 침입하는 경우 포자가 식물체에 떨어지면 적당한 환경에서 발아해 부착기를 만들고 침입기를 뻗어서 표피를 부순다. 그다음에 연한 세포로 균사를 계속 침입시키고 영양분을 빼앗아서 증식한다. 그리고 병원균의 조직을 파괴하거나 독소를 뿜어서 세포를 죽여 병반을 형성하고 그 위에 포자를 형성한다. 반면에 녹병균이나 노균병균과 같은 순활물 기생균은 세포를 죽이지 않고 살아 있는 세포로부터 영양분을 취하며, 포자가 발아하면 기공으로 침입하여 균사로 세포 사이에서 영양분을 흡수해 증식한다.

흰가루병은 흡기로 양분을 흡수하고 표면에 포자를 형성한다. 날개무늬병균 같은 토양병원균은 단독균사로 침입하기 어렵고, 균사속의 힘으로 상처를 통해 침입하며 과수의 뿌리에 부생적으로 생육한다. 따라서 토양병이 퍼지는 속도가 비교적 느리다. 과수 바이러스는 주로 접목 전염하거나 유합 조직을 통해 세포에서 세포로 전염되거나 유관 속 조직을 통해 이병과수로부터 건전과수로 전염된다.

7. 예찰

병의 발생을 여러 가지 조짐으로 미리 짐작하는 것을 예찰이라고 한다. 예찰은 방제 여부, 방제 시기, 방제 약제 등과 같은 방제 전략을 세울 때 가장 중요한 사항이다. 예찰은 경험으로 하는 경우와 기상 및 기주식물의 상태 등을 고려하는 경우가 있다. 이때 병원균의 발생 소장, 발생량, 발생 추이 등 여러 가지 미시적인 요인을 컴퓨터에 입력해 예찰식을 만들어 모니터링할 수 있다.

오랫동안 연구를 하고 농사를 지은 경력이 있는 사람은 누적된 경험을 토대로 병의 발생을 예측할 수 있다. 또한 온도, 강우량, 강우 지속 기간, 습도, 바람 등에 의한 병의 발생 생태를 고려할 수 있다. 예를 들면 봄철에 비가 많이 오고 향나무에 붉은별무늬병균의 동포자가 많으면 붉은별무늬병이 많이 발생한다. 비가 자주 오고 서늘한 기후가 늦게까지 지속되면 검은별무늬병의 발생이 많아진다. 또한 장마가 길어지거나 9~10월의 온도가 높게 유지되면 겹무늬썩음병이 많이 발생한다.

8. 방제

과수에 병원균이 묻었다고 병이 반드시 발생하는 것은 아니다. 병원균의 밀도나 기상과 환경이 병원균의 침입과 증식에 좋은 조건이 아니면 발병하지 않는다. 환경과 병원균이 병 발생에 좋은 조건이라도 병을 견디는 힘이 강한 식물체면 병이 발생하지 않는다. 병을 방제한다는 의미는 실제적으로 발병 부위를 치료한다기보다 더 이상 병이 번지지 않도록 막는다는 것을 뜻한다. 방제하면 흔히 약제 방제를 떠올릴 수 있으나 약제 방제는 경제적 부담이나 환경 측면에서 가장 비싼 방제 방법으로 최후의 수단이다. 방제 방법으로는 병원균을 재배지에서 근절시키거나 밀도를 낮추는 방법, 환경을 개선하는 방법, 저항성 품종을 재배하는 방법 등이 있다. 이 중에서 저항성 품종의 재배가 가장 바람직하나 다른 형질까지 우수한 저항성 품종을 육성하는 것은 어려운 편이고 저항성 품종의 이병화가 문제되기도 한다.

환경의 조절은 앞의 발병 환경에서 설명하였으므로 생략한다. 병원균의 밀도 감소를 위해서는 이병된 잎과 가지, 병반 부위와 이병과실을 조기에 제거하는 등 철저한 관리가 필요하다.

공기전염성 병의 약제 방제

공기전염성 병해는 약제 살포에 따른 방제 효과가 가장 높다. 여러 약제 중에서도 특정 병해에 잘 듣는 농약을 적기에 적량을 살포해야만 방제 효과가 좋다. 예전에는 한 가지 농약으로 여러 가지 병을 방제할 수 있는 광범위 살균제가 사용되어 왔지만 최근에는 적용 범위가 높은 침투이행성 농약이 개발되어 광범위 살균제와 함께 쓰이고 있다. 광범위 살균제의 대표적인 약제로는 만코지 수화제(다이센, 프로피 수화제), 동제, 타로닐 수화제 등을 들 수 있다. 이 약제는 여러 가지 병을 동시에 방제하거나 예방할 때 사용할 수 있으며 값이 싸다. 광범위 살균제는 포자의 발아를 억제하거나 균사의 신장을 억제하는 기작을 가지고 있다.

침투이행성 농약은 식물체 내에 흡수된 후 침입한 균사를 죽일 수 있는 약간의 치료 효과를 나타내는 농약으로서 약효가 우수하나 적용 범위가 극히 제한되어 있다. 또한 천적 미생물을 보호할 수 있다는 장점이 있으나 값이 비싸고 계속 살포할 경우 약제내성균이 유발될 우려가 있다. 침투이행성 약제로는 베노밀계, 지오판계, 트리아진계, 메타실계 등의 농약이 있다.

약제의 선택은 시기와 방제 목적에 따라 다르나 한 가지 약제를 연용하기보다는 성분이 다른 약제를 교호로 살포하는 것이 좋다. 최근 광범위 살균제와 침투이행성 약제의 혼합제가 개발되어 이용가능하다. 공기전염성 병해는 예방적 방제의 효과가 크다. 이는 병원균의 증식이 대단히 빠르기 때문에 병원균의 밀도가 적을 때 예방적으로 살포해야 효과가 크기 때문이다.

약제는 병원균의 발생 생태에 따라 주 발생 시기에 발병이 우려될 때 살포한다. 관행 방제에 의해 일정한 간격으로 살포하는 것은 바람직하지 못하며 방제 시기를 결정하기 위해서는 지속적인 관심과 연구가 필요하다. 약제 살포는 비 오기 직전이나 직후에 하는 것이 바람직하다. 비 오기 전에 침투성 농약을 살포할 경우 전착제를 혼용하면 비에 의한 농약의 유실량을 줄일 수 있다. 약제를 살포할 때에는 농약 안전사용기준을 지켜야 한다. 일반적으로 약제 살포 시 농도를 약간 진하게 하는 경향이 있는데 고농도에서는 약해가 우려된다.

고시된 살포 농약 배수는 효과가 가장 크면서 경제성이 높으므로 권장배수를 지키는 것이 좋다. 적용 약제로 등록이 안 된 약제를 살포함으로써 과수가 약해를 입는 경우가 있으므로 조심해야 한다. 약해는 약제 종류나 농도 등에 의하여 좌우되지만 기온이나 나무의 생육 상태에 의해 영향을 받기도 한다. 소비자의 건강을 위해 농약잔류 허용기준치를 정해놓고 검사를 하고 있으므로 안전사용기준에 의거해 수확 전 마지막 약제 살포일을 준수한다. 약제 살포는 바람이 없을 때 하는 것이 좋으며 살포자가 농약의 해를 입지 않도록 주의한다.

토양전염성 병해 약제 방제

토양전염성병의 경우 병원균이 토양에 살면서 토양이나 물을 통해 전염하므로 일반적으로 약제에 의한 방제 효과가 낮다. 날개무늬병류는 토로스 수화제가 좋으며 특히 흰날개무늬병은 지오판, 베노밀, 플루아지남 등이 효과적이다.

바이러스병과 바이로이드병

모든 바이러스병과 바이로이드병은 치료 약제가 없으므로 약제 방제가 불가능하다. 과수 묘목을 정식할 때 접수와 대목은 바이러스가 제거된 보증묘를 심어야 한다. 상품과를 생산할 수 없는 나무는 뿌리까지 뽑아 과감히 도태시켜야 한다. 그 이유는 감염주의 뿌리가 건전주의 뿌리와 접합되어 이들 병원체를 전염시킬 수 있기 때문이다. 바이러스병 또는 바이로이드병에 감염되었지만 과실에 큰 영향을 주지 않고 생육에 일부 장해를 주는 경우에는 착과량 조절 및 양분 공급 등을 통해 수세를 강하게 키우면 피해를 감소시킬 수 있다.

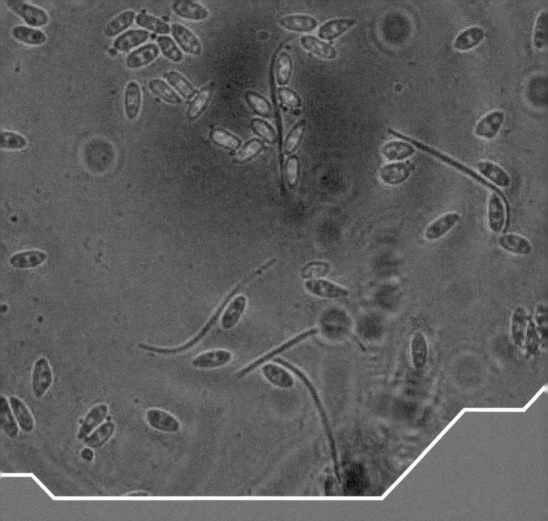

제2장 과수 병해 생태와 방제

1. 사과 병해

우리나라 사과나무의 기생성 병해로는 진균병 32종, 세균병 4종, 바이러스 4종, 바이로이드 1종 등 총 41종이 알려져 있다. 이 중 생육 기간 중 사과나무 전체에 살균제를 전체에 살포하여 방제해야 하는 병은 붉은별무늬병, 검은별무늬병, 점무늬낙엽병, 갈색무늬병, 겹무늬썩음병, 탄저병, 그을음병 및 그을음점무늬병 등 8종 정도이다. 또한 부란병과 토양 병해인 역병, 자주날개무늬병, 흰날개무늬병도 사과원에 따라 농약을 이병 부위에 처리하여 방제할 필요가 있는 병이다.

사과나무의 병해 발생 변천에 관여하는 요인은 품종·대목 및 재배 관리, 방제 약제 종류 및 살포 방법 등의 변화와 같은 인위적인 요인과 온도와 강수량 등과 같은 자연(기상) 요인으로 나누어 볼 수 있다.

과실에 발생하는 병해 중 탄저병과 겹무늬썩음병은 그 중요도가 바뀐 것이다. 1970년대까지는 '홍옥'과 '국광'이 주품종이어서 탄저병이 문제 병해였으나, 1980년대 이후에는 '후지'가 주품종으로 변화되면서 겹무늬썩음병이 문제 병해로 바뀌었다.

2000년대 이후에는 국내 육성 품종인 '홍로' 등 조·중생종 품종의 재배 면적이 증가하면서 탄저병의 발생이 증가하고 있다. 또한 왜성사과 재배가 확대되면서 M.26 대목과 M.9 대목의 사과나무에서 주간부 역병, 줄기마름병, 뿌리의 날개무늬병 발생이 증가되고 있다.

1960년대까지는 살균제로 석회보르도액 등 무기농약이 주종을 이루었으나 이후 점차 유기합성 살균제로 바뀌면서 병 발생도 변화되고 있다. 갈색무늬병은 1960년 대까지 문제되는 낙엽병이었으나 석회보르도액과 효과가 좋은 유기합성 살균제가 사용되면서 1960년대 말부터는 점무늬낙엽병으로 중요도가 바뀌었고, 1990년대에는 또다시 갈색무늬병이 가장 중요한 낙엽병으로 변화되었다.

부란병은 1960년대 초까지는 관리가 소홀한 사과원에서 국부적으로 발생되었으나 동계 방제 시 석회유황합제 사용이 감소되고 질소 비료를 너무 많이 주거나 나무가 노령화됨에 따라, 병원균의 밀도가 증가되고 나무의 저항성이 약해져서 1970~1980년대에 피해가 컸다. 1990년대 이후는 약효가 있는 네오아소진의 사용과 각종 도포제를 이용한 지속적인 예방과 치료가 이루어져 발생이 줄어들었다. 하지만 최근 부란병의 발생이 조금씩 늘어나고 있고, 방제에 효과적인 약제인 네오아소진은 공급제한 조치로 인해 더 이상 사용할 수 없게 되었으므로 부란병의 발생과 방제에 더욱더 주의를 기울일 필요가 있다.

〈표 2-1〉 연대별 사과병 발생상의 변천

병명	연대별 발생상						
	1950	1960	1970	1980	1990	2000	2010~
탄저병	+++	+++	++	++	±	++	+++
겹무늬썩음병	±	±	++	+++	+++	+++	++
점무늬낙엽병	-	±	++	+++	+	++	++
갈색무늬병	++	++	+	+	+++	+++	+++
붉은별무늬병	+	+	++	+++	±	+	+
열매검은병	+	+	+	+	±	+	++
부란병	+	++	+++	+++	++	+	+
검은별무늬병	-	-	±	±	+	-	-
역병	-	-	-	-	++	++	++
날개무늬병	-	-	-	-	++	++	++

* – 미기록, ± 미, + 경, ++ 중, +++ 심(1950~1980 : 이두형, 1990~ : 사과시험장)

최근 사과는 '착색계후지', '홍로'의 재배가 증가하고 있다. 국내 육성 신품종의 재배가 점차 증가될 것으로 예상되며, 저수고 고밀식 왜화재배 체계가 계속적으로 확산됨에 따라 'M.9' 대목묘의 이용이 꾸준히 증가될 것으로 전망된다.

이에 따라 '홍로' 등에서 탄저병과 점무늬낙엽병의 발생이 다시 증가하고 있고, 왜화도가 높은 대목은 뿌리의 발달이 적고 겨울철 저온과 건조 등 기상변화에 대한 적응성이 낮아서 대목역병, 줄기마름병 등의 병해 또는 생리장해가 발생될 가능성도 있다. 또한 상품성과 수량 저하의 원인이 되는 각종 바이러스나 화상병이 외국으로부터 침입해 올 경우에 피해가 우려된다.

〈표 2-2〉 사과나무에 발생하는 병해의 가해 부위별 분류

병명 \ 부위	피해 정도				
	꽃	잎	과실	줄기(가지)	뿌리
1. 꽃썩음병	◎	○	○	○	–
2. 흰가루병	○	◎	○	○	–
3. 점무늬낙엽병	–	◎	○	○	–
4. 갈색무늬병	–	◎	○	–	–
5. 붉은별무늬병	○	◎	◎	–	–
6. 검은별무늬병	–	◎	◎	○	–
7. 잿빛곰팡이병	–	○	–	–	–
8. 탄저병	–	–	◎	○	–
9. 겹무늬썩음병	–	–	◎	◎	–
10. 그을음병	–	○	◎	○	–
11. 그을음점무늬병	–	–	◎	○	–
12. 과심곰팡이병	–	–	○	–	–
13. 잿빛무늬병	–	–	○	–	–
14. 부란병	–	–	–	◎	–
15. 줄기마름병	–	–	○	◎	–
16. 역병	–	–	○	◎	◎
17. 은잎병	–	○	○	◎	–
18. 흰날개무늬병	–	–	–	–	◎
19. 자주날개무늬병	–	–	–	–	◎
20. 흰비단병	–	–	–	–	◎
21. 뿌리혹병	–	–	–	○	◎
22. 고접병	–	–	○	◎	–
23. 바이러스병	–	○	–	–	–
24. 바이로이드병	–	–	◎	–	–

* – : 발생 없음, ○ : 소, ◎ : 중~심

붉은별무늬병(赤星病)

병원균	*Gymnosporangium yamadae* Miyabe ex Yamada
영명	Cedar apple rust
일명	アカホシ病

가. 병징과 진단

○ 잎, 과실, 가지에 발생하는데 주 발병 부위는 잎이다.

○ 5월 상중순부터 잎 표면에 1mm 정도의 황색 반점이 나타나 윤기 있는 등황색(오렌지색)으로 변하며 병반은 0.5~1cm로 커진다. 병반은 부풀어 올라 돌기와 같은 소립인 정자기(精子器)를 많이 형성한다. 이 소립이 흑갈색으로 변하면서 잎 뒷면이 두꺼워지고 6월부터 털 모양의 수포자기(銹胞子器)를 많이 형성한다. 수포자기는 7월이 지나기 전에 터지며 안에 들어 있던 수포자가 빠져나가면 찌그러들고 나중에는 병반에서 없어진다.

〈표 2-3〉 중간기주가 되는 향나무의 종류

속	향나무의 종류	기생정도
향나무속	향나무	심
	피라밋향나무(가이스까)	심
	둥근향나무(옥향나무)	경
	노간주나무	경
편백속	편백나무	무
측백나무속	측백나무	무

○ 드물지만 병이 심할 경우 과실과 가지에도 병반이 형성되는데 잎과 달리 동일한 병반 면에서 정자기와 수포자기를 형성한다.

(그림 2-1) 향나무에 형성된 동포자퇴(왼쪽)와 사과나무 잎의 병징(오른쪽)

나. 병원균

○ 담자균(擔子菌)으로 사과나무에서는 정자(精子)와 수포자(銹胞子)를 형성하고 향나무에서는 동포자(冬胞子)와 담포자(擔胞子)를 형성하는 이중기생균이다.

○ 정자는 타원형으로 무색 단세포이며 크기는 3~8×1.8~3.2µm이다. 수포자는 구형~타원형으로 등황색 단세포이며 직경이 17~28µm이다. 표면에는 작은 돌기가 밀생하고 여러 개의 발아공이 있다.

○ 동포자는 방추형으로 등갈색 2세포이며 크기는 32~45×15~24µm이다. 동포자에서 형성된 전균사에는 담자기(擔子器)가 생기고 그 위에 담포자가 형성된다. 담포자는 난형으로 단세포이며 크기는 13~16×8~10µm이다.

〈표 2-4〉 향나무와의 거리별 발병률 (농업기술연구소 : 1977)

거리(m)	발병률(%)
0~100	98.7
100~500	51.8
500~1,000	24.1
1,000~2,000	4.9
2,000 이상	0.0

다. 발생 생태

○ 사과나무 잎 뒷면에서 9~10월에 형성된 수포자는 형성 직후 발아하지 않고 월동 후 다음 해 봄에 향나무로 침입한다. 그해 여름을 지낸 후 병반을 형성하고 그다음 해 봄 3~5월에 동포자퇴가 형성된다.

○ 동포자퇴는 4~5월 강우에 부풀어 담포자가 형성되고 바람에 의해 비산하며 비산거리는 2km 내외에 달한다. 비산된 담포자는 사과나무에 침입·발병하여 피해를 주고 다시 정자와 수포자를 형성한다.

○ 한국, 일본, 중국 등지에 국한해서 발생하는데 우리나라에서는 1918년 수원에서 처음 발생이 보고됐으며 1975년 이후 경북 지역을 비롯한 전국에서 발생량이 증가해 피해가 늘어났다. 현재는 5월에 평균이병엽률 0.1%, 발생과원율 10%로 그 피해는 경미하다.

라. 방제
○ 사과원 부근 2km 이내에 중간기주인 향나무를 심지 않도록 한다.
○ 향나무에 형성된 혹(동포자퇴)이 터져 한천 모양이 되기 전에 잘라서 태워야 하며 4~5월에 석회유황합제나 적용 약제를 살포한다.
○ 사과나무에는 낙화 후 검은별무늬병, 점무늬낙엽병, 그을음(점무늬)병과 동시 방제하는 것이 효과적이다.

검은별무늬병(黑星病)

병원균	*Venturia inaequalis*(Cooke) Winter
영명	Apple scab
일명	クロホシ病

가. 병징과 진단
○ 잎, 과실, 가지에 발생하는데 주 발병 부위는 잎과 과실이다.
○ 잎 앞면에 직경 2~3mm의 녹황색 반점이 나타나고 갈색 가루가 덮여 있는 형태가 되는데 이 가루가 병원균의 분생포자로 이후 분산되어 새로운 병반을 만든다. 시간이 경과하면 잎 표면이 부풀어 오르고 여름이 되면 분생포자가 소실된다.
○ 과실에서 발병할 시 1~2mm의 흑색 반점이 나타나 과실의 비대와 함께 표면에 균열이 생기고 기형과가 된다.
○ 가지에서도 발생하며, 표면이 거칠어지고 껍질이 터져 흑색 병반이 형성되는 경우도 있다.

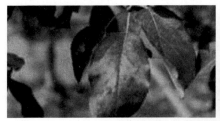 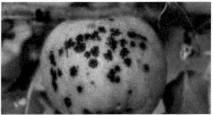

(그림 2-2) 사과나무 잎(왼쪽)과 과실(오른쪽)의 병징

나. 병원균

○ 병원균은 *Venturia inaequalis*로서 자낭균(子囊菌)에 속한다.

○ 자낭균으로 자낭포자, 분생포자를 형성한다.

○ 자낭각은 흑색 구형으로 직경 90~150μm이며 자낭각당 50~100개의 자낭을 함유하고 있다. 자낭은 무색 곤봉형으로 크기는 55~75×6~12μm이며 8개의 자낭포자를 갖고 있다. 자낭포자는 담황녹색~황갈색 장타원형으로 2세포이고 크기는 11~15×5~7μm인데 아래쪽보다 위쪽 세포가 더 짧고 넓다. 두 세포의 다른 크기 때문에 지금의 이름(*V. inaequalis*)이 붙게 됐다. 분생자경은 갈색으로 물결무늬이다. 분생포자는 암갈색 난형~방추형으로 한쪽이 좁으며 단세포이고 크기는 12~22×6~9μm이다.

다. 발생 생태

○ 병든 잎과 과실에서 자낭각 형태로 월동한다. 해양성 기후에서는 가지 병반상에 균사로 월동하기도 하지만 이 월동 방법은 그 밖의 지역에서는 흔치 않은 일이다. 가을에 균사체가 형성되고, 낙엽이 진 뒤 4주 이내에 대부분의 자낭각이 형성된다. 동면기 후에(온도 0℃) 자낭각은 계속해서 성숙하며 자낭과 자낭포자가 발달한다. 자낭각 발달에는 습기가 필요하다. 자낭각 발달의 최적 온도 범위는 8~12℃이며 자낭포자 성숙의 최적 온도는 16~18℃이다.

○ 사과원의 월동엽이 젖어 들어감에 따라 성숙한 자낭이 주공을 통해 팽창하며 자낭포자를 방출하게 되는데 이것은 바람에 의해 분산된다. 이들이 1차 감염을 시작한다. 대부분의 경우에 발아기경에 1차 자낭포자가 성숙하며 감염을 일으킬 수 있다. 자낭포자는 계속 성숙하며 5~9주 동안 포자방출은 계속된다. 자낭포자 최대 분산시기는 보통 개화 직전과 만개기 사이에 일어난다.

○ 자낭포자가 얇은 층의 습기가 찬 상태의 잎이나 과실 표면에 부착되면 발아한다. 수분은 발아의 시작에 필요하지만 시작 후에는 상대습도가 95% 이상이면 발아는 계속된다. 감염이 일어나는 데 필요한 시간은 유습시간과 온도의 함수 관계에 있다. 과실 감염에 필요한 유습 기간의 지속은 과실의 노숙 정도에 따라 증가한다. 부착기와 침입발을 형성한 후에 균사는 표피를 뚫고서 표피와 큐티클층 사이에 형성된다. 균사의 큐틴 분해효소가 침입과정에 관련된다. 감염은 1~26℃ 온도 범위에서 일어난다. 자낭포자 감염에 필요한 유습시간 수

는 온도에 따라 각각 달라 6℃에서는 21시간, 16~24℃에서는 9시간이다. 감염은 26℃ 이상에서는 거의 일어나지 않는다.

○ 균이 일단 큐티클층을 통과하면 큐티클층 밑의 자좌로 분지하며 나중에는 육안으로 보이는 병반상에 분생자경, 분생포자를 형성한다. 중앙 부위에 분생포자를 가지는 병반은 온도와 상대습도에 따라 9~17일 이내에 볼 수 있다. 포자 형성의 최소 상대습도는 60~70%이다. 그러나 최저습도 이하일 때도 이 균에 치명적인 것은 아니다. 분생포자는 여름철 병 발생에 관여하는 주된 접종원이다.

○ 분생포자(1개 잎 병반당 100,000개까지도 생성됨)는 튀기는 빗물이나 바람에 의해 나무의 새잎이나 과실 표면에 분산된다. 이들은 발아하여 기주를 뚫으며 자낭포자일 때와 유사한 방법으로 새 병반을 만든다. 감염기 발생 빈도와 기주 조직의 감수성에 따라 생육기 동안 몇 번의 2차 감염이 일어난다. 가을 낙엽 후 균은 부생성으로 들어간다.

○ 이 병은 전 세계 대부분의 사과재배 지역에서 발생하고 있으며 미국이나 유럽에서는 가장 중요한 사과 병해이다. 우리나라에서는 1972년 미국에서 도입된 사과나무의 묘목에서 최초로 발생이 확인되어 정착되었으며 1990년부터 1992년까지 경북 청송 지방을 위시하여 영주, 의성, 봉화, 경주, 영천 등지에서 산발적으로 발생하여 상당한 피해를 입힌 바 있다. 그 후 1993년부터 1996년까지 청송, 거창, 무주 등지의 극히 일부 사과원에서 발생하였으며, 1997년 이후부터는 병 발생이 없는 것으로 조사되었다.

라. 방제
○ 사과원의 습도를 낮추기 위해 배수 관리를 철저히 한다.
○ 병든 잎과 과실은 불에 태우거나 땅속 깊이 묻는다.
○ 외국에서는 병 발생이 심할 경우 가을철 낙엽에 질소질 비료를 살포해 겨울 동안 잎의 분해율을 높임으로써 월동 전염원을 감소시킨다. 그러나 우리나라와 같이 겨울이 건조하고 추운 기상 조건에서는 실용화 가능성이 적을 것으로 예상된다.
○ 봄철 1차 감염 시기의 방제가 가장 중요하므로 4월 중순~5월 중순에 점무늬낙엽병, 붉은별무늬병, 그을음(점무늬)병의 방제를 겸해 적용 약제를 살포하는 것이 효과적이다.

흰가루병(白粉病)

병원균	*Podosphaera leucotricha*(Ellis et Everhart) Salmon
영명	Powdery mildew
일명	ウドンコ病

가. 병징과 진단

○ 잎, 가지, 꽃, 과실에 발생하는데 주 발병 부위는 신초의 어린잎, 가지이다.

○ 처음에 흰색 균총이 나타나고 병반이 확대돼 잎 전체가 흰 가루 모양의 분생포
　 자로 덮이면서 오그라든다.

○ 과실에서는 유과기에 발생해 동록의 원인이 된다.

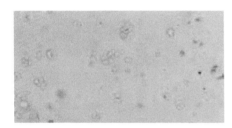 

(그림 2-3) 흰가루병 분생포자(왼쪽)와 사과나무 잎의 병징(오른쪽)

나. 병원균

○ 자낭균(子囊菌)으로 자낭포자(子囊胞子)와 분생포자(分生胞子)를 형성한다.

○ 자낭각은 흑갈색 구형으로 직경은 75~96μm이며, 자낭은 준구형으로 크기는
　 55~70×44~50μm이다. 자낭포자는 무색 단세포로 타원형~난형이고 크기는
　 22~26×12~14μm이다. 분생포자는 분생자경 위에 연쇄상으로 형성되고 무
　 색 단세포로 원통형이며 크기는 28~30×12~19μm이다.

○ 이 병원균은 표피 세포에 흡기를 삽입해 영양분을 흡수하며 기주 조직이 죽으
　 면 병원균도 죽는 활물 기생균이다.

다. 발생 생태

○ 병든 새순이나 가지에서 균사나 자낭각의 형태로 월동해 봄에 잎이 전개할 때 자낭포자에 의해 1차 감염이 이루어진다. 그리고 1차 감염된 잎에서 형성된 흰 가루 모양의 분생포자에 의해 2차 감염이 이루어진다. 5~6월에 많이 발생하며 홍옥이 감수성 품종이다. 이른 봄 기온이 한랭하고 안개가 낄 때 발생이 많다.

○ 이 병은 세계 각지에 널리 분포하는데 우리나라에서는 1917년 마산에서 처음 발견된 이후 1940년대까지는 함경남도 원산 지방에서 많이 발생한 것으로 기록돼 있다. 현재는 사과원에서 평균이병엽률 1% 미만, 발생과원율 5% 미만으로 피해가 심하지 않다.

라. 방제

○ 피해 받은 새순의 끝이나 가지를 잘라 태우거나 땅속 깊이 묻는다.

○ 4월 중순~5월 중순에 검은별무늬병, 점무늬낙엽병, 붉은별무늬병, 그을음(점무늬)병과 동시방제하는 것이 효과적이다.

점무늬낙엽병(斑點落葉病)

병원균	*Alternaria mali* Roberts
영명	Alternaria blotch
일명	ハンテンラクヨウ病

가. 병징과 진단

○ 잎, 과실, 가지에 발생하는데 주 발병 부위는 잎이다.

○ 5월부터 잎에 2~3mm의 갈색 또는 암갈색 원형 반점이 생기며 품종과 기상 조건에 따라 병반이 확대돼 0.5~1cm 정도로 커지기도 하고 회색 병반으로 되기도 한다. 여름에 새로 나온 가지의 잎에 발생이 많다.

○ 과실에서는 5~6월부터 과점으로 감염되기 시작해 8~9월까지 감염되며 흑색의 작은 반점을 형성한다. 병반은 크게 확대되지 않고 과실이 성숙하면 병반 주변이 적자색으로 변한다.

○ 가지에서는 껍질눈을 중심으로 회갈색 병반을 형성하며 주변이 터진다.

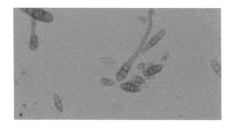 

(그림 2-4) 점무늬낙엽병 분생포자(왼쪽)와 사과나무 잎의 병징(오른쪽)

나. 병원균
○ 병원균은 *Alternaria mali*로서 유성세대(有性世代)가 밝혀지지 않은 불완전균 (不完全菌)으로 분생포자(分生胞子)를 형성한다.
○ 분생자경에 5~13개의 분생포자가 연쇄상으로 형성된다. 분생포자는 흑갈색이고 곤봉형으로 한 개 내지 여러 개의 격막이 있으며 크기는 13~50×6~20μm 이다.

다. 발생 생태
○ 병든 잎, 과실, 가지에서 균사 또는 분생포자로 월동한 후 봄에 형성된 분생포자에 의해 1차 감염이 이루어진다. 포자비산은 4월부터 10월까지 계속되는데 6월에 가장 많고 7~9월에 꾸준히 비산한다. 2차 전염은 잎에서 발생한 병반에서 형성된 분생포자에 의해 계속 일어나며 과실 감염은 7~8월에 가장 많이 발생한다. 품종에 따라 발병 정도가 다르며 여름에 고온 다습하면 많이 생긴다. 질소 비료의 과다 시용으로 잎이 연약해지고 배수와 통풍이 잘되지 않는 과수원에서 피해가 많다.
○ 우리나라에서는 1917년에 대구에서 처음 발견돼 1960년대부터 경북 지역을 중심으로 '인도', '스타킹' 품종에 많이 발생하기 시작해 전국적인 발생 양상을 보였다. 현재는 사과원에서 5월부터 발생하기 시작해 10월에는 평균이병엽률 10% 미만, 발생과원율 90% 이상으로 잎의 피해는 그다지 크지 않지만 과실에 감염되는 경우 상품 가치를 떨어뜨린다.

라. 방제
○ 이른 봄에 낙엽을 모아 태운다.
○ 여름전정을 통해 병반이 많은 도장지를 잘라서 없애고 통풍, 투광을 원활히 한다.
○ 질소 비료가 과다해 잎이 연약할 때 많이 발생하므로 비료 시용이 과다하지 않
   도록 주의한다.
○ 4~5월에는 검은별무늬병, 붉은별무늬병, 그을음(점무늬)병과 동시방제하고
   6~8월에는 겹무늬썩음병, 갈색무늬병과 동시방제하는 것이 효과적이다.

갈색무늬병(褐斑病)

병원균	*Diplocarpon mali* Harada et Sawamura
영명	Marssonia blotch
일명	カッパンビョウ

가. 병징과 진단
○ 잎, 과실에 발생하는데 주 발병 부위는 잎이다.
○ 잎에 형성된 원형의 흑갈색 반점이 점차 확대돼 직경 1cm 정도의 원형~부정
   형 병반이 된다. 병반 위에는 흑갈색 소립이 많이 형성되는데 이것은 병원균
   의 포자층으로 많은 포자를 생성한다.
○ 잎은 2~3주 후 황색으로 변해 일찍 낙엽이 되나 황변하지 않고 그대로 나무에
   남아 있는 것도 있다.
○ 병반이 확대돼 여러 개가 합쳐지면 부정형으로 되며, 발병 후기에는 병반 이외
   의 건전 부위는 황색으로 변하고 병반 주위는 녹색을 띠게 돼 경계가 뚜렷해
   지며 병든 잎은 쉽게 낙엽이 된다.

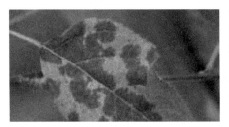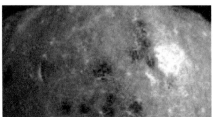

(그림 2-5) 갈색무늬병 잎의 병징(왼쪽)과 과실의 병징(오른쪽)

나. 병원균

○ 자낭균(子囊菌)으로 자낭포자(子囊胞子)와 분생포자(分生胞子)를 형성한다.

○ 자낭반은 월동 후 병든 잎에서 형성되는데 직경은 0.1~0.2mm이고 높이는 0.1~0.2mm이다. 자낭은 긴 원통 또는 곤봉상으로 크기는 55~78×14~18μm 이고 8개의 자낭포자가 있다.

○ 자낭반은 월동한 병든 잎의 각피 아래 형성되며 성숙하면 각피를 뚫고 나와 찻 잔 모양의 자낭반이 된다.

○ 자낭포자는 한 개의 무색 격막이 있는 2세포이며 크기는 23~33×5~6μm이다.

○ 분생포자는 잎 표피 세포의 큐티클층 아래 형성되는 분생자퇴 위에 생성되는 데 무색 2세포로 하나는 원형에 가깝고 다른 하나는 끝이 가느다란 장타원형 이며 크기는 20~24×7~9μm이다.

다. 발생 생태

○ 병든 잎에서 균사 또는 자낭반의 형태로 월동해 다음 해 자낭포자와 분생포자 가 1차 전염원이 된다.

○ 분생포자나 자낭포자의 공기 전염에 의해 확산되며 포자 비산은 4월부터 시 작되어 10월까지 계속되는데 7월 이후 증가하여 8월에 가장 많은 양이 비산 된다. 잎에서는 빠르면 5월 말에서 6월 초순에 병징이 나타나기 시작하며 7월 상순경에는 과수원에서 관찰할 수 있다.

○ 8월 이후 급증하여 9~10월까지 계속된다. 여름철에 비가 많고 기온이 낮은 해 에 발생이 많으며 배수불량, 밀식, 농약 살포량이 부족한 과수원에서 발생이 많다. 사과나무의 조기 낙엽을 가장 심하게 일으키는 병이다.

○ 포자 비산은 4월부터 10월까지 이루어지는데 포자 비산량 조사를 통해서 초기 발생 시기와 이후의 발생 정도를 예측할 수 있다. 과수원에서 보통 빠르면 6월 상순, 늦어도 7월 상순에는 관찰할 수 있다.

○ 일본, 한국, 중국, 인도네시아, 캐나다, 브라질 등지에서 발생한다. 우리나라에서는 1916년 수원, 1917년 나주, 대전, 대구 등지에서 최초 발생이 보고된 이래 1960년대까지 우리나라 전역에 걸쳐 발생하여 탄저병과 더불어 그 피해가 극심하였다. 이후 발생이 줄어들었다가 1990년대 이후 발생이 증가하여 최근 사과원에서 가장 문제가 되고 있는 병해이다.

라. 방제

○ 관수 및 배수 철저, 균형 있는 시비, 전정을 통해 수관 내 통풍과 통광을 원활히 한다.

○ 병에 걸린 낙엽을 모아 태우거나 땅속 깊이 묻어 월동 전염원을 제거한다.

○ 기존에는 5월 중순경(발병 초)부터 8월까지 강우 전에 정기적으로 적용 약제를 수관 내부까지 골고루 묻도록 충분한 양을 살포하도록 하였으나 최근 갈색무늬병의 발생 시기가 앞당겨지고 있으므로 개화 전부터 갈색무늬병을 적극적으로 예방하기 위한 약제 살포가 필요하다.

○ 초기 병반이 확인되는 즉시 약제를 살포해야 하며, 병이 어느 정도 진전이 되면 약제 살포만으로 충분히 방제하기가 어려우므로 예방에 초점을 맞추어 방제해야 한다.

탄저병(炭疽病)

병원균	*Glomerella cingulata* Spauld. et Schr.
영명	Bitter rot
일명	タンソ病

가. 병징과 진단

○ 병 발생에 알맞은 환경조건일 때는 어린 과실에서도 발생하지만 주로 성숙기
인 8월부터 수확기까지 발생하며 저장 중에도 많이 발생한다.

○ 초기에는 과실에 갈색의 원형 반점이 형성되어 1주일 후에는 직경이
20~30mm로 확대되며 병든 부위를 잘라보면 과심 방향으로 과육이 원뿔 모
양으로 깊숙이 부패하게 된다.

○ 과실 표면의 병반은 약간 움푹 들어가며 병반의 표면에는 검은색의 작은 점들
이 생기고 습도가 높을 때 이 점들 위에서 담홍색의 병원균 포자 덩이가 쌓이
게 된다.

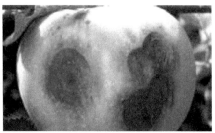

(그림 2-6) 탄저병 초기 병징(왼쪽)과 후기 병징(오른쪽)

나. 병원균

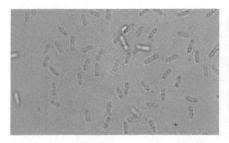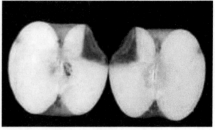

(그림 2-7) 탄저병 분생포자(왼쪽)와 V자 모양의 과육 부패 증상(오른쪽)

○ 자낭균으로 병반에서는 주로 분생포자를 형성하나 드물게 병반 조직 내에 자낭각을 형성하여 자낭포자도 생성한다.
○ 자낭각은 흑색 구형 내지 플라스크형으로 직경이 210~280μm이다.
○ 분생포자의 크기는 9~29×3~8μm이다.

다. 발생 생태

○ 세계 각지에서 사과나무, 배나무, 포도나무 등 300여 종의 식물에서 발견되며 비교적 온난하고 다습한 지방에서 많이 발생한다.
○ 주로 '홍로', '홍옥', '산사' 품종 등에서 심하게 발생하며 한 해 동안 50~90%의 이병과율을 나타낸 경우도 있어 1970년대 말까지 우리나라 사과 병해 중 가장 피해가 심했던 병이다. 1960년대에 '후지' 등 탄저병 저항성 품종이 재배되고 부터는 병의 발생이 현저히 줄어들었다가 최근 '홍로' 등 조·중생종 품종의 재배가 늘어나고 여름철 고온 다습한 기후가 계속되면서 발생이 늘어나고 있다.
○ 주로 사과나무 가지의 상처 부위나 과실이 달렸던 곳, 잎이 떨어진 부위에 침입하여 균사의 형태로 월동한 후 5월부터 분생포자를 형성하게 된다. 비가 올 때 빗물에 의하여 비산되어 제1차 전염이 이루어지고 과실에 침입하여 발병하게 된다.
○ 병원균의 전반은 빗물에 의해서 기주체 표면에서 각피로 침입하여 감염되며 파리나 기타 곤충 및 조류에 의해서도 분산 전반되어 전염된다.
○ 과실에서는 7월 상순경에 최초 발생하며 7월 하순~8월 하순경에 많이 발생하고 9월 중순 이후 감소한다. 저장 중에도 많이 발생한다.

○ 병원균의 생육 온도는 5~32℃이며 생육 적온은 28℃이다.

라. 방제
○ 중간기주가 되는 아카시나무와 호두나무를 사과원 주변에서 없앤다.
○ 병든 과실은 따내어 땅에 묻고 수세가 강해지도록 비배관리를 철저히 하고, 과실에 봉지 씌우기를 하면 병원균의 전염이 차단된다.

겹무늬썩음병(輪紋病)

병원균	*Botryosphaeria dothidea* Cesati et de Notarise
영명	White rot
일명	リンモン病

가. 병징과 진단
○ 과실에서 발병은 일부 일소피해를 입은 과실에서는 7월 하순에 발병하는 경우도 있지만 대부분 9월 하순 이후에 다발생한다. 초기에 발병된 과실에서는 병반상에 작은 흑색소립이 밀생하는 경우가 있는데 이들은 내부에 다량의 병원균 포자를 형성하여 2차 전염원이 된다.
○ 최초의 병징은 과점을 중심으로 갈색의 작고 둥근 반점이 생기는데, 이 반점의 주위는 붉게 착색되어 눈에 잘 띈다. 병반이 확대되면 둥근 띠모양으로 테가 생기지만 띠모양이 확실하지 않은 경우도 있고, 과실이 썩으면서 색깔이 검게 변하는 것도 있다.
○ 과실을 잘랐을 때 썩는 부위가 연한 갈색 혹은 짙은 갈색으로 불규칙하게 썩으며 이런 증상은 V자 모양을 띠며 씨방 쪽으로 썩어 들어가는 탄저병과는 뚜렷하게 구별되는 증상으로 나타난다.
○ 가지에서의 병반은 사마귀를 형성하는 것과 사마귀를 형성하지 않고 조피 증상을 나타내는 것, 검붉은 색의 암종을 형성하는 것의 3가지 유형으로 나누어진다.

① 사마귀를 형성하는 경우는 처음 병원균이 침입한 가지의 피목 부위가 융기하여 사마귀 형태가 된다. 수개월이 지나면 사마귀 주변으로 균열이 생기면서 갈라져 조피 증상을 나타내며, 이 사마귀 내에 다수의 병자각이 군생한다.

② 사마귀를 형성하지 않고 조피 증상만 나타나는 경우에는 가지의 피목 부위에서 장타원형의 균열이 생기며 이곳에서 다수의 병자각이 형성된다.

③ 검붉은 색의 암종을 형성하는 것은 주로 델리셔스 계통 품종의 나무에서 많이 발견되지만 거의 모든 품종에서 찾아볼 수 있다. 이 증상은 동해, 한해, 영양 결핍에 의해 쇠약해진 나무에서는 더욱 뚜렷하게 나타나며 수분 스트레스를 지속적으로 받는 가지, 오래된 가지일수록 증상이 잘 나타난다.

(그림 2-8) 겹무늬썩음병 초기 병징(왼쪽)과 후기 병징(오른쪽)

(그림 2-9) 겹무늬썩음병 줄기 사마귀 증상(왼쪽)과 괴사 증상(오른쪽)

나. 병원균

○ 자낭균에 속하며 동일한 자좌 내에 병자각과 자낭각을 형성한다. 자좌 속에 보통 2~4개의 자낭각이 존재하며, 병자각은 단독 또는 군생한다. 자낭각의 모양은 병자각과 거의 같으며 크기는 175~320×230~320μm이다. 자낭은 80~130×12~23μm 크기로 곤봉형이며, 2중벽 구조로 되어 있고 8개의 포자를 가진다. 자낭포자는 무색, 단포, 방추형-장란형이며 크기는 16~28×7~12μm이다.

○ 병자각은 줄기 및 가지의 병반은 물론 과실 병반에서도 형성되며, 크기는 103.5~287.5×92~287.5μm이다. 병자각실 내벽 전면에 분생자병이 발달하고 그 위에 병포자가 단생한다. 병포자는 무색, 단포, 타원형-방추형으로 크기는 4.3~7.3×20.0~31.3μm이다.

○ 소형 분생포자를 형성하는 경우가 있는데 이것도 역시 병자각 내에 형성되며 무색, 단포, 간상형이다. 크기는 1×2~3μm이며 그 기능은 분명치 않다.

○ 병원균의 생육 온도는 10~35℃이며 생육 적온은 28~32℃이다.

다. 발생 생태

○ 세계 각지에서 사과나무, 배나무 등 20과 34속 식물에서 발견되며 비교적 온난하고 다습한 지방에서 많이 발생한다.

○ 1970년대부터 병원균에 감수성이 높은 후지 품종의 재배 증가와 무대재배 그리고 이전까지 사과원에서 빈번히 사용되어 온 보르도액이 제조상의 번거로움과 과실 색택의 문제로 인해 사용하지 않게 되어 이 병의 발생이 증가되었다.

○ 자낭포자는 강우가 없어도 전반이 이루어지지만 분생포자는 강우 시에 전반된다. 병자각에서 분출되는 병원균의 양은 강우의 양과 지속시간과 관계가 있다.

○ 병원균은 균사, 병자각, 자낭각의 형태로 전년도 이병과실에서 월동한다. 다음해 5월 중순~8월 하순경 사이 비가 올 때 포자가 누출되고 빗물에 튀어 과실의 과점 속에서 잠복하고 있다가 과실이 성숙되어 수용성 전분 함량이 10.5%에 달하는 생육 후기에 발병한다.

○ 포자가 과실 표면에 도달하여 감염이 성립되기 위해서는 15℃에서는 24시간, 20℃에서는 10시간, 25℃에서는 8시간의 보습 기간이 필요하며 우리나라에서 감염최성기는 장마 기간 중이다.

라. 방제

○ 병원균의 월동처에서 비산된 포자가 과실에 부착하지 못하게 하는 봉지 씌우기 재배가 가장 효과적인 방법이지만 노동력 투하로 인한 생산비 상승이 문제된다. 우리나라에서는 봉지 씌우기를 6월 상순에서 중순에 걸쳐 이행하는데 겹무늬썩음병 방제만을 고려한다면 장마가 시작되기 전까지만 봉지를 씌우면 방제에는 큰 문제가 없다.

○ 이 병은 감염 가능 기간이 길고 이 기간 중 비만 오면 언제든지 대량감염의 우려가 있으므로 최대 비산 및 감염 시기가 되는 장마기 전부터 8월 하순까지 매회 방제 효과가 높은 약제를 살포해야 하며 특히 7~8월의 방제가 중요하다.

○ 어린 유목 시기에 가지에 형성된 사마귀 병반 부위를 도포제 혹은 수성페인트로 발라두면 병원균의 비산방지와 예방에 효과가 있으나 노목의 경우 도포 처리의 어려움과 비용 과다로 효과적이지 못하다.

○ 석회보르도액이 겹무늬썩음병에는 탁월한 효과가 있으나 '후지' 품종에 있어서는 과실의 표피가 거칠어지고 색깔이 검어지는 문제가 있다.

○ 전정한 나무가지를 밭에 방치하지 않도록 한다. 과수원 바닥에 전정가지를 방치하면 여기에 병원균이 부생적으로 기생하여 다량의 포자를 형성하게 되어 이들이 전염원이 될 수도 있다. 약제 살포 시 가지에 약이 충분히 묻도록 하는 것도 중요하다.

부란병(腐爛病)

병원균	*Valsa ceratosperma*(Tode ex Fries) Maire
영명	Valsa canker
일명	フラン病

가. 병징과 진단
○ 가지, 줄기에 발생한다.
○ 나무껍질이 갈색으로 되며 약간 부풀어 오르고 쉽게 벗겨지며 시큼한 냄새가
 난다. 병이 진전되면 병에 걸린 곳에 까만 돌기가 생기고 여기서 노란 실모양
 의 포자퇴가 나오는데 이것이 비, 바람에 의해 수많은 포자가 되어 날아간다.

(그림 2-10) 부란병 줄기 병징(왼쪽)과 포자 유출(오른쪽)

나. 병원균
○ 자낭균(子囊菌)으로 자낭포자(子囊胞子), 병포자(柄胞子)를 형성한다.
○ 자낭각은 흑색으로 플라스크형이며 크기는 0.3~0.5×0.5~0.9mm이다. 자낭
 은 무색 곤봉형이며 크기는 28~33×5~6μm이다. 자낭포자는 무색으로 단세
 포이며 크기는 7~8×1.5~2μm이다. 자좌는 흑색의 작은 점으로 표피 밑에 생
 긴다. 비 온 후 병자각에서 노란색의 많은 포자가 누출된다. 병자각은 불규칙
 형으로 크기는 0.5~1.6×0.9mm이다. 병포자는 무색, 단세포, 신장형이고 크
 기는 4~10×0.8~1.7μm이다.

다. 발생 생태

○ 병반상에서 형성된 자낭포자와 병포자가 전염원인데 우리나라에서는 자낭포자의 형성 빈도가 매우 낮으므로 주전염원은 병포자이다. 병자각 내에서 형성된 병포자는 빗물에 의해 이동하여 사과나무의 상처 부위에서 발아해 감염된다. 병원균이 가장 쉽게 침입하는 곳은 과대, 전정 부위, 밀선, 큰 가지의 분지점, 동상해를 입은 곳 등인데 반드시 죽은 조직을 통해서 감염된다. 감염은 포자만 있으면 연중 어느 시기에나 일어날 수 있는데 감염최성기는 12월에서 4월까지이다. 감염 후 발병까지는 상당히 오랜 시간이 소요되는데 수개월에서 3년까지 소요된다. 일단 발병하면 병반은 연중 진전되며 봄에서 초여름까지 진전속도가 가장 빠르다. 여름에는 일시 정체하나 가을에 다시 진전하며, 겨울에도 느린 속도이긴 하지만 병반의 진전은 계속된다.

○ 이 병은 한국, 일본, 중국 등지에서 발생하는데 우리나라에서 처음 알려진 것은 1919년으로 우리나라에서 사과의 상업적 생산이 시작된 직후이다. 그 후 1960년대 중반까지는 별로 큰 문제가 없었으나 1960년대 후반부터 차츰 피해가 증가하여 1970년대 초에는 우리나라의 사과 산업에 중대한 위협이 되었으며 이 시기에 많은 과수원이 이 병으로 인해 폐원에까지 이르게 되었다. 현재 사과원에서 평균이병률 1% 미만, 발생과원율 30%로 그다지 크지 않으나 발병한 부위는 제거해야 하기 때문에 일찍 발견하고 치료해서 다른 부위에 더 이상 감염되지 않도록 하는 것이 중요하다.

라. 방제

○ 비배관리를 양호하게 한다.

○ 전정 부위나 동해를 입은 곳 등을 통해 감염하기 때문에 전정 부위는 바짝 잘라 적용 약제를 바르고 동해를 입지 않도록 한다.

○ 전정은 이른 봄에 하고 병에 걸린 부위를 일찍 발견하여 깎아내거나 잘라 낸 뒤 적용 약제를 바른다. 자른 병든 가지는 모아 태워서 전염원을 제거한다.

뿌리혹병(根頭癌腫病)

병원균	*Agrobacterium tumefaciens*(E. F. Smith & Townsend) Conn
영명	Crown gall

가. 병징과 진단
○ 병원균의 침입에 의해 혹이 발생하며 크기는 지름이 수 mm 이상으로 발생 부위는 주로 뿌리 및 지제부 밑의 줄기에 발병되나 가끔 지상부 줄기에 상처를 통해 발병하기도 한다.

(그림 2-11) 뿌리혹병 병징

나. 병원균
○ 세균의 일종으로 막대 모양의 간상형이며 크기는 0.6~1.0×1.5~3.0μm이다. 호기성 그람음성균으로 1~6개의 편모를 가지며 운동성이 있다.

다. 발생 생태
○ 병원균이 있는 토양에서 빗물, 농기구, 바람, 곤충, 동물, 묘목의 이동 등에 의해 인근 건전식물로 쉽게 전파가 가능하다.

라. 방제
○ 묘목은 심기 전에 병든 묘목을 제거하고 스트렙토마이신 등 항생제 액에 침지한다.

○ 병든 식물은 발견 즉시 소각하고 흙을 훈증 소독하며 그 자리에는 4~5년간 재배하지 않는다.

털뿌리병(毛根病)

병원균	*Agrobacterium rhizogenes*(Riker et al) Conn.
영명	Hairy root

가. 병징과 진단
○ 주간의 기부, 근두 및 뿌리에 털 모양의 부정근이 다발로 형성되는데 발병 초기에는 뿌리 색깔이 정상적인 엷은 갈색을 유지하나 시간이 경과하면 암갈색으로 변하며 뻣뻣해진다.
○ 뿌리의 정상적 발육이 저해되므로 지상부는 쇠약하게 되고, 증상이 심하면 일부 가지의 잎이 세로로 말리면서 결국엔 나무 전체가 고사한다.

(그림 2-12) 털뿌리병 병징

나. 병원균
○ 뿌리혹병을 일으키는 *Agrobacterium tumefaciens*와 형태적, 생화학적 성질 및 DNA 염기서열 상동성에서 고도의 유사성이 있다.

다. 발생 생태
○ 전염 경로 및 생활환은 뿌리혹병과 대단히 유사하며 병원 세균이 기주체에 부

착해 감염을 개시하기 위해서는 반드시 상처가 필요하다.

라. 방제
○ 뿌리혹병의 방제에 준한다.

고접병

병원균	*Apple chlorotic leaf spot virus*(ACLSV) *Apple stem pitting virus*(ASPV) *Apple stem grooving virus*(ASGV)
영명	Topworking diseases
일명	ウイルスヒョウカイ

가. 병징과 진단
○ 고접 갱신 시 접목 부위에 이상 비대 등 접목불친화 증상이 나타나고 신초의
  생육이 나빠지면서 서서히 나무 수세가 쇠약해진다.
○ 접목 부위의 목질부를 보면 홈이나 패인 자국들이 보이기도 하고 갈변 및 괴사
  하여 접목 활착률이 떨어진다.
○ 사과 실생, 'M9', 'M26', 'M27', 'MM106' 등의 대목은 병원 바이러스에 저항
  성을 가지고 있어 고접병에 강하다.

(그림 2-13) 고접병 병징

나. 발생 생태

○ 즙액이나 접촉에 의해 전염되는 예는 극히 드물며 주로 접목에 의해서 전염된다.
○ 바이러스에 걸린 대목이나 접수 품종을 사용함으로써 병을 확산시킬 수 있으므로 유의하여야 한다.

다. 방제

○ 약제에 의한 방제가 불가능하므로 건전한 묘목을 사용하는 것이 가장 근본적인 방제 방법이다.
○ 수세를 강건하게 키워 바이러스병에 잘 견딜 수 있도록 관리함으로써 다소 피해를 줄일 수는 있다. 하지만 고접 갱신이나 묘목생산용으로 접수를 채취할 때는 반드시 건전한 모수를 이용해야 한다.

모자이크병

병원균	*Apple mosaic virus*(ApMV) *Apple necrotic mosaic virus*(ApNMV)
영명	Mosaic diseases

가. 병징과 진단

○ 봄에 발아할 때 탁엽부터 연한 노란색에서 크림색의 얼룩반점과 윤문의 병징을 나타낸다.
○ 엽맥을 따라 황화되며 심하면 잎 주위가 갈변되고 이른 시기에 낙엽이 되기도 한다.
○ 아랫잎부터 나오기 시작한 모자이크 증상은 점차 상엽으로 확산되어 전체 가지의 잎에 병징을 나타낸다. 심한 경우 접목 부위에 조피 증상을 나타내면서 수세를 현저하게 약화시킨다.

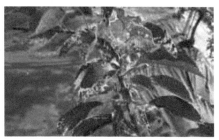

(그림 2-14) 모자이크병 병징

나. 발생 생태
○ 이병주는 과실 생산의 30~50%까지 수량이 감소되고 주간 비대 생장의 저하로 생장량이 최대 50%까지도 저하된다.
○ '골든 델리셔스'와 '조나단' 품종이 사과모자이크바이러스에 가장 높은 감수성을 나타낸다.
○ 주로 접목에 의해 전염되고 뿌리접목에 의해 전염될 수도 있다.

다. 방제
○ 이병주는 빨리 제거하고 건전한 묘목을 보식하여 주는 것이 가장 효과적이며 재배적 기술을 투여하여 나무의 수세를 강건하게 관리해 주는 것도 다소 피해를 예방하는 데 도움이 된다.

바이로이드병

병원균	*Apple scar skin viroid*(ASSVd)
영명	Scar skin(dapple apple)

가. 병징과 진단
○ 최초 병징은 7월 중순경 과실의 표피가 착색되기 시작하면서부터 직경 2~5mm 크기의 연노란색 둥근 반점이 형성된다.
○ 노란색 반점들은 과실이 성숙하여 과피가 붉은색을 띰에 따라 더욱 분명하게 드러나고 8월 중순 수확기에는 과피 전체의 50% 이상을 덮게 된다.

○ 정상과에 비해 착색이 늦고 불균일하며 품종에 따라 크기가 작아지거나 동록이 심하게 발생하고 과육 조직이 코르크화되기도 한다.

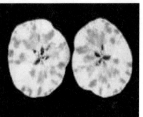

(그림 2-15) 바이로이드 병징

나. 발생 생태
○ 미국, 일본 등지에서 발생한다. 우리나라에는 1992년경 일본 아오모리현에서 들여온 묘목으로부터 접수를 채취하여 재배한 경북 의성군 농가에서 1998년에 최초 발견된 병이다.
○ 즙액에 의한 전염, 접촉에 의한 전염, 접목에 의한 전염이 쉽게 이루어지는 편이고 전정 등 재배 작업도구에 의해서도 전염이 될 수 있다.
○ 잎이나 줄기에 이상 병징이 나타나지 않아 결실기까지 감염 여부를 확인할 수 없어 피해가 더 크다.

다. 방제
○ 접목이나 전정 등 작업 후에 작업 도구를 화염 소독이나 소독액(2% NaOCl 용액 또는 락스액)을 사용함으로써 2차 전염을 예방할 수 있다.
○ 무분별하게 외국에서 도입하여 배포되는 품종의 사용을 지양하고 정식 검역 과정을 거친 건전한 묘목을 사용하는 것이 무엇보다 중요하다.
○ 이병주는 뿌리까지 완전 굴취하여 소각 처리하여야 한다.

기타 병해

가. 봉지 씌운 사과의 병해

○ 과수용 2중 봉지의 속봉지에는 병원균이 봉지 내에서 자라지 못하도록 방균제가 처리되어 있으나 봉지 씌우기 전 점무늬낙엽병, 겹무늬썩음병, 그을음병 등의 방제력에 따라 살균제를 충분히 살포한 후 봉지를 씌워야 한다.

○ 봉지 씌운 사과의 병해 발생이 많았던 1996년의 경우 봉지 씌우기 전에 강우가 많음에 따라 겹무늬썩음병, 점무늬낙엽병 등 다수의 병원균의 포자 비산이 있었다. 봉지 씌우기 전 병원균 포자가 과실에 부착되었고, 이들 약제에 의해 예방 또는 치료가 되지 않은 사과원에서 이상 증상 발생이 많았다.

○ 경북 상주 지역에서 봉지재배를 한 몇 농가를 조사한 결과 그을음 증상 21%, 반점 증상 15%, 부패 증상 4%, 흑점 증상 2%, 일소 증상 2%의 피해를 나타내었다.

○ 그을음 증상은 그을음병균과 그을음점무늬병균에 의해, 반점 증상은 겹무늬썩음병균과 *Alternaria* spp.에 의해, 부패 증상은 겹무늬썩음병균과 *Alternaria* spp. 그리고 탄저병균에 의해, 흑점 증상은 *Cephallocecium* spp. 과 *Alternaria* spp. 그리고 *Penicillium* spp. 등에 의해 나타나는 것으로 밝혀졌다.

○ 봉지 씌우기는 가급적 일찍 완료하는 것이 좋다. 봉지는 꽃이 진 후 30~40일 (6월 상순~6월 중순) 사이에 씌워야 하며 봉지 밑 중앙부를 손으로 쳐주어 과일이 봉지에 직접 닿지 않게 씌워야 한다.

○ 강우가 많은 해에는 봉지 씌우기 전에 특히 살균제를 철저히 살포해야 한다.

○ 비가 내리는 가운데 봉지 씌우기 작업은 절대로 금하며 또한 작업에 익숙지 못한 작업자가 씌워 빗물이 봉지 내로 들어가는 경우 빗물 내의 병원균에 의해 봉지 속에서 발병할 수 있다.

○ 봉지 벗기기 작업 중 겉봉지와 속봉지를 동시에 벗기게 되면 갑자기 노출된 과실 표면에 일소피해가 발생할 수 있으므로 주의한다.

○ 일소 피해 방지를 위해서는 맑은 날을 택해 과일 온도가 높은 오후 2~4시 사이에 봉지를 벗기는 것이 좋다.

나. 저장 병해(貯藏病害, Postharvest diseases)

○ 저장 병해란 농산물 수확 후 수송, 저장, 유통 중에 나타나는 병원균에 의한 피해와 생리장해를 통칭하는 것으로 특히 저장 중에 발생하는 피해를 말한다.

○ 대부분의 병해는 과수원에서 이병·잠복 감염된 상태로 저장되거나 과일 표면에 부생적으로 존재하다가 바람, 농작업, 수송 및 유통 중 과일에 상처가 났을 때 침입해 피해를 준다. 과일 저장 병해를 일으키는 병원균은 크게 네 가지로 분류할 수 있다.

① 사과 겹무늬썩음병처럼 수확 전부터 과수원에서 감염돼 잠복하다가 저장고의 관리가 소홀해 온도가 높아지거나 출고 후 유통될 때 심하게 발병하는 경우.

② 사과 속썩음병과 같이 외관상으로는 건전하나 수확 전에 이미 감염돼 저장 기간이 증가되면 피해가 심하게 진전되는 경우.

③ 수확 전 잠복 감염돼 있다가 저장 기간이 늘어남에 따라 과일 조직이 연해지면 피해를 주는 경우.

④ 푸른곰팡이병균이나 잿빛곰팡이병균처럼 수확 전에는 과일에서 부생적으로 존재하거나 공중에 날아다니다가 상처 난 과일과 접촉하면 침입해 병을 일으키는 경우.

이들 두 병원균은 5℃ 정도의 저온에서도 잘 자라고 많은 양의 병원균 포자를 만들기 때문에 사과 저장 중에 큰 피해를 준다.

○ 사과 저장 병해의 발생 정도는 농가, 저장 기간, 저장 조건별로 차이가 매우 크다. 2개월 이상 저장한 저장고를 중심으로 조사한 바에 따르면 유통과정 중 상처 난 것이나 이병된 과일을 골라내고 저장 온도와 습도를 낮추는 등 비교적 잘 관리한 농가의 저장고에서는 병의 피해가 1% 미만이었다. 반면에 일손이 부족하거나 저장병에 대해 잘 몰라 관리를 소홀히 한 농가에서는 피해가 80%에 이르기도 했다.

○ 과일 저장 병해의 발생 정도는 저장 기간이 늘어남에 따라 현저하게 증가한다. *Penicillium*이나 *Botrytis* 같은 병원균은 저온 조건에서도 잘 자라므로 장기저장 시 피해가 크다. 저장 조건별로 볼 때 상온저장 시 품질 저하가 될 뿐만 아니라 많은 병원균이 자랄 수 있는 환경 조건이 될 수 있으므로 짧은 기간 저장하는 경우를 제외하고는 상온저장을 지양하는 것이 좋다.

○ 0~5℃에서 저온저장을 할 경우 대부분의 병원균은 잘 자라지 못하지만 푸른 곰팡이병균, 잿빛곰팡이병균, 일부 *Alternaria*균은 잘 자라므로 많은 피해를 주기도 한다. 특히 이들 병원균은 생육기에는 거의 문제가 되지 않아 약제 방제를 소홀히 하게 돼 저장 중에 심한 피해를 준다. 사과는 국내에서 대량 생산돼 생산량의 대부분을 저장하고 있지만 저장 조건이 불량하거나 저장 기간이 길 경우 피해가 크며 심할 경우 부패율이 47%에 이르기도 한다.

〈표 2-5〉 사과 저장 중에 발생하는 병원균의 종류와 분리빈도·병원성(1996, 농과원)

병원균	분리 빈도	병원성(%)
검은썩음병(*Alternaria* spp.)	33	++(+/- ~ ++)
겹무늬썩음병(*Botryosphaeria dothidea*)	22	+/-
잿빛곰팡이병(*Botrytis cinerea*)	15	++++
푸른곰팡이병(*Penicillium* spp.)	7	++(+ ~ +++)
흰색썩음병(*Fusarium* spp.)	8	+++
기타*	15	+ (+/- ~ ++++)

* 낮은 빈도로 분리된 역병균(2균주)과 잿빛무늬병(2균주)의 경우 병원성이 높았음
** +/- : 경미, + : 약, ++ : 보통, +++~++++ : 강

○ 국내에서는 사과 저장 중 주로 피해를 주는 병으로 겹무늬썩음병, 푸른곰 팡이병, 잿빛곰팡이병, 검은썩음병(가칭 *Alternaria* rot), 흰색썩음병(가칭 *Fusarium* rot) 등 10여 종이 있다고 알려져 있다. 이들 병원균 중 푸른곰팡이 병, 검은썩음병, 잿빛곰팡이병의 경우 생육기에는 병을 일으키지 않거나 발생이 경미하지만 수확 시 또는 수확 후 관리할 때 상처가 나고 저장 중 온도나 습도가 적당할 경우 발생해 큰 피해를 준다. 저온저장의 경우 저온저장고 내 공기순환이 불량해 부분적으로 5℃ 정도가 유지되는 저장 위치의 사과상자에서 피해가 많다.

〈저장 병해의 피해를 줄이는 방법〉

○ 과일 저장 병해는 다음과 같은 여러 가지 방법으로 줄일 수 있다.

① 가능한 한 저장 온도를 낮추고 습도를 조절하는 등 환경을 제어해 방제하는 방법이 가장 근본적이며 확실한 수단이지만 고가의 시설과 유지비용이 필요하다. 푸른곰팡이병과 잿빛곰팡이병 등 대부분의 저장 병해는 다습 조건에서 발생이 심하므로 환기를 잘하면 피해를 줄일 수 있다. 저장 중 발생하는 에틸렌 가스는 사과 조직을 연화해 병 발생에 영향을 주므로 저장고 내 환기는 에틸렌 가스를 줄이는 차원에서도 필요하다.

② 생육 후기에 탄저병이나 겹무늬썩음병을 방제할 때 저장 중 문제가 되는 저온성 병원균인 저장 병균의 밀도도 함께 줄일 수 있는 약제를 선택해 농약 안전사용기준을 준수해 수확 전 살포하는 것이 바람직하다. 사과 병해 방제용 약제 중 저장 병원균의 생장을 현저히 억제하면서 잔류 기간이 짧은(농약 안전사용기준이 수확 전 2~21일 이내인) 약제를 수확 30일 전에 처리하고, 수확 후 10℃에 2달간 보관한 후 병해 발생 정도를 조사한 결과 생육기 위주로 방제한 관행 방제구에 비해 30~75%의 피해를 줄일 수 있었다.

〈표 2-6〉 약제별 저장 병해 발생 억제 효과

약제	농약 안전사용기준	약제 처리시기	이병과율(%)
훼나리 수화제	수확 전 20일까지 사용	수확 전 30일	1.9
캡탄 수화제	수확 전 3일까지 사용	〃	2.2
베노밀 수화제	수확 전 7일까지 사용	〃	2.4
홀펫 수화제	수확 전 2일까지 사용	〃	2.6
프로라츠 유제	수확 전 9일까지 사용	〃	5.3
무처리	–	–	7.6

* 농과원, 1997

③ 저장 병균은 과원에서 과일 표면에 오염되어 유통 또는 저장될 때 상처를 통해서 침입하여 큰 피해를 준다. 그러므로 수확 후 선과, 수세, 포장 등 일련의 작업 시 흠이 나지 않도록 유의해야 하며 이병 과일이나 상처 난 과일은 가능하면 수거하여 조기 출하하든지 소비하는 것이 바람직하다. 수확한

사과를 과원에 쌓아둘 경우 병원균이 병든 과일에서 이웃한 과일로 전파될 수 있으므로 가능한 한 수확 직후 저장고로 옮기고 병든 과일은 조기에 제거하는 것이 바람직하다.

④ 저장 중에 병든 과일은 전염원이 되어 큰 피해를 줄 수 있으므로 빨리 골라 내야 한다. 저장고 내에 농가 자체에서 소비할 목적으로 때때로 상처 난 과일이나 병든 과일을 저장용 과일과 함께 저장할 경우가 있는데 파지에 오염된 여러 병원균이 이웃한 과일로 전파되어 큰 피해를 주기도 한다.

⑤ 과일 표면에 피막제나 칼슘염을 첨가하거나 유용미생물을 처리하여 피해를 줄일 수 있다. 염화칼슘 4%로 처리했을 때 사과 저장 중 부패율이 47% 감소되었으며, Wilt pruf란 피막제와 혼용 처리할 경우에 병 진전을 70% 억제할 수 있었다. 한편 과일 표피로부터 유용미생물을 분리하여 과일에 접종하였을 때 부패를 78% 줄일 수 있었다(농업과학기술원).

⑥ 과일 저장 병해를 줄이기 위하여 UV 또는 열 처리를 하거나, 키토산과 같은 저항성 유도물질 처리를 하기도 하며, 감마선과 같은 방사선도 수확 후 농산물부패를 줄일 수 있는 것으로 알려져 있다.

2. 배 병해

동양배에서 병을 유발하는 병원체는 현재까지 국내에서 총 22종이 보고되고 있으며, 그중 경제적으로 피해가 많아 관리해야 하는 것은 8종이다. 배 농가에서 생육 초기 4~6월에 걸쳐 집중적으로 약제 방제를 실시해야 하는 병으로 검은별무늬병과 붉은별무늬병을 들 수 있다. 우리나라에서는 약 6년을 주기로 검은별무늬병이 대발생하여 큰 피해를 주고 있는 실정이다. 특히 2010년과 2012년은 개화기에 3일 이상 지속된 강우로 인해 전국적으로 피해가 매우 심각한 수준이었다. 관행적 약제 방제를 통해 방제가 되지 않지만 생산량에 영향을 주는 것으로 잎검은점병과 줄기마름병이 있는데 잎검은점병은 바이러스가 병원체이며 줄기마름병은 습해로 인해 발병되는 사례가 많다. 특히 흰날개무늬병은 토양전염성 병해로서 최근 지역적으로 큰 문제가 되고 있으며 방제가 어려운 측면이 있다.

〈표 2-7〉 배나무에 발생하는 병 종류별 가해 부위

병해명	꽃	잎	과실	줄기(가지)	뿌리
붉은별무늬병	-	◎	○	○	-
검은별무늬병	-	◎	◎	○	-
겹무늬병	-	○	◎	◎	-
뒷면흰가루병	-	◎	-	-	-
줄기마름병	-	-	-	◎	-
흰날개무늬병	-	-	-	-	◎
잎검은점병	-	◎	-	-	-

※ 주 : ◎ 주로 발병되는 부위, ○ 발병되는 부위, - 발병되지 않음

붉은별무늬병(赤星病)

병원균	Gymnosporangium asiaticum Miyabe & Yamada
영명	Japanese pear rust

가. 기주 범위 및 품종
○ 기주 범위 : 배나무, 모과나무, 산사나무, 명자나무, 향나무에 발생한다. 향나
무류는 가이즈카향나무, 금반향나무, 섬향나무, 연필향나무 등이
해당되며 둥근향나무는 거의 감염되지 않는다.

나. 분포
○ 한국, 일본, 중국, 미국 등에 분포되어 있다.

다. 병징
○ 잎이 병원균에 의해 감염이 되면 약 10일간 잠복 기간을 지나 잎의 표면에 작은
등황색의 병반이 나타나며 초기 병반 위에는 맑은 물방울 같은 밀상이 생긴다.
어린잎이 막 벌어질 때에 감염되어 반점이 생기며 개화하여 낙화하기 전에 화
탁과 꽃자루에 감염되어 반점이 생긴다. 병반이 점점 확대되면서 병반 위가 검
게 변한다. 병반 부위의 엽육은 점차로 두터워지고 5월 하순경에서 6월 상순경
이 되면 잎 뒷면에 담황색의 돌기가 나타나기 시작한다. 7월 상순이 되면 여기
서 1~1.5cm 길이의 많은 수자강이 나오고 그 선단에서는 황색의 수포자가 비
산하게 된다.

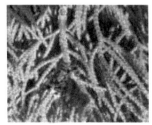
향나무의 겨울포자 덩어리

흡수 후 부푼 겨울포자 덩어리

배나무의 병징과 수자강

(그림 2-16) 향나무와 배나무 이병엽

○ 과실에 병반이 생기면 과실은 기형이 되고 딱딱해지며 과실 비대에 지장을 준다.

○ 가지는 어릴 때 주로 발병되며 처음에는 등황색의 반점이 생기고 6월 하순에서 7월 상순에 사상체인 수자강이 나온다. 병반이 생기면 병반 부위는 딱딱해지며 비바람에 쉽게 부러진다.

라. 병원균

○ 3월이 되면 중간기주인 향나무의 비늘잎 및 가는 가지에서 길이 2~3mm의 적갈색 나무껍질처럼 생긴 겨울포자 덩어리가 보인다. 겨울포자 덩어리는 수분이 충분히 공급되면 부풀어 오르는데 최적 온도 범위는 12.5~20℃이다. 겨울포자의 발아는 8~28℃ 범위에서 이루어지며 최적 온도는 17~20℃이다. 겨울포자가 발아하고 6~7시간 후면 소생자가 형성된다.

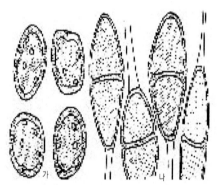

(그림 2-17) 병원균(가-수포자, 나-겨울포자)

○ 소생자의 발아는 15~22℃ 범위에서 이루어지며 5시간 이내에 80% 이상이 발아하나 25℃에서도 24시간 후에는 51%가 발아한다. 발아 6시간 후에는 부착기를 형성하며 24시간 후에는 침입이 완료된다. 소생자는 건조에 극히 약하며 활력이 쉽게 소실된다.

○ 수포자는 성숙 직후에 가장 잘 발아하며 적온은 15℃ 내외이나 10~27℃의 범위에서는 큰 차이가 없다. 한편 발아관 신장은 25℃에서 가장 왕성하다.

마. 발생 생태

○ 이 병원균은 향나무와 배나무를 오가며 감염한다. 병든 향나무 잎에는 3월 상순에 황색 반점이 생기며 3월 중순경부터는 갈색의 겨울포자 덩어리가 만들어진다.

○ 겨울포자는 4월 이후 비에 의해 수분이 공급되면 발아하여 소생자를 형성하고, 소생자는 4월 중하순경부터 바람에 의해 비산하여 어린잎과 어린 과실에 피해를 준다. 소생자의 전염 가능 거리는 2km 정도로 추정되고 있다.

○ 소생자는 잎이나 과실의 큐티클층을 직접 침입하거나 기공을 통하여 침입한다. 따라서 전엽 25일 이내의 잎은 감염되기 쉬우나 25일 이상된 잎은 감염되지 않는다. 소생자가 유엽에 붙으면 약 24시간 이내에 조직에 침입되고 잎에 병반은 10일 후에 등황색의 반점으로 나타나게 된다.

○ 발생은 4월 하순~5월 상순으로 비가 온 다음 발생하기 시작하여 5월 중순에 최대 발병을 보인 후 6월까지 발병한다.

바. 방제

(1) 재배적 방제

○ 2km 이내에 배나무와 향나무가 같이 재식되어 있으면 붉은별무늬병이 발생하므로 향나무를 제거한다.

(2) 약제 방제

○ 향나무의 채벌이 불가능할 때는 겨울포자 발아 전인 4월 상중순경에 향나무에 적용 약제를 살포한다.

○ 개화기 전후 1개월간은 특히 주의하고 적기에 예방 처리하면 방제는 간편한 병이다.

○ 정확한 살포 농도로 줄기, 가지, 잎, 과실에 빈 곳 없이 살포하되 4월 중순부터 6월까지 비가 온 후에 검은별무늬병과 동시에 적용 약제를 살포한다.

검은별무늬병(黑星病)

병원균	*Venturia nashicola* Tanaka et Yamamoto
영명	Scab

가. 기주 범위 및 품종
○ 기주 범위 : 배나무
○ 품종 : '수황배', '신고', '신일', '신천', '한아름', '황금배' 등은 감수성 품종이고 '금촌추', '조생 황금', '금촌조생', '만삼길', '추황배', '화산', '원황', '선황', '행수', '풍수', '신수' 등은 중간 정도 품종이며 '미황', '만수', '감천배', '만황', '만풍', '진황', '녹수' 등은 저항성 품종이다.

나. 분포
○ 한국, 일본, 중국 등에 분포되어 있다.

다. 병징
○ 잎에서는 처음 중맥 또는 지맥을 따라 분생포자가 형성되며 부정형, 타원형, 원형의 흑색 병반이 생긴다. 이것이 나중에 검은색의 그을음 모양으로 변한다.
○ 과실에서는 잎에서와 동일한 증상이나 병반이 생기면 과면이 부스럼 딱지모양으로 변한다. 그로 인해 열매의 과면은 움푹 들어가며 거칠어지고 굳어져 기형과가 된다. 피해가 심하면 과면이 터진다.
○ 가지는 어릴 때 감염되어 부정형, 타원형, 원형의 흑색 병반이 생기며 이것은 나중에 검은색의 그을음 모양의 분생포자가 된다.

(그림 2-18) 병든 가지(왼쪽)와 과실(오른쪽)

(그림 2-19) 봄철 감염된 잎(왼쪽)과 가을철 감염된 잎(오른쪽)

라. 병원균

○ 자낭균류에 속하는 병원균으로 분생포자와 자낭포자를 형성한다.

○ 분생포자의 모양은 난형 또는 방추형이며 한쪽이 뾰족하다. 색깔은 암갈색이며 크기는 15.1×6.9㎛ 정도이다. 자낭포자는 담갈색으로 크기는 15.4×6.6㎛ 정도이다.

○ 병원균의 발육 적온은 20℃ 내외이고 최고 30℃, 최저 7℃ 부근이다. 분생포자의 형성은 12~20℃ 범위에서 이루어지나 적온은 16℃ 내외이다.

(그림 2-20) 병원균(가-자낭각, 나-자낭 및 자낭포자)

마. 발생 생태

○ 봄철에 비가 많이 내리고 저온이 되면 많이 발생한다. 여름철 고온기에는 발생이 비교적 적어지나 9월에 기온이 서늘하고 습도가 높으면 다시 심하게 발생한다.

○ 이 병은 갈색배나 녹색배에 관계없이 발병되지만 갈색배에 발생이 많다. 낙엽
   된 병반에서 월동한 병원균은 제1차 전염원이 되며 전년도 가을 액화아와 인
   편에서 월동한 병원균이 봄에 분생포자를 형성하면서 제1차 전염원이 되는 경
   우도 있다.
○ 1차 전염 후에는 주로 잎 뒷면에 형성되는 분생포자가 제2차 전염원이 된다.
   4월 하순경에 처음 발생하기 시작하여 5월~7월에 발병 최성기를 이룬다. 그 후
   잎이 경화되고 건조한 시기인 초여름부터 한여름의 고온기에는 병세가 약화된
   다. 그러나 9월에 기온이 서늘해지고 습도가 높아지면 다시 병이 발생된다.
○ 개화기 이후 약 3주간 강우일수가 많고 비가 많은 해에 발병이 심하다. 5월에
   서 6월에도 기온이 낮고 비 오는 날이 많으면 심하게 발병된다.

(그림 2-21) 검은별무늬병 전염 경로

바. 방제

(1) 재배적 방제

○ 병든 낙엽과 가지는 1차 전염원으로서 중요한 역할을 하므로 전정 시 피해 가
   지 및 낙엽은 반드시 제거하여 땅속에 묻든지 태우도록 한다.
○ 다비재배를 피하고 가지가 무성하지 않도록 키운다.

(2) 약제 방제

○ 이른 봄에 방제 약제로 석회유황합제 5도액을 살포한다.
○ 개화 전후와 봉지 씌우기 직전에 적용 약제를 충분히 살포한다. 발생이 심한
   지역에서는 꽃눈의 감염을 막기 위하여 9~10월경에 실시하며, 강우여건을 고
   려하여 1~2회 약제 살포가 필요하다.
○ 꽃눈과 잎눈의 비늘(인편)이 2~3mm 이상 나왔을 때, 즉 (그림 2-22)에서 (나)
   와 (다)가 혼재될 경우에 석회유황합제를 살포하여 병원균 밀도를 줄인다.

| (가) | (나) | (다) | (라) | (마) |

(그림 2-22) 석회유황합제의 살포 적기

○ 개화기부터 낙화기까지는 열매와 잎에 병원균이 쉽게 침입할 수 있으므로 강우 직후에 습도가 95% 이상 지속되는 시간이 12시간 이상일 때 꼭 전문 약제를 살포해야 한다. 보호성 약제는 비가 오기 전에 배나무 표면에 충분히 부착시켜야만 하며, 치료 약제는 비 온 다음에 살포하되 비가 내리기 시작한 날로부터 3~4일 이내에 약제를 살포하여야만 치료할 수 있다. 국가작물병해충관리시스템에서 알려주는 배검은별무늬병 감염위험도 수준을 참고하면 효과적이다.

○ 낙화기 이후부터 봉지 씌우기 전까지는 강우 전이나 후에 지속적으로 전문 약제를 살포하여야 한다. 약제 부착량을 높이기 위해 추천 농도를 준수하도록 하며 살포약량은 10a당 200~300L 수준으로 충분히 살포한다. 또한 바람이 잔잔한 시기를 택해 살포해야 고르게 약제가 부착할 수 있다.

○ 가을 방제는 수확 후부터 낙엽 10~15일 전까지 이뤄지는데 이때 방제가 소홀할 경우 병원균이 꽃눈과 잎눈의 비늘 속으로 침입하여 다음 해에 전염원량이 많아져 방제가 힘들게 된다. 금년에 병 발생이 많았던 과원의 경우 이 시기에 예방 위주로 1~2회 뿌려준다.

뒷면흰가루병(裏白粉病)

병원균	*Phyllactinia pyri*(Castagne) Homma
영명	Powdery mildew

가. 기주 범위 및 품종
○ 기주 범위 : 배나무

나. 분포
○ 한국, 일본, 중국 등에 분포되어 있다.

다. 병징
○ 잎 뒤쪽이 흰색의 가루를 뿌린 것처럼 보이며 잎이 마른다.
○ 어린 과실은 갈색으로 변하며 낙과되고 성숙기 과실에는 동록처럼 과실에 흔적이 남게 된다.
○ 가지의 선단부가 잎, 과실 등과 함께 흰 가루를 뿌린 것 같이 보이며 마르게 된다.

 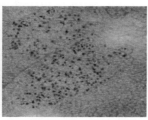 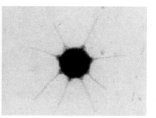

흰가루병의 병징 　 성숙단계별 자낭구와 균사체 　 자낭구
(그림 2-23) 뒷면흰가루병 병징

라. 병원균
○ 자낭균에 속하며 자낭포자와 분생포자를 가진다. 분생포자는 분생자경에 하나씩 만들어지며 곤봉형이다. 무색, 단포이고 정단부에 가느다란 돌기가 있으며 크기는 63~104×20~32μm이다.

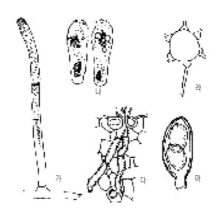

(가-분생자경, 나-분생포자, 다-내생균, 라-자낭구, 마-자낭 및 자낭포자)
(그림 2-24) 뒷면흰가루병 병원균

○ 자낭구는 균총 내에 산생하고 초기에는 유백색이나 후에 황색, 등황색, 흑색으로 변한다. 편구형이며 직경이 224~273μm이고 적도면에 일열의 부속사가 있다. 자낭구에는 15~25개의 자낭이 있으며 자낭 내에는 2개의 자낭포자가 들어 있다. 자낭포자는 무색, 단세포이며 장타원형으로 크기는 34~38×17~22μm이다.

마. 발생 생태
○ 병원균은 배나무 줄기의 병든 부위 또는 병든 낙엽에서 자낭구로 월동한다. 4월 하순~6월 상순에 온도가 15℃ 이상이 되면 자낭구에서 포자가 비산된다. 40~50일의 잠복 기간을 거친 후 6월 하순에 발병한다.
○ 1차 전염에 의하여 병반이 형성되면 병반상에 분생포자가 형성되고 잎뿐만 아니라 발육지에도 감염된다.
○ 7월 중순 이후 기온이 높아지면 발생이 중지되었다가 9월 하순 이후 기온이 떨어지면 2차 발생된다. 흰가루 병반에 황색의 자낭구가 생기고 갈색 내지 흑색으로 변하여 가지에 붙어 있거나 땅으로 떨어져 월동을 한다.

바. 방제
(1) 재배적 방제
○ 동계 전정 시 병에 걸린 가지는 제거하여 매몰하거나 불에 태운다.

○ 생육기에는 병든 과실 또는 피해 부위를 제거하여 매몰 또는 불에 태운다.

(2) 약제 방제

○ 동계 약제로 석회유황합제 5도액을 철저히 살포한다.

○ 제2차 발생 초기인 8월 후반부터 적용 약제로 중점 방제를 한다.

월동 (자낭구)	▶	자낭포자 형성	▶	전염 (바람)	▶	발병 (잠복기 40일)	▶	2차 전염

(그림 2-25) 뒷면흰가루병 전염 경로

겹무늬병(輪紋病)

병원균	*Botryosphaeria dothidea*(Moug.) Ces. & de Not.
영명	Black rot, Canker

가. 기주 범위 및 품종

○ 기주 범위 : 사과나무, 배나무 등 20과 34속 식물에 발생한다.

○ 품종 : '행수', '석정조생', '신흥'에 많이 발생되고 '장십랑', '이십세기', '신흥', '신수' 등은 가지에 많이 발병된다.

나. 분포

○ 세계 각지에 분포하고 있는 병으로 비교적 온난하고 다습한 지방에 많이 발생한다.

다. 병징

가지의 초기 병징

2년생 가지의 병징

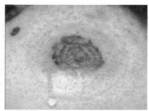
과실 썩음 병징

(그림 2-26) 겹무늬병 병징

○ 가지에서는 사마귀 증상이 나타나는 특징이 있다. 사마귀가 발생하는 가지는 2~3년생이 가장 많고 수령이 많아질수록 포자 형성량이 적어지며 9년생 이상이 되면 사마귀병은 발생되지 않는다. 초기에 사마귀는 갈색을 띠나 후에 회색으로 된다. 보통 수개가 집합적으로 형성된다.

○ 잎에서는 갈색의 소반점이 생긴다. 점차 병반이 확대되어 부정원형으로 되고 흑갈색의 동심윤문을 보인다.

○ 과실에서는 초기에 암갈색 원형 병반이 나타나나 병반의 직경이 10~20mm로 확대되면 암갈색의 겹무늬가 생긴다.

라. 병원균

○ 자낭균으로 가지에 생긴 사마귀 조직은 표피하에 자낭각 또는 병자각을 다수 형성하여 자낭포자와 병포자를 장기간에 걸쳐 비산한다.

○ 자낭각은 흑갈색의 구형 내지 편구형이고, 크기는 250~320×180~310μm이다. 자낭포자는 무색, 단포자이며 모양은 장타원형이고 크기는 24~28×12~14μm이다.

○ 병자각은 표피에 형성되며 흑갈색이고 모양은 구형 내지 편구형이다. 병포자는 무색, 단포자이며 모양은 장타원형으로 크기는 24~30×6~8μm이다.

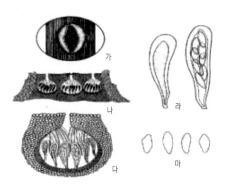

(그림 2-27) 병원균(가·나- 자좌, 다-자낭각, 라-자낭, 마-사낭포자)

마. 발생 생태

○ 가지나 주간의 사마귀에 형성된 병자각에서 전염원인 병포자가 누출된다. 7월 상순에서 9월 상순 사이에 많은 양의 포자가 비산되고 9월 하순 이후에는 급격히 감소한다.

○ 병원균은 신초의 눈 부근에 특이하게 침입하며, 주로 상처를 통하여 침입하나 피목을 통하여 침입하기도 한다.

○ 사마귀가 생긴 가지는 생육 중에 사마귀 증상이 비대되면서 균열이 생기고 사마귀 주변은 움푹 들어가는 증상을 보인다.

○ 가지는 5월부터 신초의 생장이 정지되는 8월까지 감염된다. 90~120일의 잠복 기간이 경과한 후 9월 상순부터 사마귀가 발생하기 시작하는데 9월 중순~10월 상순에 가장 많이 발생하며 10월 하순에 끝난다.

○ 과실은 5월 중순부터 6월 중순 이후에 가장 많이 감염되며 성숙기에 이르러 과실의 당도가 10% 이상 될 때 급격히 발병된다.

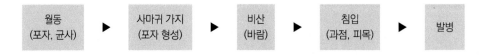

(그림 2-28) 겹무늬병 전염 경로

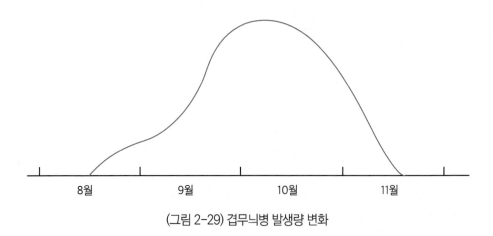

(그림 2-29) 겹무늬병 발생량 변화

바. 방제

(1) 재배적 방제

○ 동계 전정 때 사마귀병 이병지를 제거해 소각한다.

○ 과실에 봉지를 씌우면 방제 효과가 높다.

(2) 약제 방제

○ 월동 직후 봄철에 석회유황합제 5도액을 살포한다.

○ 등록된 적용 약제는 없으며 피해가 많은 지역에서는 지오판, 디티아논, 베노밀 등이 활용될 수 있다.

잎검은점병

병원균	*Apple Stem Grooving Virus*(ASGV)
영명	Black necrotic leaf spot

가. 기주 범위 및 품종

○ 기주 범위 : 배

○ 품종 : '신고', '황금배', '영산배' 등은 병에 잘 걸리고 '장십랑', '감천배', '추황 배', '화산', '원황', '만수', '신일', '조생황금', '한아름', '단배', '금촌조 생', '미니배', '미황', '만풍배', '진황', '녹수', '만황', '풍수' 등은 병에 저항성이 있거나 병 증상을 보이지 않는다.

나. 분포

○ 한국, 일본에 분포하고 있다.

다. 병징

○ 5월 중하순부터 과총엽과 신초의 아래쪽의 성엽부터 발생한다.

○ 처음에는 노란 점무늬 비슷한 반점이 나타나 갈색으로 변하면서 부정형, 원형 의 병징을 보인다.

○ 크기는 대개 2~3mm이며 어린잎에는 나타나지 않으며 성엽에 나타난다.

○ 병반의 크기는 초기에는 확대되나 어느 정도 크고 나서는 정지된다. 색깔은 흑갈색이나 회백색이고 병반에는 중심점이 없다.

○ 발병이 심한 잎은 낙엽이 되기도 한다. 병반의 발생은 초기에는 진전되며 7월 중순까지 증가하나 그 이후 고온기에 접어들면 병반의 발생이 진전되지 않는다. 초가을에 들어서서 기온이 저하하면 약간의 새로운 병반이 나타나기도 한다.

라. 병원체

○ 접목 전염으로 감염되며 지표식물과 항혈청 진단 및 유전자 진단을 통하여 보균 여부를 진단할 수 있다.

(그림 2-30) 잎검은점병 증상(왼쪽)과 병원체(오른쪽)

마. 발생 생태

○ 발생 시기는 아랫부분의 잎이 자라 굳어지는 시기다. 중부 지방은 5월 중순경부터 반점이 발생하기 시작하여 6월 초에는 최고 20~30%의 발병률을 보이기도 한다. 6월 중하순에는 발병의 최대치에 이르며 7월이 되어 기온이 올라가면 발생이 정지된다. 이 상태가 8월까지 계속되다가 기온이 서늘해지는 9월 하순부터 다시 발생하기 시작하여 10월 중순까지 계속된다.

○ 발병의 최적 온도 조건은 주간 23~25℃, 야간 17~19℃ 범위에 있다. 이보다 낮은 온도에서도 발병하지만 병의 증세가 나타나는 것이 늦어진다. 또한 낮에 기온이 29℃ 이상 되는 날이 계속되면 발생이 정지된다. 가지별로 반점의 발생 위치를 보면 햇가지 3/4 이하의 아래에서 발생이 많고 끝부분에서는 발생이 적다.

○ 일단 한번 발생한 나무에서는 매년 발생하게 된다. 대체로 나무 전체에 발생하지만 몇 개의 가지에 한정해서 발생하는 경우도 있다. 이 병은 고접 갱신한 과수원에서 많이 발생하는데 이병된 접수로부터 전염된 것으로 생각된다. 이 병에 감염된 배나무는 수량이 평균 26%, 당도는 평균 0.5°Bx 감소한다.

바. 방제
○ 건전한 모수로부터 접수를 채취하여 실생 대목에 접목한 우량 묘목을 사용해야 한다.
○ 이병주는 표시해 두었다가 접수 채취를 피하고 비배관리를 철저히 하여 수세 회복에 관심을 기울이면 피해를 다소 경감할 수 있다.

3. 포도 병해

　포도나무에 발생하는 것으로 알려진 병해는 40여 종이 있으나, 국내에 많이 발생하는 병해는 11종이다. 과실에 많은 피해를 주었던 탄저병은 비가림 하우스, 시설재배와 봉지재배의 영향으로 현저하게 발생이 줄어들고, 품종에 따라 갈색무늬병('캠벨얼리')이나 노균병('거봉')이 많이 발생하고 있다. 아울러 기후변화 등의 영향으로 좁은 의미의 병해와 생리장해 증상의 구분이 모호한 경우가 많아 정확한 진단을 통한 방제 대책을 세워야 할 필요가 있다.

〈표 2-8〉 포도나무에 발생하는 병해의 가해 부위별 분류

병해명	꽃	잎	과실	줄기(가지)	뿌리
탄저병	-	-	◎	-	-
갈색무늬병	-	◎	-	-	-
노균병	-	◎	○	○	-
흰가루병	-	◎	○	-	-
잿빛곰팡이병	○	○	◎	-	-
새눈무늬병	○	○	◎	○	-
뿌리혹병	-	-	-	◎	◎
꼭지마름병	-	-	◎(송이축)	-	-
녹병	-	◎	-	-	-
바이러스병	-	○	-	-	-
파이토플라스마병	-	○	○	-	-

※ 주 : ◎ 주로 발병되는 부위, ○ 발병되는 부위, - 발병되지 않음

갈색무늬병(褐斑病)

학명	*Pseudocercospora vitis*
영명	Leaf spot

가. 병징과 진단
○ 잎에 흑갈색의 점무늬가 생기고, 갈색으로 변하여 조기에 낙엽된다.

○ 병이 진전됨에 따라 병반이 점차 확대되고 서로 합쳐져 잎마름 증상이 나타난다.

○ 유럽종에서는 드물게 나타나며, 원형~타원형의 흑갈색 병반으로 크기는 미국종에 생성된 것보다 약간 작다.

○ 품종에 관계없이 병반 뒷면에 그을음 같은 가루(분생포자)가 생기는 것이 특징이며 한 개의 잎에 한 개~수십 개의 병반이 형성된다.

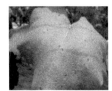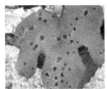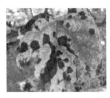

(그림 2-31) 포도나무 잎에서 갈색무늬병의 피해 증상 및 조기 낙엽 증상

나. 병원균
○ 불완전균으로 10~30개의 분생자경에서 분생포자를 만든다.

○ 분생포자는 잎 뒷면의 기공을 통하여 침입하며 15~20일의 잠복기를 거쳐 발병한다.

다. 발생 생태
○ 5~6월의 강우로 형성된 분생포자는 잎의 뒷면에 있는 기공을 통하여 침입하고 약 15일의 잠복 기간을 거쳐 병반을 형성한다.

○ 7월 또는 해에 따라서 6월 말부터 발생하기 시작하며 8~9월에 발생이 가장 많다.

○ 밀식 과원에서는 월동 전염원이 많아 발생이 많고 장마기가 길고 비가 잦은 해에 다량 발생된다.

○ 병 발생이 많아서 일찍 낙엽이 되면 당해 연도 과실의 당도를 20%까지 저하시키기도 하며 월동과 다음 해 착과 및 결과지 생장 등에 심각한 영향을 미친다.

라. 방제
○ 수세가 약한 나무에 잘 발생하므로 질소가 많지 않도록 비배관리에 신경써야 하며 통광, 통풍, 배수 등에 유의해야 한다.
○ 전염원이 되는 낙엽은 긁어모아 태워 버린다.
○ 발아 전에 석회유황합제를 살포한다. 생육기에는 탄저병 방제를 겸해서 적용약제를 잎 뒷면 중심으로 충분히 살포한다. 병 발생 시기와 장마철이 중복되는 경우가 많으므로 약제 살포시기를 놓치지 않도록 주의하여야 한다.

균핵병(菌核病)

학명	Sclerotinia sclerotiorum
영명	Sclerotinia rot

가. 병징과 진단
○ 당해 발생한 연약한 신초에 주로 발병한다.
○ 가지에 수침상의 병반이 생기고, 손가락으로 누르면 표피는 부서진다.

(그림 2-32) 균핵병-줄기(왼쪽), 균핵병-잎(오른쪽)

○ 목질부까지 무름 증상이 생기고, 상부는 마르다가 고사한다. 병반부에는 흰색 균사가 발생하여 균핵을 형성한다.
○ 목질부에도 흰색의 균사가 발생하고 균핵이 형성되어 부러지기 쉬운 상태가 된다.

나. 병원균

○ 식물병원균류의 일종으로 자낭균류에 속한다.

○ 균사는 0~30℃에서 생육하고, 적온은 15~24℃이며, 자낭각 형성의 적온은 15~ 16℃이다.

다. 발생 생태

○ 병원균은 균핵으로 지면에 떨어져 토양 중에서 월동한다. 다음 해 자낭각이 형성되며, 자낭각 위에 새로 자낭포자가 만들어지면 바람에 의해 분산되어 포도의 신초에 전염된다. 주로 봄부터 발병된다.

라. 방제

○ 발생이 알려진 지 오래되지 않아서 구체적인 방제법이 연구된 바 없다.

○ 재배지 위생 관리에 주의하고 발아 전에 석회유황합제 살포로 다른 병과 함께 동시방제 효과를 기대할 수 있다.

○ 생육기에 병든 가지가 발견되면 우선 제거하여 2차 감염을 막아준다.

꼭지마름병(房枯病)

학명	*Botryosphaeria dothidea*
영명	Penduncle rot, Black rot

가. 병징과 진단

○ 꼭지마름병은 *Botryosphaeria dothidea*(불완전세대: *Macrophoma*속)라는 병원균이 원인이 되는 경우와 생리적인 원인에 의해 발생하는 경우가 있다.

○ 주로 과실이 익어 갈 무렵 과실과 열매꼭지에 발병되는데 소립계보다는 대립계의 피해가 심하다.

○ 병원균에 의한 경우 어린 열매꼭지에 발병하면 담갈색 점무늬가 생긴다. 이것이 확대되면 고사하며, 포도알은 검게 되거나 검은 보랏빛으로 되어 시든다.

○ 포도알에 2~3개의 병반이 생겨 서로 커져서 합쳐지고 과실은 검게 마르는데 나중에는 병반에 검고 작은 입자가 생긴다.

○ 병든 과실은 부패되지 않고 건포도처럼 검은 보랏빛이 되어 과방에 잔류한다.

○ 열매꼭지는 부분적으로 마르고 포도알 생육은 현저히 불량하게 되어 쭈글쭈글해진다.

(그림 2-33) 꼭지마름병

나. 병원균
○ 식물병원 균류 중 자낭균에 속하며 병포자와 자낭포자를 형성한다.

다. 발생 생태
○ 병원균 *Botryosphaeria*는 포도뿐만 아니라 사과에 겹무늬썩음병도 일으키는 기주 범위가 매우 넓은 곰팡이이다.

○ 병원균은 병든 과실이나 가지의 병환부에서 병자각이나 자낭각 및 균사상태로 월동하였다가 이듬해 적당한 환경에서 누출된 병포자나 자낭포자로 전염한다.

○ 생리적인 원인에 의해 발생하는 경우 과실이 익어 갈 무렵 포도송이 중간 아랫부분 과립이 선명하게 착색되지 않고 떨어지게 된다. 특히 착과량이 많을 경우 이런 장해가 일어나기 쉬우며 그 원인은 유효 잎 수가 부족하기 때문으로 보인다.

○ 비가 자주 오고 흐린 날씨가 계속되거나 질소질 비료를 많이 주어 효과가 늦게 나타날 때 또는 착색기에 가지나 잎을 많이 제거했을 때 나타나기 쉽다.

라. 방제
○ 합리적인 비배관리와 배수에 유의하여 나무의 세력을 잘 유지한다.
○ 병든 포도송이는 바로 제거하고 봉지재배나 비가림재배를 한다.

노균병(露菌病)

학명	*Plasmopara viticola*
영명	Downy mildew

가. 병징과 진단

○ 여름부터 가을에 걸쳐 주로 잎에 발생하나 새순과 과실이 피해를 입기도 한다.

○ 잎의 병반은 초기에는 윤곽이 확실하지 않은 담황록색 병반이지만 이 부분을 햇빛에 비춰 보면 마치 기름이 밴 것처럼 수침상으로 보인다.

○ 병반이 형성되고 4~5일 후에 잎의 표면에 흰가루병과 흰백색의 비슷한 곰팡이를 형성한다.

○ 병반은 점차 갈색으로 변하고 심하면 잎 전체가 불에 덴 것같이 말라 낙엽된다.

○ 꽃송이와 과실에도 피해가 나타나며 어린 포도송이에 감염되면 열매꼭지로부터 쉽게 떨어지게 된다.

○ 늦게 감염된 포도알은 시들고 갈색으로 변하며 결국 미라과가 되어 열매꼭지로부터 떨어지게 된다.

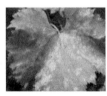

(그림 2-34) 포도 노균병 피해 잎의 앞면과 뒷면

나. 병원균

○ 균사는 격벽을 가지고 있으며, 세포막은 얇고 분생포자(유주자낭)와 난포자를 형성한다.

○ 난포자는 휴면 후에 발아해서 그 정단에 분생포자를 생성한다. 이것은 적당한 조건에서 발아하여 60개 이상의 유주자를 생성한다.

다. 발생 생태

○ 병든 잎에 형성된 난포자로 월동하며 병반 $1mm^2$ 내에 200~600개 이상의 난 포자가 있다. 이것은 토양에서 2년 이상 생존하며 다음 해 4월경에 온도가 11℃ 이상, 강우가 10mm 이상이면 발아하여 대형 분생포자를 형성한다.

○ 난포자 형성 후 저온에서 3개월 정도의 휴면기를 거친 후에 다시 수분을 함유 하여 발아한다. 이러한 분생포자가 비산해서 1차 전염원이 되고 약한 잎, 줄기 등에 도달한 후에 발아해서 감염한다.

○ 유주자는 엽상의 수적을 유영해서 기공 부근에 도달하면 운동을 멈추고 발아 하여 침입한다.

○ 감염은 20℃일 때에는 1시간 정도 사이에 행해지고 29℃까지의 범위 내에서 는 기온이 높을수록 빠르다.

○ 잠복 기간은 온도에 따라 다르며 5월 중순에서 10~12일, 6~7월에는 4일 정 도이다.

○ 포자 형성은 주로 야간에 이루어지고 고습도일 때에 가장 왕성하다.

○ 병반에 다량으로 형성된 분생포자는 바람에 의해 잎과 과실로 침입하여 2차 감염한다.

○ 감염은 5월부터 늦가을까지 발생하며 한여름에는 발병이 일시정지된다.

○ 어린 과실에 발병하면 과실의 표면에 백색의 곰팡이를 형성하지만 과실이 직 경 2cm 이상이 되면 포자를 만들어 회백색~담황갈색으로 변하며 일소 증상 을 나타낸다.

라. 방제

○ 병원균이 피해 낙엽에서 월동하므로 낙엽은 되도록 철저히 모아 매몰하거나 태워버린다.

○ 수관 하부는 짚이나 비닐로 피복하여 빗물이 튀어 전염되는 것을 막아준다.

○ 질소질 비료를 과다 사용하지 말고 저항성 품종(미국종, 잡종)을 심는다.

○ 발아 전에 석회유황합제를 살포한다.

○ 일단 발병하면 방제가 어려우므로 감수성 품종은 발병 전 예방 약제를 살포하여야 한다. 이르면 개화 전의 꽃송이에도 발생되므로 발생이 심한 포도원에서는 개화기 전부터 10일 간격으로 침투성 살균제를 살포한다.

○ 주로 잎의 뒷면을 통해 침입하므로 잎 뒷면에 약제가 잘 묻도록 해야 하며, 특히 유목이나 세력이 강한 나무는 초가을까지 발병될 수 있으므로 약제를 계속해서 살포해야 한다.

○ 포도 노균병 방제의 관건은 병이 발생되기 시작하여 급속도로 확산하는 장마철에 시기를 놓치지 않고 약제를 살포하는 것이다.

녹병(銹病)

학명	*Phakopsora ampelopsidis* Dietel & P. Syd.
영명	Rust

가. 병징과 진단
○ 7월경에 잎의 표면에 황색의 작은 반점이 생기고 뒷면에는 등황색의 가루 모양의 포자 덩어리가 생긴다. 심해지면 잎이 흑갈색으로 변하여 낙엽이 된다.

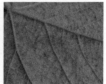

(그림 2-35) 포도 녹병 피해 잎의 앞면과 뒷면

나. 병원균
○ 병원균은 담자균의 일종으로 우리나라에서는 하포자로 월동한다.

다. 발생 생태
○ 잎에 발병해서 조기 낙엽의 원인이 된다.
○ 병원균은 하포자로 월동하여 봄철에 발아해서 분생자를 낸다. 4~5월에는 기주에 도달해서 침입하고 10일 정도 잠복한 후에 발병한다.
○ 가장 많이 형성되는 것은 6~7월이다. 발병은 6월 하순에 하엽부터 시작되어 병반이 증가한다. 표면에 황색의 얼룩을 형성하고 후에 흑갈색으로 변하면서 낙엽이 된다.
○ 발병은 7월 중하순의 장마철부터 8월 고온 건조기까지가 가장 심하다.

라. 방제
○ 병든 잎을 모아서 땅속에 묻거나 불에 태워 병원균의 밀도가 낮아지도록 관리한다.

○ 햇빛과 바람의 소통이 불량한 과수원에서 발생이 심하므로 전정과 순치기로 통광, 통풍이 잘되도록 관리한다.

○ 발병이 상당히 진전되고 나서 약제를 살포하면 효과를 기대하기 어려우므로 6월 중순 초기 단계부터 10~15일 간격으로 방제해야 한다.

○ 현재 국내에는 방제 약제로 트리프록시트로빈(에이플) 입상수화제가 등록되어 있으며 병원균 침입 부위인 잎 뒷면에 충분한 약제가 묻도록 골고루 살포한다.

○ 보르도액과 대부분의 유기 살균제로 쉽게 방제되므로 탄저병과 동시 방제하면 효과적이다.

새눈무늬병(黑痘病)

학명	*Elsinoe ampelina* Shear
영명	Bird's eye rot

가. 병징과 진단

○ 조직이 경화되기 전 봄철에 비가 자주 오면 어린잎, 줄기, 덩굴손, 과실에 발생한다.

○ 잎에서는 처음에 가장자리가 적갈색 또는 보랏빛인 연회색 점무늬가 생겼다가 후에 유합되는데 특히 잎 뒷면의 잎맥 인접부 우묵한 곳에 많이 발생한다. 유합된 병반에 구멍이 뚫리고 피해 잎맥이 굽어서 잎이 오그라든다.

○ 과실에서는 처음에 생긴 작은 갈색 점무늬가 점차 검게 확대되면서 약간 오목해지는데 회색 또는 회백색의 중앙부와 검은색 가장자리 사이에 선홍색 또는 보랏빛 띠가 여러 겹으로 둥글게 되어 마치 새의 눈과 흡사한 병반으로 된다.

○ 신초에서는 처음에 황백색의 미세한 반점이 나타나지만 이것이 적갈색이나 흑갈색으로 변하여 표면이 까칠한 타원형의 병반이 된다. 선단은 흑갈색이 되어 고사한다.

○ 병든 가지의 월동 병반은 흑갈색으로 오목하고 표면은 갈라져 있으며 병원균은 이곳에서 균사로 월동한다. 이듬해 봄에 불그레한 포자층이 여러 개 생기는 것이 보통이며 이 포자는 빗물에 의해 전염된다.

(그림 2-36) 포도나무 잎, 잎자루 및 과실에서의 새눈무늬병 피해 증상

나. 병원균

○ 식물병원균류 중 자낭균에 속하는 병원균으로 보통 분생포자만을 형성하나 자낭포자를 형성하기도 한다.

○ 병원균의 생육 적온은 28℃이며 적온 조건에서도 생장은 극히 늦어 20일 배양 후에도 2cm밖에 자라지 않는다.

○ 발육 최적 pH는 6.3~7.0이다. 탄소원으로 Sucrose 및 Manitol을 좋아하고 질소원으로 아스파라긴산 및 펩톤 등의 유기태 질소를 좋아한다.

다. 발생 생태

○ 병원균은 결과모지나 덩굴손의 병든 조직에서 균사 상태로 월동한다.

○ 월동 병반에서 봄철에 비가 오고 온도가 12℃ 이상이 되면 포자가 형성되어 1차 전염된다.

○ 병반 내에 형성된 포자는 빗물에 의해 비산되어 신초, 어린잎, 꽃송이에 침입한다.

○ 발병 온도는 20~25℃로 5월 중순부터 발병하기 시작한다. 포자 발아에는 수분이 필요하고 12℃의 경우 7~10시간, 21℃에서는 3~4시간이 걸린다.

○ 발아 후 발아관은 표피의 큐티클층을 관통해서 침입한다.

○ 봄철에 기온이 낮고 비가 많을 때에 발생이 심하다. 병에 약한 잎에서의 잠복 기간은 3~5일이 소요되고, 잎의 나이에 따라 잠복 기간이 길어진다.

라. 방제

○ 병든 가지, 과실, 덩굴손 등을 제거한다.

○ 질소 비료를 과용하지 않도록 하며 수세를 충실하게 관리한다.

○ 비에 의해 병원균이 비산되므로 비가림재배로 병 발생을 줄일 수 있다.

○ 월동 직후 발아 전에 석회유황합제를 살포한다.
○ 신초가 5cm 정도 자란 시기부터 장마철까지의 기간, 특히 장마 시기가 중요한 방제 시기이다. 개화까지의 기간에는 2~3회, 낙화 후에는 7~10일 간격으로 살포해 준다.

잿빛곰팡이병(灰色黴病)

학명	*Botrytis cinerea*
영명	Gray mold

가. 병징과 진단
○ 봄에 꽃과 신초가 감염되어 갈색으로 변하며 마른다.
○ 늦은 봄이나 꽃이 피기 전에는 크고 부정형의 검붉은 반점이 잎에 나타난다.
○ 감염된 꽃은 부패 및 건조되어 떨어진다.
○ 성숙한 과실에서는 상처 또는 표피를 통해 직접 침입하여 전체 포도송이를 감염시킨다.
○ 습도가 높은 환경에서는 병에 걸린 부위에서 곰팡이가 겉으로 피어나는 모양을 관찰할 수 있다.

(그림 2-37) 포도나무 잎, 송이, 줄기, 과실의 잿빛곰팡이병 피해 증상

나. 병원균
○ 식물병원균류 중 불완전균에 속하며 분생포자와 균핵을 형성한다.
○ 분생포자는 무색이나 다량 형성되면 회갈색으로 보인다.
○ 균사 생육 온도는 10~30℃이다. 포자는 15~20℃에서 가장 많이 형성되지만, 7~8℃에서도 형성된다.
○ 균핵의 크기는 수 mm 정도로 비교적 작고 흑색이며 형성 적온은 15~20℃이다.

다. 발생 생태
○ 병원균은 재배되는 모든 품종을 가해한다. 부생성이 강하기 때문에 노화 조직, 죽은 조직과 휴면아 또는 표피 속에 존재하면서 균핵과 균사의 형태로 월동한다.
○ 잎에서도 발생하지만 주로 개화기의 꽃과 꽃자루나 생육 후기의 성숙한 포도송이에 발생하여 피해를 준다.
○ 성숙한 포도알은 상처와 과피의 약한 부분을 통해 쉽게 감염된다.
○ 배수가 불량하거나 다습한 하우스재배에서 발생하기 쉽고 노지재배에서도 개화 전후 고온 다습 조건일 때 많이 발생한다.

라. 방제
○ 병든 가지나 잎을 땅에 묻거나 태워 월동 병원균의 밀도를 낮춘다.
○ 질소 비료의 과용을 피해 잎이나 가지가 너무 무성하지 않도록 하고, 수관 내부까지 공기 및 햇빛이 잘 통하도록 관리한다.
○ 포도송이 주변의 잎을 제거하여 통풍이 잘되게 하고, 포도알의 열과와 곤충에 의한 상처를 막아 상처를 통한 감염이 이루어지지 않게 한다.
○ 봉지 씌우기는 포도송이의 병 발생을 크게 감소시킨다.
○ 병 발생이 좋은 조건이면 약제를 살포하는데, 약제는 예방적으로 살포하여야 효과가 있다.
○ 약제는 개화 직전부터 낙화 직후까지 살포하여야 한다.
○ 병원균이 약제에 대한 내성이 생기는 것을 방지하기 위해서 작용기작(계통)이 다른 약제를 교호로 살포한다.

탄저병(炭疽病, 晚腐病)

학명	*Glomerella cingulata*(Stoneman) Spauld. & H. Schrenk
영명	Ripe rot

가. 병징과 진단
○ 포도알이 콩알 정도의 크기 때부터 발생할 수 있는데 담갈색 또는 흑갈색의 파리똥 모양의 작은 반점이 생긴다. 그러나 대체로 유과기에 증상이 나타나는 경우는 흔하지 않다.
○ 성숙함에 따라 병반이 점차 확대되며 윤문을 만들기도 한다. 특징적인 연분홍 포자를 가진 적갈색의 병반이 나타난다.

(그림 2-38) 포도 과실에서의 탄저병 피해 과실

나. 병원균
○ 식물병원균류 중 자낭균에 속하며 분생포자와 자낭포자를 형성한다.
○ 균사의 발육 최적 온도는 26~29℃이며 발육 가능한 pH는 3.0 이상으로 당 함량이 5% 이상이면 발육은 양호하다.

다. 발생 생태
○ 여름철에 비가 잦은 우리나라에서는 매년 발생이 심한 병으로 방제를 소홀히 하면 포도를 거의 수확하지 못할 정도로 치명적인 피해를 준다.
○ 열매 이외의 다른 조직에서는 병이 발생하지 않으며 발생해도 문제되지 않는다.
○ 병원균은 과경, 병들어 말라붙은 포도알, 가지에서 월동하고 이듬해 봄 월동장소로부터 많은 포자를 형성하여 생육기 내내 포도알을 감염시킨다.

라. 방제

○ 탄저병의 발생 정도는 포도원의 재배 환경과 관리 방법에 따라 크게 차이가 난다. 따라서 철저한 재배지 관리와 더불어 약제 살포에 만전을 기한다.

○ 비가림 시설은 이 병의 방제에 매우 효과적이므로 비가림 시설을 한다.

○ 빗물에 의해 전염되므로 늦어도 6월 말 포도알이 콩알만 한 크기 때까지 봉지 씌우기를 끝낸다.

○ 밀식을 피하고 전정을 통해 나무 속까지 통광, 통풍이 잘되도록 한다.

○ 질소 비료의 과다시용을 피하고 배수가 잘되도록 한다.

○ 겨울전정 시 병든 송이와 덩굴손 등을 제거한다. 생육기에도 병든 과립은 발견하는 대로 솎아주거나 송이째 따준다.

○ 월동 병원균의 방제를 위해 포도나무의 발아 전에 석회유황합제를 살포한다.

○ 생육기의 약제 살포는 발아 후부터 10~15일 간격으로 살포하되 비가 잦은 7~8월에는 7~10일 간격으로 살포한다. 특히 개화 전 약제 살포를 소홀히 하기 쉬운데 이때는 결과모지에서 포자가 형성되어 전파되는 시기이므로 약제를 살포하여 1차 전염을 막아 주어야 한다.

○ 방제 약제는 만코제브 수화제, 티오파네이트메틸 수화제, 클로로탈노닐 수화제, 이미녹타딘트리아세테이트 액제 외에도 다수의 약제가 등록되어 있다.

흰가루병(白粉病)

학명	*Uncinula necator* (Schwein.) Burrill
영명	Powdery mildew

가. 병징과 진단

○ 신초, 잎, 꽃송이, 과립 등에 발생하며 발병이 심한 경우는 발아 후부터 신초 전체가 말라 위축된다.

○ 잎에는 3~5mm의 원형, 황록색의 반점을 생성하고 이어 표면에 담백색의 포자 덩이로 퍼져 나간다.

○ 어린잎은 뒤틀리거나 위축되고 황백색으로 탈색되면서 낙엽이 된다. 가지에는 회백색의 곰팡이를 만들고 후에 적갈색~암갈색으로 변하게 되며 발병이

심하면 신장 및 비대가 불량하게 된다.

○ 과방은 유과기부터 성숙기까지 감염되고 과병, 과립 등에 회백색의 곰팡이를 만든다. 극히 약한 시기에 발병하면 과립은 발육하지 못하고 낙과하기도 하며 약간 발육 후 기형화되거나 갈라지고 미숙한 채 경화되어 소위 돌포도가 된다.

(그림 2-39) 흰가루병-과실(왼쪽), 흰가루병-잎(오른쪽)

나. 병원균

○ 식물병원균류 중 자낭균에 속하며 자낭포자와 분생포자를 형성한다.

○ 균사는 기주의 표면에 기생하면서 흡기를 표피 세포 내로 침입시켜 양분을 흡수한다.

○ 병원균의 발육 온도는 10~35℃이며 최적 온도는 24~32℃이다.

다. 발생 생태

○ 병든 부위 또는 눈의 인편 등에 부착하여 균사 상태로 월동하고 다음 해 개화기를 전후하여 포자를 형성하여 어린잎에 전염된다.

○ 그늘진 부위나 연한 조직을 가해하므로 개화기부터 가을에 걸쳐 새 가지, 꽃송이, 노출된 잎의 뒷면 그리고 수관에 가려진 잎과 과실에 발병한다.

○ 병반에 형성된 분생포자는 바람에 비산되고 강우가 계속될 때보다 오히려 적당한 온도가 유지되고 일조가 많은 때에 발병이 많다.

○ 병원균의 활동은 24~30℃일 때에 가장 왕성하기 때문에 이른 봄부터 초여름까지 기온이 높은 날이 계속되고 강우가 적을 경우 발병이 많다.

○ 발병은 5월 상중순부터 시작하여 10월까지 계속되며 최대 발생 시기는 6월 하순~7월 상순이다. 유럽 품종에서는 성숙 전 과실에서 발생하여 착색을 나쁘

게 하고 열과의 원인이 되기도 한다.

라. 방제
○ 병반이 있는 가지는 제거하고 병든 포도알은 발병 초기에 따 버린다.
○ 통풍이 불량한 과원에서 발생이 심하므로 전정과 순치기로 바람과 햇빛이 잘 통하도록 관리한다.
○ 병든 가지는 병원균의 월동장소이므로 제거하고 피해 낙엽은 모두 모아 땅속 깊이 묻거나 불에 태운다.
○ 월동 이후에 석회유황합제를 나무 전체에 살포하고 과경에 발병되는 것을 방지하기 위해서 과립이 밀착되기 전에 보르도액을 살포한다.
○ 대립계 다발 품종에는 개화 전(5월 중하순)에 1~2회, 낙화 후의 유과기부터 7월 중순 사이에 2~3회 적용 약제를 살포한다.

흰얼룩병

학명	*Acremonium roseum, Trichothecium acutatum*
영명	White mottle

가. 병징과 진단
○ 유사흰가루 증상, 흰얼룩병, 유사흰가루병 등으로 불리기도 하는 증상이다.
○ 포도나무의 결과지와 과실에 과일의 성숙기 이후에 주로 나타나는 증상으로 흰 얼룩이 결과지나 과실의 표면을 덮고 있어서 마치 흰가루병과 유사한 증상을 나타낸다.
○ 관여하는 미생물은 흰가루병균과는 전혀 다른 부생성이 강한 미생물 2종 또는 그 이상이며, 과실 조직을 침입하여 해를 끼치지는 않으나 과실의 외관을 해쳐 상품성을 저하시키고 심지어 약제를 과다 살포한 것으로 오해하기도 한다.

(그림 2-40) 포도 흰얼룩병 피해 증상

나. 병원균

○ 주로 착색기 이후 습한 날씨가 계속되는 해에 많이 발생하는 흰얼룩 증상의 원인 미생물을 포도나무의 결과지와 과실에서 분리한 결과 9종 이상의 미생물이 분리되었다.

○ 분리한 미생물을 건전한 포도나무의 결과지에 다시 접종한 결과 *Acremonium* sp.균과 *Trichothecium* sp.균 2종류에서 같은 증상이 재현되었다.

○ 국내 다른 연구팀에서는 유사한 증상에 대하여 *Hanseniaspora*(Kloeckera) sp.라는 일종의 효모에 의한 포도 흰송이 증상으로 보고한 바 있다.

○ 포도 흰가루 증상은 이들 2종 또는 그 이상의 미생물이 단독 또는 혼합하여 표면에 기생한다.

다. 발생 생태

○ 부생성이 강한 미생물이 논 주위에 심긴 포도 과원처럼 주변의 습도가 높거나, 환기가 불량한 시설 내에 많이 발생하고 있다.

○ 친환경 농업을 실천하면서 전반적으로 약제 살포가 극히 적거나 없는 경우에 심하며, 약제 대용으로 살포하는 제재에 포함된 당분도 미생물 증식을 조장하는 것으로 알려지고 있다.

라. 방제

○ 포도나무에 등록된 살균제 중 약제계통별로 1종씩을 처리하여 방제 효과를 검토한 결과 흰가루병에 등록되어 사용하고 있는 디페노코나졸 유제가 시험 약제 중에 가장 효과직으로 이 증상을 억제할 수 있었다.

○ 국립원예특작과학원과 한경대학교의 연구결과를 종합하면 포도 흰얼룩병의 방제 시 유기합성 약제로는 디페노코나졸 유제, 친환경 농자재로는 석회보르

도액, 유황 153이 효과적이다.

○ 포도 월동기인 2~3월에 수피를 제거한 후 디페노코나졸 유제 1,000배액이나 유황 153 1,000배액을 1~2회 살포하여 1차 전염원을 제거하고 6~8월 초흰얼룩 증상 발병 초기에 친환경자재인 유황 153 1,000배액을 7일 간격으로 2~3회 살포하면 효율적으로 방제할 수 있는 것으로 나타났다.

큰송이썩음병(大房枯病)

학명	Pestalotiopsis uvicola [Pestalotia uvicola]
영명	Berry rot

가. 병징과 진단

○ 포도알의 표면에 짙은 갈색의 작은 반점이 나타나고 차츰 진전되면서 껍질 전체가 어두운 갈색으로 바뀌며 쭈그러들어 군데군데 주름이 잡힌다.

○ 시간이 지남에 따라 여기에 검은색의 작은 돌기들이 생기는데, 이것이 병을 일으킨 곰팡이의 포자 덩어리이다. 병든 포도알은 썩으면서 검고 단단해진다.

○ 주로 포도알에 나타나지만 자세히 살펴보면 과경에도 많이 나타나는 것을 볼수 있다.

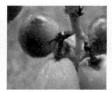

(그림 2-41) 포도 큰송이썩음병 피해 증상

나. 병원균 및 생태

○ 꼭지마름병과 큰송이썩음병은 매우 비슷한 면이 있지만 병을 일으키는 병원균이 다르다.

○ 꼭지마름병은 병에 걸려 썩은 부위가 송이 축인 반면 큰송이썩음병은 열매꼭지 부분이다.

다. 방제

○ 피해가 크지 않은 까닭에 아직까지 정확하게 알려진 방제법은 없다.

○ 우리나라에는 아직까지 이 병의 방제 약제가 등록되어 있지 않다.

○ 외국에서도 특정한 약제를 사용하고 있지는 않다. 다만 베노밀 등 일반 광범위 살균제를 사용하여 탄저병, 새눈무늬병 등과 동시방제하는 것이 효과적인 것으로 알려져 있다.

흰빛썩음병(白腐病)

병원체	*Coniella diplodiella*
영명	White rot

가. 병징과 진단

○ 이 병은 유럽에서 피해가 크며 피해율이 20~80%에 이른다고 보고되어 있다.

○ 발병은 여름철에 강우가 많고 습도가 높으면 발생이 많다. 우리나라에서 유럽종 포도를 재배할 경우 주의할 필요가 있다.

○ 6월경부터 과축의 일부분에서 담갈색의 반점이 생성되고 점차 진전되면 표면에 흑색 소립점이 다수 발생한다.

○ 병든 소과병은 갈색 부패 증상이 나타난다. 열매는 기부부터 담갈색 또는 회갈색으로 변하여 전 과면이 변색된다. 오래되면 썩어서 낙과하거나 건조해져서 과방 전체가 미라처럼 된다. 이들 표면에 병원균의 병자각이 다수 형성된다.

나. 병원균

○ 불완전균에 속하고 병자각은 표피 속에 형성되며 회갈색의 구형 또는 편구형으로 크기는 150~200μm이며 성숙하면 표피를 뚫고 병포자가 누출된다.

○ 분생포자는 난형, 타원형, 방추형이며 암갈색 단포로 크기는 7~11×3.5~5.5μm이다. 병원균의 발육 최적 온도는 25~30℃이다.

(그림 2-42) 포도 흰빛썩음병 피해 증상

다. 발생 생태
○ 병든 열매나 가지에서 병자각이나 균사 상태로 월동하여 1차 전염원이 된다.
○ 5월 하순부터 병포자가 누출되며 강우에 의해 비산된다.
○ 발병은 6월 중순부터 수확기까지 계속되며 여름철에 비가 많고 고온일 때 발생이 심하다.
○ 보통 상처를 통하여 침입하므로 적립 시나 태풍 등으로 과실이나 가지에 상처가 생기면 발생이 심하다.

라. 방제
○ 다른 병이나 해충 피해에 의한 상처를 막으며, 노지의 경우 과방이나 가지를 높게 두어 빗물이 튀어 묻지 않게 한다.
○ 발아 전에 석회유황합제를 살포하고, 피해 부위는 매몰 또는 소각한다.

뿌리혹병

학명	*Agrobacterium vitis*
영명	Root gall, Clubroot

가. 병징과 진단
○ 포도나무의 뿌리, 지제부, 줄기에 혹이 생긴다.
○ 줄기에 생기는 혹은 일반적으로 줄기의 내부로부터 혹이 형성되면서 밖으로 밀려 나온다.
○ 환상박피 부위, 곤충 가해 부위, 동해에 의한 상처 부위에 흔히 혹이 생긴다.

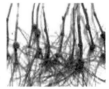

(그림 2-43) 포도 뿌리혹병 피해 증상

나. 병원균
○ 그람음성 세균으로 토양 속에서 오랫동안 생존이 가능하고 상처를 통해 식물 세포에 식물호르몬을 만드는 유전자를 삽입시켜 혹 형성을 유도한다.

다. 발생 생태
○ 포도나무의 뿌리, 지제부, 줄기에 혹이 생겨서 포도나무의 수세를 약화시키고 포도의 품질 저하 및 수량 감소를 초래한다. 심하면 포도나무를 고사시킨다.
○ 국내에서는 '거봉', '블랙올림피아' 등 동해에 약한 대립계(4배체)에서 발병이 매우 심하다.
○ 병원균은 세균으로 기주식물체 없이 토양에서 오랫동안 생존이 가능하고 곤충, 접목, 작업과정에서 생긴 상처를 통해 감염한다. 최근에는 잔뿌리를 직접 가해하여 침입하는 것으로 추정하고 있다.
○ 상처 부위에 바로 혹을 만들지만 일부는 포도나무의 도관에 살다가(잠복감염), 동해에 의해 생긴 상처나 동해를 막기 위해 땅에 묻는 과정에서 가지와 줄기

의 내부의 상처를 통해 혹을 형성하며 혹이 밖으로 밀려나오는 병징을 흔히 볼 수 있다.

○ 병원균은 혹을 형성하지 않고 포도나무 도관에 오랫동안 생존이 가능하다.

라. 방제

○ 이 병은 농약이나 미생물제를 포함한 어떠한 제제로도 발병을 막거나 병을 치료할 수 없다. 즉 현재까지 이 병의 방제에 효과적인 농약이 존재하지 않는다.

○ 가장 중요한 방제법은 병원균에 감염되지 않는 건전한 묘목을 사용하고, 병이 발생했던 재배지에서는 대립계 포도 같은 감수성 품종을 재배하지 않는 것이다.

○ 대립계 포도의 묘목을 자가 생산할 경우 병원균이 감염되지 않은 포도나무로 부터 삽수를 얻어 병원균이 감염되어 있지 않은 토양에서 묘를 생산하여 사용한다. 그러나 포도나무나 토양에 병원균 감염 여부를 판단하는 것은 매우 어렵다. 따라서 확실하게 건전 묘를 생산하는 업체나 공공기관에서 묘를 구입하여 사용하는 것이 안전하다.

○ 병에 감수성인 대립계 포도나무는 겨울철에 동해를 입지 않도록 관리한다.

○ 동해 방지를 위해 줄기와 가지를 땅에 묻는 경우 줄기와 가지의 내부에 물리적 상처가 생기지 않도록 최선을 다한다.

○ 병이 많이 발생한 재배지에서는 저항성 품종을 재배하거나 4~5년 동안 곡류나 옥수수를 재배하여 토양 속의 병원균의 밀도를 낮춘 후 포도재배를 다시 한다.

잎말림바이러스병

병원체	*Grapevine leafroll-associated virus* 1~9(GLRaV 1~9)
영명	Leafroll disease

가. 병징과 진단

○ 8월 생육 중기부터 잎이 빨갛게 변하면서 뒤쪽으로 말린다. 또한 과실이 충실하지도 못하면서 완전히 익지 않은 채 쉽게 물러지는 증상이 나타난다. 재배관리를 충실하게 하였음에도 이러한 증상이 매년 같은 나무에서 발생한다면 바이러스에 의한 증상으로 볼 수 있다.

○ 잎이 엽맥을 따라 녹색띠만 남기고 전체적으로 붉게 변하면서 뒤쪽으로 말리는 증상은 적색계 품종에서 나타나는 GLRaV-3의 전형적인 병징이며 백색계 품종에서는 주로 황화모자이크 증상과 잎말림 증상이 나타난다.

(그림 2-44) 잎말림바이러스병 피해 잎

나. 발생 생태

○ 잎말림병에 관련된 바이러스는 세계적으로 9종의 바이러스가 밝혀져 있으나 우리나라에서는 3종(GLRaV-1, 3, 5)의 바이러스가 검출되었으며 그중에서 GLRaV-3의 감염률이 가장 높다.

○ 품종에 따라 피해가 다르지만 많은 재배 품종에서 바이러스 감염 초기에는 포도나무의 생육 등에 크게 영향을 미치지 못하다가 환경적 또는 재배적 스트레스 등으로 인해 나무세력이 약해지면 바이러스 감염에 의한 피해가 커진다.

○ 주로 접목에 의해 전염되지만 GLRaV-3는 유일하게 깍지벌레(*Planococcus ficus, Pseudococcus longispinus*)에 의해 전염되므로 이병주가 있으면 과원 전체로 번져갈 수도 있으므로 유의해야 한다. 하지만 깍지벌레종은 아직까지 우리나라에서는 발생이 확인되지 않고 있다.

파이토플라스마병

병원체	*Candidatus phytoplasma*
영명	Phytoplasma disease

가. 병징과 진단

○ 잎이 총생되고 가늘어지는 세엽과 꽃눈이 비정상적으로 많이 발생한다.

○ 국내에서는 2005년 '캠벨얼리'에서 처음 발생되었고 이병주 주변의 대추나무 빗자루병과 동일한 그룹의 파이토플라스마병인 것으로 확인되어 대추나무로부터 전염되었을 가능성을 추정할 수 있다.

(그림 2-45) 파이토플라스마병 피해 증상

나. 방제

○ 테트라사이클린 계통의 항생제 사용으로 일부 병을 억제할 수 있지만 되도록 발견되는 즉시 이병주를 제거하도록 한다.

○ 과원 주변에 대추나무의 식재를 피하고 매미충류 등의 매개충 방제에 적극적으로 노력을 기울여야 한다.

○ 이상 증상을 보이는 나무는 집중관리를 하여 접수 채취 등을 피하고 점차적으로 바이러스에 걸리지 않은 건전한 우량묘목으로 갱신해 주는 것이 좋다.

포도바이로이드병

병원체	*Grapevine yellow speckle viroid*, GYSVd
영명	Grapevine yellow speckle disease

가. 병징과 진단

○ 더운 여름철 포도 잎에 크림색의 반점 증상이 엽맥을 따라 나타나며 병징이 진전되면 엽육에서도 반점이 관찰된다. 잠복감염 상태로 식물체에 존재하다가 고온으로 인해 병원성이 발현되며, 포도 바이러스와 복합감염으로 착색 불량

및 과실 품질에 영향을 미친다.

○ 포도 바이로이드병과 관련된 바이로이드는 2종(GYSVd1, GYSVd2)으로 보고 되어 있고 국내에서도 모두 발생하고 있다.

○ 품종에 따라 병징의 다르지만 '거봉' 계통에서 황화반점 증상이 뚜렷하게 나타 난다.

나. 방제

○ 현재로서는 바이로이드병을 치료할 수 있는 방법이 없어 병에 걸리지 않도록 하는 예방만이 최선의 방제 대책이다. 감염주 관리를 제대로 하지 않을 경우 건전한 나무로 전염이 확산될 수 있이 예방에 각별한 주의가 필요하다.

○ 접목에 의해 전염되며 작업 도구에 의한 전염 가능성이 있으므로 전정이나 접 목 시 작업 도구를 2% 락스액 또는 차아염소산나트륨에 침지하거나 화염 소 독함으로써 전염을 예방해야 한다.

○ 바이로이드병이 의심된 나무는 표시를 해두었다가 전문가 진단을 의뢰하고 진단이 확정된 감염주는 뿌리까지 완전히 굴취 후 땅에 묻거나 말려서 폐기한 다.

○ 감염주로부터 접수나 대목을 채취하여 접목하는 것을 피하고 검증되지 않은 묘목 사용을 지양하고 건전한 보증 묘목을 재식한다.

(그림 2-46) 포도 바이로이드병 피해 증상

4. 복숭아 병해

국내 복숭아나무에 발생하는 것으로 알려진 병해충은 100여 종이다. 그러나 실제 재배지에서 해마다 발생량이 많고 피해가 심해 농약을 살포해야 할 정도로 문제가 되는 것들은 8~9종 내외이다. 복숭아에서 가장 경계해야 하는 병해는 과실의 상품성에 직접 영향을 주는 것들로서 세균구멍병(천공병), 잿빛무늬병, 탄저병 등이 있다. 아울러 흰날개무늬병은 일단 발생하면 뿌리를 상하게 하여 나무의 고사를 초래하는데, 일찍 발견해야 치료가 가능하므로 세심한 관찰이 필요하다.

세균구멍병(천공병)

학명	*Xanthomonas arboricola* pv. *pruni*
영명	Bacterial shot hole

가. 병징과 진단
○ 세균구멍병은 복숭아, 앵두, 살구, 매실 등 등에서 많이 발생한다. 복숭아에서는 '엘버타', '창방조생', '대구보', '대화백도' 등의 품종은 이 병에 비교적 강하고 '기도백도', '유명'은 중간 정도이며 '백도', '사자조생'은 약하다.
○ 잎에는 수침상의 작은 반점이 생겨 주변에 연록색의 띠를 형성하고 점차 확대되어 갈변한다. 시간이 지나면 갈색 부위가 탈락되어 구멍이 뚫리게 된다.
○ 가지에 발병할 경우 처음에는 자갈색의 수침상의 반점이 생긴다. 그러다 병반이 움푹하게 들어가면서 갈라지며, 열매에는 수침상의 반점이 생겨 확대됨에 따라 점차 갈색으로 변하고 약간 움푹해진다.

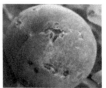

(그림 2-47) 세균구멍병 피해 잎과 피해 과실

나. 병원균

○ 병원균은 그람 음성세균으로 *Xanthomonas arboricola* pv. *pruni*에 의하여 발생한다.

다. 발생 생태

○ 병원균은 가지 껍질 조직의 세포가 파괴된 부분에서 잠복 월동하며 월동 부위 는 피목, 낙엽 흔적에 많다. 월동한 병원균이 발육을 개시하는 시기는 기온이 상승하면서 가지 껍질 조직 내에 환원당이 증가할 때이다. 병원균 월동 부위 에 형성된 코르크층의 일부가 파괴되어 병반이 확대된다.

○ 복숭아의 개화, 발아 시기에 육안으로 병반을 확인할 수 있는데 이것이 봄 병반 이다. 지난해 병반의 주위가 수침상이 되어 확대되어 봄 병반을 형성하기도 하며 이 표면에 병원 세균이 흘러나와 빗물이나 이슬에 녹아서 바람과 함께 분산한다. 잎의 기공이나 바람에 의해 발생하는 잎의 작은 상처 등을 통하여 침입한다.

라. 방제

○ 병든 가지는 제거하고, 주로 잎에 나타나는 작은 상처를 통해 세균이 침입하므 로 상습적으로 이 병이 발생하는 재배지에서는 가능하면 방풍림을 설치한다.

○ 배수를 철저히 하며 균형 시비를 실시하고 질소 과용을 삼간다.

○ 가능하면 봉지 씌우기를 일찍 하는 것이 좋으며 늦어질 경우 병든 과실은 제거 한다.

○ 월동 직후 석회유황합제를 살포하여 월동 전염원을 줄인다.

○ 생육기에는 농용신 수화제나 아그리 미이신을 2~3회 살포하는 것이 좋다. 생육 기에 농용신·쿠퍼 수화제를 시용할 경우 약해를 유발하므로 살포하지 않는다.

○ 나무의 상부보다 중간 및 하부에 병 발생이 많으므로 약제 살포 시 이 부분에 집중 살포하면 효과를 높일 수 있다.

○ 6~7월에는 6-6식 아연석회액을 살포하면 효과적이고 과일에도 효과가 있다. 이 시기에 6-6식 석회보르도액을 살포하면 약해가 발생하므로 주의한다.

○ 발생이 많은 과원에서는 수확기 이후에 적용 약제를 살포하면 다음 해 발생을 줄일 수 있다.

잎오갈병(축엽병)

학명	*Taphrina deformans*(Berkeley) Tulasne
영명	Leaf curl

가. 병징과 진단

○ 잎오갈병은 곰팡이가 원인이 되어 발생하는 병이다. 전국에 발생되고 봄철에 서늘하고 다습하면 발생이 심하다. 조기 낙엽을 유발하며 꽃눈형성에 지장을 주고 수세가 약하게 되면 동해를 받기 쉬워진다.

○ 발생이 많은 품종은 '엘버타', '조생수밀' 등이고 발생이 적은 품종은 '백도' 등으로 조사되고 있다.

○ 새로운 잎에 병원균이 부착하여 큐티클층을 뚫고 균사가 침입하며 세포 간극에서 병원균이 증식한다. 표피 조직도 수평방향으로 분열한다. 가끔은 상하로 분열하는데 잎의 뒷면은 분열이 많고 밑에 층은 분열이 적기 때문에 잎이 말리거나 기형이 된다.

○ 잎줄기의 세포로 분열하여 혹을 형성하게 된다. 잎의 색깔은 처음에 홍색을 띠나 시간이 지나면 자낭포자가 생성되어 하얀 가루가 묻은 것 같은 병징이 나타난다. 병든 잎은 위축되어 후에 흑갈색으로 되며 낙하한다.

(그림 2-48) 잎오갈병 피해 잎

나. 병원균

○ 자낭균에 속하며 발육 최적 온도는 20℃이고, 12~21℃에서 기주 내 침입이 쉽게 이루어진다.

○ 자낭포자와 분생포자를 형성하며 균사는 무색이다. 기주 위 세포 간극에서 생활한다.

다. 발생 생태

○ 병원균은 가지의 표면에 부착하여 분생포자로 월동한다.

○ 다음 해 봄에 복숭아 눈이 발아할 때 병원균이 빗물에 씻겨 새로운 잎에 도달하여 병을 일으킨다.

○ 잎이 나오기 시작할 때부터 5월 중순까지가 주 감염시기이며, 5월 하순 이후에 기온이 24℃ 이상 되면 발병이 적다. 그러나 이 시기에 기온이 낮고 강우량이 많으면 계속 발병된다.

○ 기온이 서늘한 댐 주변, 고지대, 바닷가에서 발병이 많다. 이 병원균은 1년 이상 생존이 가능하므로 전년도에 발생이 적었을지라도 방제에 소홀히 하면 피해를 볼 수 있다.

라. 방제

○ 다른 병과 마찬가지로 병든 가지와 잎을 불에 태워 초기 전염원을 줄여 주며, 과습하거나 동해를 받지 않도록 과원을 관리한다.

○ 발아기에 석회유황합제를 살포하여 약제 방제를 해주며 생육기 방제 약제로는 클로로탈로닐 수화제 등이 등록되어 있다.

잿빛무늬병

학명	*Monilinia fructicola*(Winter) Honey
영명	Brown rot

가. 병징과 진단

○ 잿빛무늬병은 꽃과 잎에도 발생하나 주로 과실에 발생한다. 성숙기에 발병하고, 수확 후 저장이나 수송 중에도 발병하면서 피해를 준다.

○ 과실의 표면에 갈색 반점이 생기고 점차 확대되어 대형의 원형 병반을 형성한다. 오래된 병반에는 회백색의 포자 덩어리가 무수히 형성되며 과실 전체가 부패하여 심한 악취가 발생한다.

 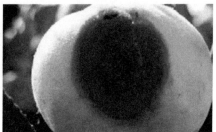

(그림 2-49) 잿빛무늬병 피해 꽃(왼쪽)과 잿빛무늬병 피해 과실(오른쪽)

나. 병원균

○ 자낭균에 속하며 자낭포자와 분생포자 및 균핵을 형성한다. 과피가 균사와 뭉쳐서 경화된 균핵에서 깔때기 모양의 자낭반이 만들어지고 그 위에 자낭이 형성된다.

○ 외국에서는 기주에 따라 병원균의 분류를 다르게 하고 있는데 *Monilinia fructicola*는 핵과류, 서양배에 병을 일으키며 *M. fructigena*는 사과, 서양배, 동양배 등의 인과류에 주로 병을 일으킨다. *M. laxa*는 살구, 매실에 병을 일으키는 것으로 알려져 있다.

다. 발생 생태

○ 병원균은 지표에서 균핵으로 월동하며 과일 및 나뭇가지의 병든 부위에서도 월동한다.

○ 자낭포자나 분생포자는 꽃에 침입하여 병을 일으키며, 다시 형성된 분생포자가 과실에 부착·침입한다.

라. 방제

○ 다른 병과 마찬가지로 병든 가지와 과실은 일찍 제거하고 적기에 봉지를 씌워서 재배하면 이 병을 거의 막을 수 있다.

○ 발아 전에는 석회유황합제를 살포하고 생육기인 5월부터 7월까지 전용 약제를 충분히 살포해야 하는데, 특히 복숭아는 품종이 다양하여 수확 시기에 차이가 많으므로 복숭아 과원에 약제 방제를 실시할 경우에는 농약의 안전사용 기준에 항상 유의하여야 한다.

○ 방제 약제로는 헥사코나졸 입상수화제 등 50여 가지가 등록되어 있다.

탄저병

학명	Colletotrichum acutatum, C. gloeosporioides
영명	Brown rot

가. 병징과 진단

○ 잎, 가지에도 발생하나 주로 열매에 발생하여 큰 피해를 주는 병이다.

○ 잎에서는 위쪽으로 말리고 가지에는 처음 녹갈색의 수침상 병반이 생겨 나중에는 담홍색으로 변하고 움푹해진다. 표면에서 담홍색의 점질물(분생포자)을 분비하며, 신초는 생장이 정지되고 때로는 구부러져 위축되고 말라 죽는다.

○ 과실에 발생하면 표면에 생긴 녹갈색의 수침상 병반이 나중에 짙은 갈색으로 되며 건조하면 약간 움푹해진다.

○ 병든 과실은 떨어지기노 하나 대개 가지에 붙은 상태로 말라서 위축되고 미라가 된다.

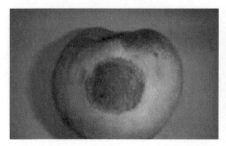

(그림 2-50) 탄저병 피해 과실

나. 병원균

○ 자낭균에 속하며, 주로 분생포자를 형성하나 드물게 자낭포자를 형성하기도 한다.

○ 자낭각은 흑색 구형 내지 플라스크형으로 직경이 250~320μm이다. 자낭은 곤봉형으로 크기는 50~110×8~10μm이다. 자낭에는 8개의 자낭포자가 들어 있다.

○ 자낭포자는 무색의 단세포로 약간 구부러진 방추형이며, 크기는 12~28×4~7μm이다. 분생포자층에 형성된 분생포자는 무색 단세포로 타원형 또는 원통형이며, 크기는 12~22×4~7μm이다.

다. 발생 생태

○ 병원균의 생육 온도는 5~32℃이며, 생육 적온은 28℃이다.

○ 병의 전염은 강우 및 발병과 깊은 관계가 있다.

○ 4~6월 강수량이 30mm 이하인 지방에서는 거의 발병하지 않으며, 300~400mm에서는 다발생되어 일반 품종의 재배 한계가 되며 500mm가 넘으면 저항성 품종만 재배가 가능하다.

○ 병원균은 가지 또는 과실의 병환부에서 월동하여 다음 해의 전염원이 된다. 병원균은 어린잎을 침입하거나 열매꼭지를 거쳐 가지까지 침입하는 경우도 있다.

○ 경북 지방의 경우, 탄저병 포자는 4월 하순부터 비산하기 시작하여 6월 중순~7월 중순 사이에 최대를 나타낸다. 조생종인 '창방조생'의 경우 6월 중순, 만생종인 '유명'의 경우 7월 중순에 탄저병의 감염이 이루어진다. 대체적인 발병 최성기는 6~7월 중 기온이 25℃일 때이다.

라. 방제

○ 병에 걸린 가지와 과실을 제거하여 불에 태우고 배수가 잘되게 과수원을 관리한다. 질소질 비료를 적당히 시용하면 도장지 발생을 방지할 수 있다.

○ 약제 방제는 낙화 후부터 봉지 씌우기 전까지 기상상태에 따라 3회 정도 실시하도록 한다. 약제는 디치(델란), 푸름이, 아미스타탑, 에이플, 프로피(안트라콜), 후론사이드, 모두랑 등이 있다.

검은별무늬병

학명	*Cladodporium carpophium* Thumen
영명	Scab

가. 병징과 진단

○ 복숭아나무 검은별무늬병(흑성병)은 가지, 잎, 과실에 발생하는데 과실의 피해가 가장 크다. 잎에는 감염이 많지 않으나 묘목의 잎자루에 발병하는 경우 낙엽이 된다.

○ 과실 병반은 처음에 녹색의 원형 반점으로 시작하여 확대되어 2~3mm가 되며 흑록색을 띤다. 병반 주위는 과실이 착색되어도 녹색이다.

○ 세균구멍병과 혼동이 되기도 하지만 세균구멍병은 병반의 색깔이 흑갈색이며 병반의 내부가 움푹 들어가는 차이가 있다.

 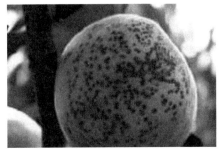

(그림 2-51) 검은별무늬병 피해 과실

나. 병원균

○ 불완전균으로서 분생포자를 만든다. 분생포자는 대개 단세포이고 때로는 두 개의 세포로 이루어진 경우도 있다.

○ 분생자경에는 1~2개의 격막이 있으며 담갈색으로 길이가 균일하지 않다. 완숙기의 포자 길이는 30~40μm이며 여러 개가 다발을 이룬다. 균사가 어릴 때는 무색이지만 시간이 지나면 세포막이 두꺼워지며 올리브색으로 변한다.

다. 발생 생태

○ 병원균은 1년생 가지 병반에서 균사상태로 월동한다. 10℃ 이상에서 포자를 형성하며 가지의 표피 조직에 환원당이 증가하면 병원균도 활동을 시작한다.

○ 4월 하순에서 5월 중순 사이에 병원균의 발달이 왕성하다.

○ 과실의 병반은 햇빛이 닿는 부분에 많이 발생하는데 이는 포자가 빗물에 의하여 과실 윗부분에 묻기가 쉽고 햇빛이 병원균의 잠복감염을 단축하기 때문이다.

라. 방제

○ 병의 방제를 위해서는 휴면기에 석회유황합제를 살포하고 감염이 증가하는 5~6월에 집중 방제를 실시해야 한다.

○ 방제 약제로는 사이프로디닐 입상수화제가 있다.

흰날개무늬병

학명	*Rosellinia necatrix* Prillieux
영명	White root rot

가. 병징과 진단

○ 피해를 받은 나무의 뿌리는 흰색의 균사로 싸여 있으며, 이 균사막은 시간이 경과하면 회색 또는 검은색으로 변한다.

○ 굵은 뿌리의 표피를 제거하면 목질부에서 흰색 부채 모양(백문우)의 균사막과 실 모양의 균사다발을 확인할 수 있다.

○ 이 병원균은 목질부까지 부패시키므로 병의 증세가 심하게 나타난다.

(그림 2-52) 흰날개무늬병 피해

나. 병원균

○ 자낭균의 일종으로 자낭세대와 불완전세대가 알려져 있으나 자연 상태나 인공배지에서 자낭각 관찰이 쉽지 않다.

○ 초생균사의 색깔은 백색이나 후에 회갈색 또는 녹회색으로 착색되며 균사의 직경은 8.7~11.5μm이다. 균사는 격막을 가지고 있으며, 격막 부위가 특이하게 서양배 모양으로 팽창되어 있는데 이것이 이 병원균의 중요한 특징이다.

○ 분생포자병은 칼 모양으로 처음에는 백색이나 곧바로 흑갈색으로 착색된다. 길이는 1~2mm, 폭은 40~300μm이며 선단에 분생포자가 착생한다. 분생포자는 타원형~난형으로 무색 단세포이며 크기는 4.5×3.0μm 정도이다.

다. 발생 생태

○ 흰날개무늬병은 배수가 잘 이루어지고 항상 토양 수분이 충분한 토양 조건에서 생육이 왕성하다.

○ 토양에 부숙되지 않은 전정가지 같은 거친 유기물을 시용하면 이 유기물에서 병원균이 증식하여 날개무늬병의 발생이 급격히 증가하게 된다.

○ 토양 및 수체 조건과 깊은 관계가 있으며 새로 조성된 과수원보다 오래된 과수원에서 발생이 많다.

라. 방제

○ 과수원을 새로 조성할 때는 식물체의 뿌리나 잔재를 제거한 다음 토양 소독을 실시하며, 묘목에 병원균이 묻어서 옮겨지는 경우가 많으므로 묘목을 심기 전에 반드시 침지 소독을 실시한 후 재식한다.

○ 적절한 수세 관리를 위하여 유기물의 시용량을 늘리고, 배수 및 관수 관리를 철저히 하여 급격한 건습을 피해야 한다. 나무에 급격한 변화를 주는 강전정

을 삼가고, 과실을 적절하게 착과시킨다.

○ 병든 나무의 발견 시 뿌리 분포 지역에 충분한 약액을 관주 처리한다. 복숭아에는 등록된 방제 약제는 없으나 사과에는 방제 약제로 베노밀 수화제, 이소란 입제, 플루아지남 분제 등이 등록되어 있다.

역병

학명	*Phytophthora* spp.
영명	Phytophthora rot

가. 병징과 진단

○ 복숭아 역병균은 잎, 신초, 과실 등 전 부위에 침입하여 병을 발생시키나 줄기에는 발생이 흔하지 않은 편이다. 주로 지면과 가까운 과실이나 잎에서 처음 발생하는 경향이 있다.

○ 과실에는 명확하지 않은 갈색의 큰 병반이 희미하게 퍼지는데 비교적 단단하다. 병든 과실은 쉽게 떨어지고 약한 알코올 냄새를 풍기기도 한다.

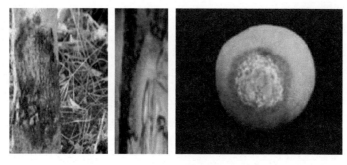

(그림 2-53) 역병 피해 나무(왼쪽) 및 과실(오른쪽)

나. 병원균

○ 난균류에 속하며 토양수생균이다. 유주자낭과 운동성이 있는 유주자를 형성한다.

다. 발생 생태

○ 병원균은 주로 토양에 존재하지만 지표면에 존재하는 병원균은 비바람에 의하여 공기 중으로 쉽게 전파되어 지상부에도 병을 발생시킨다.

○ 병원균은 물속에서 증식 및 전파되며 장마철 비바람에 의해 먼 거리까지 쉽게 이동되고 대발생이 이루어진다.

○ 과실의 병든 부위는 알맞은 온도와 습도가 주어지면 병반에 유주자낭이 형성되어 2차 전염원이 된다. 장마가 오래 계속되는 해에 많이 발생하고, 늦은 봄과 이른 가을에 피해가 크며, 한여름에는 병의 확산이 억제된다. 습하고 배수가 불량한 토양에서 병 발생이 심하며 한번 발생하면 방제가 매우 어렵다.

라. 방제

○ 나무의 낮은 위치에 결실된 과실이 감염되기 쉬우므로 낮은 가지에 결과되지 않도록 하고 봉지 씌우기를 한다.

○ 토양에 서식하고 있는 역병균이 빗물에 의해 줄기, 과실에 튀어 오르지 못하도록 지표면에 생초나 기타 피복재료를 깔아 준다.

○ 물 빠짐이 나쁜 땅에 식재를 금하고 배수를 철저히 하며, 과수원이 침수되지 않도록 관리한다.

줄기마름병

학명	*Valsa ambiens*(Persoon et Fries) Fries
영명	Canker

가. 병징과 진단

○ 줄기에 발생하는 병으로 *Leucostoma persoonii*균에 의해 피층부가 갈변되어 부풀어 오르고, 심하면 알코올 냄새가 나기도 한다. 오래된 병반에서는 솟아오른 검은색의 작은 점이 형성되고 가지가 죽게 된다.

○ *Phomopsis*균에 의한 병징은 처음에 줄기에 작은 갈색 반점이 나타나는 것으로, 진전되면 수 cm의 갈색 병반이 형성된다. 주로 약한 줄기나 잔가지에 발생한다. 병원균은 상처를 통해 침입하며 처음에는 껍질이 약간 부풀어 오른

다. 피해 나무는 여름에서 가을에 걸쳐 마르게 되고 겨울을 난 후 심하면 말라 죽는다.

○ 세력이 약하거나 수령이 많은 나무는 강전정을 할 경우 발병하기 쉽다. 또한 병해충, 바람, 추위에 의해 피해를 받아 나무의 세력이 약해진 경우에도 발병 이 심하다.

(그림 2-54) 줄기마름병 피해

나. 병원균

○ 자낭균병 구과균으로 피해 주위 조직 속에서 겨울을 난 후 다음 해에 발생을 계속한다.

○ 발육 온도는 5~37℃이고 최적 온도는 28~32℃이며 포자의 발아 적온은 18~23℃이다. 균사의 발육에 필요한 pH는 5.6~5.8이고 포자는 pH 4.2~5.3이다.

다. 발생 생태

○ 병원균은 피해 받은 나무의 조직 속에서 겨울을 난 후 다음 해에 발생을 계속한 다. 오래된 나무에서는 피해 부위에서 2차적으로 버섯 같은 것이 생기기도 한다.

○ 병반은 봄과 가을에 확대되고 여름에는 일시정지한다.

라. 방제

○ 수세가 약한 나무에 많이 발생하므로 수세 관리에 주의하며 강전정을 피한다. 추운 지역에서는 동·한해의 피해를 받지 않도록 주의하며, 피해 가지는 발견 즉시 제거한다.

○ 휴면기 및 수확 후에 석회유황합제를 살포하며, 약액이 가지나 주간에 충분히 묻도록 해야 한다.

○ 발병이 확인되면 병반 부위를 제거하고 석회유황합제 원액을 뿌리거나 톱신 페스트 등을 도포한다.

흰가루병

학명	*Sphaerotheca pannosa*
영명	Powdery mildewr

가. 병징과 진단

○ 5월 하순부터 6월 상순 사이 복숭아 과실 표면에 흰색의 밀가루를 뿌린 듯한 형태로 곰팡이가 생장한다.

○ 병이 진전될수록 흰색 반점이 커지면서 흰색 반점의 중심 부분은 옅은 갈색으로 변색하기 시작한다.

○ 병이 심하게 발생할 경우, 과실의 여러 부위에서 흰가루 증상이 발생하여 과실 대부분을 균사로 덮어 버린다.

나. 병원균

○ 병원균은 자낭각과 분생포자를 형성한다. 발생 최적 온도는 17~25℃이다. 습도가 낮을 때 주로 발생하지만, 습도가 높을 때도 발생한다.

다. 발생 생태

○ 일반적으로 기주식물에서 월동이 가능하다. 균사, 균사체가 기온이 상승함에 따라 식물체로 침입하여 증식하면서 분생포자를 만들어 1차 전염원이 된다.

라. 관리방안

○ 복숭아나무 수세 관리를 철저히 하며, 비료를 과하게 사용하지 않는다.

○ 봉지 씌우기 전 병든 과실은 보이는 즉시 제거하여, 2차 피해를 예방한다.

○ 복숭아 흰가루병 방제용 살균제를 안전사용기준에 맞춰 살포한다.

(그림 2-55) 흰가루병 피해

괴사반점병

병원체	*Prunus necrotic ringspot virus*(PNRSV)
영명	Necrotic ringspot
일명	ウイルスビョウ

가. 병징과 진단

○ 품종에 따라 잎맥을 따라 괴사 반점이나 작은 구멍들이 나타나지만 대부분 잠복 감염되어 무병징인 경우가 많다.

○ 지표식물인 GF305에서는 잎에 선을 그리며 모자이크 증상이 나타나거나 기형화된다.

(그림 2-56) 괴사반점 증상

나. 발생 생태

○ Ilarvirus 속의 바이러스로 입자는 23nm 정도의 크기로 구형과 간상형의 입자로 존재한다.

○ '엘버트', '대화조생'의 경우 유목 생육이 억제되고 '백도'에서는 수량이 저하된다.

○ 품종에 따라 활착률이 30~60% 떨어지고 눈의 발아가 지연되거나 발아하기 전에 죽기도 한다.

다. 방제

○ 접목, 화분, 종자에 의해 전염되므로 이병주가 발생하면 빨리 캐내고 소각한다.

○ 바이러스 무병 대목과 접수를 이용한 묘목을 사용함으로써 바이러스병의 피해와 확산을 막을 수 있다.

5. 감귤 병해

2003년도부터 감귤검은점무늬병에 걸린 과실률을 조사해 본 결과 2010년이 16.8%로서 가장 심하였으며 2005년은 3.8%로서 가장 낮았다. 9년간 평균 병든 과율은 8.8%였다. 지역별로 최근 10년 동안 병든 과율을 비교해보면 제주도 남동부, 동부 지역에서 병 발생이 많았다. 또한 발병도를 조사해 본 결과 2003, 2004, 2007, 2010년 검은점무늬병 발병도가 각각 17.0, 22.6, 19.2, 18.9%로 다른 해에 비하여 발병도가 높았다. 궤양병의 경우 2004년에 2.19%가 발병한 이후로 급격히 줄어들어 2009년과 2010년의 경우 0.08%와 0.10%였지만 2011년의 경우 1.50%로서 다시 증가했으며, 2013년에는 3.8%가 발생했다. 2004년부터 2013년까지 10년간 평균 발생률은 1.0%였다. 더뎅이병은 2004년이 0.7%로 가장 많이 발생했으며, 2004년부터 2013년까지 10년간 평균 발생과율은 0.2%였다. 최근 들어서는 일소에 의한 피해가 점차 증가하고 있는 경향이 있다.

〈표 2-9〉 2013년도 감귤병 발생 상황

지역	조사 농가 수	궤양병		더뎅이병		잿빛 곰팡이병	일소	검은점무늬병	
		잎	열매	잎	열매	열매	열매	이병도	이병과율
동남부	16	2.3	0.4	0.0	0.0	0.0	0.6	3.7	1.5
동부	13	10.6	1.9	0.0	0.0	0.0	0.9	8.1	7.5
북동부	9	16.2	1.1	4.1	0.9	0.1	0.4	4.6	2.9
북서부	6	6.3	5.3	0.2	0.1	0.1	0.5	2.3	1.1
서부	7	11.0	20.0	0.7	0.3	0.1	2.4	1.9	0.1
남서부	13	1.7	4.8	0.0	0.0	0.1	1.1	10.8	8.0
13년 평균		6.9	3.8	0.7	0.2	0.1	0.9	5.7	3.8
12년 평균		0.6	0.06	0.12	0.10	0.09	0.67	12.1	11.3
11년 평균		3.69	1.50	0.41	0.16	0.14	4.1	7.5	5.7

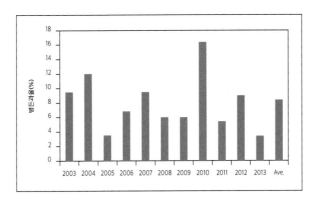

(그림 2-57) 검은점무늬병 발생 상황

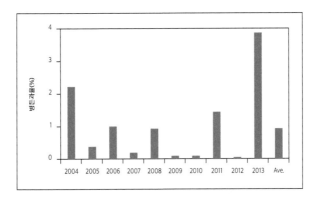

(그림 2-58) 궤양병 발생 상황

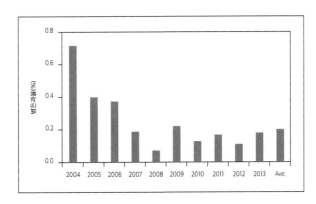

(그림 2-59) 더뎅이병 발생 상황

궤양병

병원균	*Xanthomonas citri* subsp. citri
영명	Canker
일명	ガイヨウビョウ

가. 기주 범위 및 품종
○ 기주 범위 : 감귤나무 및 탱자속 식물
○ 품종 : '그레이프프루트', '멕시칸라임', '탱자' 등은 극도의 감수성, '네블오렌지', '레몬', '하귤'은 감수성 '온주밀감', '청견', '부지화', '팔삭', '봉깡', '일향하' 등은 저항성이며 '유자', '금감'은 극도의 저항성이다.

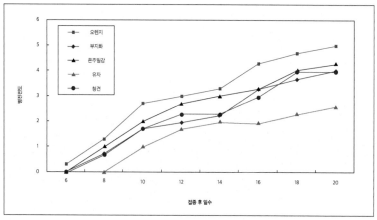

(그림 2-60) 품종별 궤양병에 대한 저항성 정도

나. 분포
○ 아시안형(Canker A) 병원균은 아시아 대륙, 태평양 및 인도양 섬, 남미, 미국 등 30여 국가에서 발생하지만 미국, 호주, 뉴질랜드, 남아프리카에서는 거의 박멸되었다. 하지만 미국 플로리다 일부, 호주의 북부 지역, 브라질과 우루과이의 일부 지역에서는 현재도 가끔 발생이 보고되고 있다.

다. 병징

○ 잎, 가지, 열매에 발생하며 반점 형태로 외관을 해치고 심할 경우에는 잎이 뒤틀리며 낙엽이 된다. 새순의 경우 순 전체가 죽고 과실은 낙과될 수도 있다.

○ 감염 7~10일 후에 첫 병징이 보이기 시작한다. 초기에 주위가 황화된 매우 작은 반점(직경 약 0.3mm~0.5mm)으로부터 시작하여 병이 진전되면서 점차 그 크기가 커지고 모양도 원형에서 불규칙한 모양으로 발전된다. 그리고 잎의 양면, 특히 잎의 뒷면이 부풀어 오르고 나중에 이 부분이 코르크화되며 분화구 모양이 된다.

○ 병반의 크기는 침입 시기에 따라 다양하다. 즉 새순이나 어린 과실에 침입했을 경우 병반 크기는 이후에 감염된 것보다 크며, 비대기 이후에 감염된 것은 병반 부위가 착색이 느려지고 곤충에 의해 흡즙된 것과 같은 모양을 하기도 한다.

○ 온도가 높고 습기가 많은 조건에서는 발생 초기에 연한 노란색의 기포 같은 것이 표면에 붙어 있는 모양이며 손으로 문지르면 없어지지만 시간이 경과하면 점차 조직 속으로 파고들어서 진한 갈색의 뚜렷한 병반을 형성한다. 여름 또는 가을순에서는 귤굴나방의 식흔을 따라 병반이 형성된다.

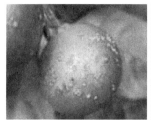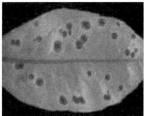

(그림 2-61) 궤양병 병징

(그림 2-62) 비대기 이후 감염 증상

(그림 2-63) 부지화에서의 감염 증상

라. 병원균

○ 감귤 궤양병균은 *Xanthomonas citri* 내에 5개의 병원형(A, B, C, D, E 형)으로 분화되어 있어서 A형은 *pathovars citri*, B·C·D형은 *pathovars aurantifolii*, E형은 *pathovars citrumelo*으로 명명되었다. 하지만 2006년도부터 Schaad 등에 의해서 3개의 taxon으로 재분류되어 A형 균주들은 *Xanthomonas citri* subsp. citri, B·C·D형 균주들은 *X. fuscans* subsp. *aurantifolii*, E형 균주들은 *X. alfalfae* subsp. *citromelo*로 재명명 되었다.

○ 이들 중 우리나라에 발생하는 병원균은 아시안형(canker A)으로서 가장 널리 분포하며 그 피해도 가장 심하다. 이 균은 막대모양으로 크기는 1.0~2.0×0.5~0.7μm이며 단극모이고 생육적온은 28~30℃이다.

<표 2-10> 감귤 궤양병의 병원형 및 종 분류

약제	농약 안전사용기준	약제 처리시기	이병과율(%)
Xanthomonas citri subsp. citri	Canker A	아시아 지역(한국, 중국, 일본 등) 등	라임, 오렌지, 자몽, 레몬 등
X. fuscans subsp. *aurantifolii*	B	아르헨티나, 우루과이, 파라과이	레몬, 라임 등
	C	브라질	라임
X. alfalfae subsp. *citromelo*	E	미국	
합계		11개 지역	

※ 병원균명은 Schaad et al. 2005. Sys. Appl. Microbiol. 28:494-518.에 의해 명칭 변경

마. 발생 생태

○ 월동 전염원으로 하추지(夏秋枝)상의 병반이 가장 중요하다. 병반 내에서 월
 동한 균은 이른 봄 온도가 15℃ 이상이 되면 조직 내에서 증식하기 시작하
 며 강우 시 균이 비산하여 기공 및 상처를 통하여 침입한다. 비를 동반한 풍속
 6~8m 이상의 강풍 시 감염을 조장한다. 잎, 녹지 및 과실의 어린 조직에 주로
 감염하며 경화된 잎이나 가지에도 상처 침입은 가능하다.

○ 잎이 굳기 전 그리고 낙화 후 3개월까지가 병에 가장 약한 시기로 강우로 인한
 습윤 기간이 며칠 지속될 경우 전년도에 감염된 병반으로부터 세균이 흘러나
 와 잎으로 전염되며 여기에서 과일로 병이 옮겨가게 된다. 제주도 내 온주밀
 감과원에서는 보통 장마기인 6월 중순에서 하순에 첫 병징이 나타나지만 경우
 에 따라서는 5월 상순(2003년도)에서 5월 하순(1998년도)경에 발생하기도 한
 다. 따라서 궤양병 발병이 많았던 과원은 통상 5월 중순에서 하순경에 첫 방제
 를 하는 것이 바람직하며 통상 장마기에 과실 쪽으로 병이 전파된다.

○ 장마 후에는 태풍 내습 시가 병 발생에 좋은 조건이다. 여름순에 병이 많이 발
 생하고 태풍이 내습하여 병 발생에 좋은 조건이 되면 9월에도 과실에 병이 발
 생할 수 있다.

○ 여름철에 가장 문제되는 경우는 귤굴나방에 의한 상처를 통해 병원균이 감염
 되는 것이다. 따라서 궤양병 발병이 염려되는 과원은 필히 여름순을 제거하거
 나 귤굴나방 방제를 철저히 해야 할 것이다. 만약 이때 궤양병이 만연하게 되
 면 이들은 이듬해 주요한 전염원이 되기 때문에 더 많은 방제 비용이 들어가

게 된다.

○ 부지화는 궤양병에 대해서 어느 정도 저항성이 있는 것으로 알려져 있지만 밀식되고 과습한 과원, 장마기에 측창을 자주 열지 않아서 환기가 불량한 과원 등에서 발생할 가능성이 있다. 특히 과실 밑에 있는 잎으로 감싸서 열매를 매달 경우에 발생이 심할 수 있다.

○ 병원균은 기공이나 바람이나 해충 등에 의해 생긴 상처를 통해서 침입하여 그 잎이나 열매가 떨어질 때까지 거기에서 존재하지만 잎이나 열매가 땅에 떨어지면 오래 생존하지 못한다. 또한 식물체 내로 침입하지 않고 표면에 남아 있는 궤양병균도 물기가 말라서 표면이 건조해지면 오래가지 못하여 죽어버린다.

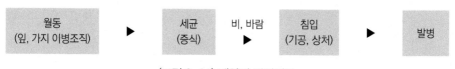

(그림 2-64) 궤양병 전염경로

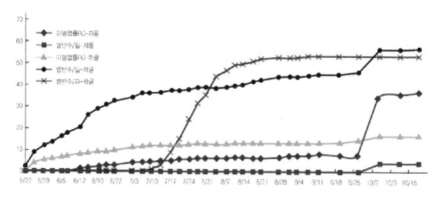

(그림 2-65) 궤양병 발병 소장(2011)

바. 방제

○ '온주밀감'은 궤양병에 대해서 중도저항성이기 때문에 크게 병이 만연하지는 않지만 타 지역에 비하여 궤양병 발생이 많은 제주도 서부 지역과 대미 수출 단지 그리고 전년도에 많이 발생한 과원은 방제에 힘을 써야 할 것이다.

(1) 재배적 방제

○ 바람에 의한 상처를 최소화하기 위하여 바람이 많은 과원은 방풍 시설을 설치 해준다.

○ 전정 시 이병잎 및 가지를 제거하여 전염원의 밀도를 낮춘다.

○ 밀식된 과원은 간벌을 실시하여 통풍을 원활하게 함으로써 수관 내 습윤 기간 을 짧게 해준다.

○ 질소 과다 시용을 피하고 여름순과 가을순 발생이 많아지는 강전정은 가급적 피한다.

○ 궤양병 발병이 많은 과원은 귤굴나방 방제를 철저히 한다.

(2) 약제 방제

○ 궤양병균은 세균병으로서 주로 항생제와 구리제가 사용되고 있다. 궤양병 방 제에 등록된(2006년 기준) 항생제는 스트렙토마이신(상표명 : 궤양신, 부라마 이신, 농용신, 아그렙토, 아그리 마이신 등), 옥시테트라사이클린(상표명 : 아 그리 마이신), 가수가마이신(상표명 : 가스란)이지만 쉽게 항생제 저항성 균이 발생하여 그 효과를 떨어뜨리기 때문에 가급적 사용을 자제해야 한다.

○ 구리제도 궤양병에 효과 있는 약제이지만 고온기에 살포 시 약해가 발생할 수 있는 단점이 있기 때문에 주의해야 한다.

○ 최초 방제는 5월 중순에서 말경이 유리하며 발생이 많은 과원은 이후 6월 하 순에서 7월 상순, 8월 상중순 그리고 태풍 내습 전에 약제를 살포해야 한다.

더뎅이병

병원균	*Elsinoe fawcetti* Jenkins
영명	Scab
일명	ソウカビョウ

가. 기주 범위 및 품종
○ 기주 범위 : 밀감속 식물
○ 품종 : 극도의 감수성 품종은 '다원', '러프레몬', '남향', '사워오렌지' 등이며 '온주밀감'은 감수성 품종이다. 중도저항성 품종은 '그레이프프루트', '홍귤', '동정귤', '유자', '스다치' 등이며 '금감', '지각', '신감하', '삼보감', '빈귤', '병귤', '부지화' 등은 저항성 품종이다. '청견', '세토카', '세미놀', '당유자', '사두감', '팔삭', '좌등' 등은 면역성 품종이다.

나. 분포
○ 한국을 포함해 동아시아와 동남아시아 전역, 호주·뉴질랜드, 북아메리카·남아메리카, 아프리카 등에 분포하고 있다.
○ 호주와 뉴질랜드는 주로 '레몬'과 '트리온즈' 병원형이, 남미 지역은 '스위트오렌지' 병원형이 분포한다. 지중해 연안 지역의 감귤지대에는 발생치 않는다.

다. 병징
○ 잎의 경우 병원균 침입 3일 후 병징이 나타나기 시작한다. 초기 증상은 파리똥 같은 작은 반점이 생기고 그 주위는 황화되는 것으로, 병이 진전됨에 따라 점차 반점이 커지고 돌출해 회갈색이 된다. 다습할 경우에는 연한 황색 또는 분홍색으로 변한다. 심할 경우 잎이나 열매가 기형이 되며 신초에서는 낙엽이 되는 경우도 있다.
○ 증상은 잎이나 과실의 발육상태에 따라 달라지는데 초기 감염(잎은 4분의 1 정도 자랄 때까지, 열매는 0.5~1cm 크기까지) 시에는 돌기형이 되고 후기 감염 시에는 부스럼 또는 딱지형이 된다. 돌기형, 딱지형 병반도 과실이 점차 커질수록 부스럼형 병반으로 변한다.

○ 저항성 품종이나 다 자란 잎, 주위 환경이 발병조건에 알맞지 않을 경우 병반이 흑점 형태로 나타나기도 한다.

(그림 2-66) 감귤 더뎅이병 병징. 잎(왼쪽), 유과기(가운데), 성과기(오른쪽)

라. 병원균
○ 감귤 더뎅이병균은 자낭균에 속하는 곰팡이병으로 두 가지 종이 보고되고 있다. 첫째, 유성포자세대가 *Elsinoe fawcettii* Bitancourt & Jenk.이고 분생포자세대가 *Sphaceolma fawcettii* Jenkins인 일반적인 감귤 더뎅이병이다. 둘째, '스위트오렌지' 더뎅이병인 *E. australis*로 현재까지 남미에서만 발생하는 것으로 알려져 있다. 일반 감귤 더뎅이병인 *E. fawcettii*에는 여러 가지 병원형이 존재한다. 대표적인 것이 '레몬'이나 '클레오파트라만다린'에 병을 일으키며 호주·뉴질랜드에 존재하는 레몬 더뎅이병과 트리온즈 더뎅이병 그리고 '사워오렌지'에 병을 일으킬 수 있는 Florida Broad Host Range(FBHR)형, '사워오렌지'에 병을 일으킬 수 없는 Florida Narrow Host Range(FNHR)형 등이다. 최근 제주도에서 진귤 더뎅이병이 발견됐고 플로리다 등에서 SRGC형 병원균이 새로운 병원형으로 보고되고 있다.
○ 이들 중 제주도에서 주로 재배되는 '온주밀감'에 병을 일으킬 수 있는 병원형은 FBHR과 FNHR형이다. 스위트오렌지 더뎅이병이나 다른 병원형은 '온주밀감'에 병을 일으키지 못한다.
○ 감귤 더뎅이병균의 유성포자세대는 브라질에서만 유일하게 발견됐고 아직까지 다른 지역에서는 보고된 적이 없다. 분생자경은 격막이 없거나 한 개 혹은 두 개의 격막을 가지고 있으며 분생포자는 두 개의 형태, 즉 투명포자(Hyaline Conidia)와 방추형 포자(Spindle Shaped Colored Conidia)가 존재한다. 투명포자는 크기가 5~8×2~4㎛이며 단세포이고 투명한 타원형 형태를 지니

고 있다. 방추형 포자는 크기가 10~16×4μm이다. 이들은 직접 기주식물에 침입하지 못하지만 빗물이나 바람 등에 의해 다른 곳으로 전파되고 그곳에서 기주식물에 직접 침입할 수 있는 투명포자를 출아에 의해 생성한다.

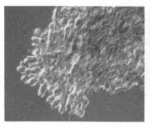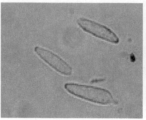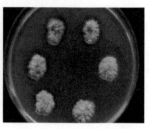

(그림 2-67) 감귤 더뎅이병균의 모습(왼쪽), 투명 포자 및 분생자경(가운데), 방추형 포자(오른쪽) 균총

마. 발생 생태

○ 병원균은 가지나 잎의 병반에서 균사 형태로 월동하며 15℃에서 2일 정도 병반이 젖어 있으면 전염원이 되는 포자가 형성되기 시작한다. 25℃ 내외에서 병 진전속도가 가장 빨라 2.5일이면 첫 병징이 나타나며 35℃ 이상에서는 병이 발생하지 않는다. 포자가 형성된 후에는 식물체 표면이 3시간 정도만 젖어 있어도 병원균이 침입할 수 있다. 재배지에서의 주 월동 전염원은 잎의 병반이며, 병반에서 분생포자가 형성돼 1차 전염원이 된다. 병반에서 형성된 포자는 빗방울 속에 섞여 공중으로 비산하며 원거리까지 이동된다.

○ 방추형 포자는 비록 직접 발아해 병을 일으키지는 못하지만 이슬이 맺히는 아침에 주로 생성돼 바람에 의해 전반된다. 잎은 발아기 때부터 중간 정도 성장했을 때까지가 감수성이 가장 강하며 잎이 완전히 자라 굳어지기 시작하면 병이 전혀 발생하지 않는다. 열매는 낙화해 1~2개월까지가 감수성이 가장 강하지만 낙화 3~4개월 후에라도 조건만 만족되면 발병할 수 있다.

(그림 2-68) 더뎅이병 전염경로

○ 5월 10일을 전후해 봄순에 더뎅이병이 발생하기 시작한다. 5월 20일경까지 봄순에 발생하지 않으면 그해 과원에서는 더뎅이병이 거의 발병하지 않는다고 할 수 있으며 특별히 방제할 필요가 없다. 하지만 봄순에 더뎅이병이 발생하면 기상조건이나 상황에 따라 급격히 번져나갈 수 있기 때문에 방제에 주의한다. 봄순에 발생한 나무가 2~3가지 이상이면 5월 상중순경 방화해충 방제 시기에 더뎅이병 방제 약제를 혼용해 동시방제한다. 그리고 발생이 많은 과원은 5월 하순 잿빛곰팡이병, 6월 중순 검은점무늬병 방제 시 다이센엠-45보다는 더뎅이병 동시방제가 가능한 썬업, 안트라콜, 델란 등을 살포하는 것이 바람직하다. 델란의 경우 기계유 유제와의 살포간격을 25일 정도 유지해야 안전하다.

○ 더뎅이병 방제에서 중요한 것은 정확한 병 발생의 진단이다. 많은 농가에서 볼록하게 튀어나오거나 오목하게 들어가면 더뎅이병이라고 생각하는데 이것은 대부분 더뎅이병이 아니라 검은점무늬병이나 다른 물리·생리적인 요인에 의한 경우가 많다. 더뎅이병은 튀어나온 부분을 손으로 만져보면 거칠고, 통상 회갈색의 딱지 같은 것이 볼록하게 튀어나온 부분이나 오목하게 들어간 부분에 붙어 있다. 따라서 과원에 발생하는 병이 더뎅이병인지 정확하게 확인한 후 방제가 이루어져야 할 것이다. 5월 중순까지 봄순에 더뎅이병이 발생하지 않았으면 그 후로는 거의 더뎅이병 방제가 필요치 않지만 더뎅이병이 봄순에 발생했고 어린 열매에도 간혹 보이면 7월 중순까지도 방제가 필요하다.

(그림 2-69) 더뎅이병 유사 증상

바. 방제

(1) 재배적 방제

○ 저항성 품종 재배가 가장 이상적이라고 할 수 있지만 제주도 내에서 주로 재배되는 '온주밀감'은 감수성이 매우 높은 품종이다. 더뎅이병 방제에 가장 중요한 것은 이병 부위를 제거해 병원균을 옮길 수 있는 전염원을 최대한 줄이는 것이다.

○ 전년도에 감염된 잎이나 가지의 병반에서 이듬해 새로운 병원균이 생성되기 때문에 수확 시나 전정 시 이러한 이병 조직을 최대한 제거해야 한다. 이병조직이 조금이라도 남아 있을 경우 비가 오는 날이 많아서 병 발생에 좋은 조건이 되면 금방 병이 만연될 수 있다. 과원은 햇빛과 바람이 잘 통하도록 하고 다습 조건이 되지 않도록 간벌해 주는 것이 좋다.

(2) 약제 방제

○ 아직까지 제주도 내에 존재하는 더뎅이병균들은 특정 농약에 대해 저항성이 나타난 것 같지는 않다. 더뎅이병 방제 약제를 선정하는 데 가장 중요한 것은 경제적인 면과 타 약제와의 혼용 여부이다. 기계유 유제와의 혼용 여부는 봄철 약제 살포 횟수를 1회 정도 줄일 수 있는 중요한 요소이다.

○ 발아 초기, 비가 오기 전 등 초기에 적용 약제를 살포해야 한다. 더뎅이병의 초기 방제는 열매에 전염원이 되는 새순으로의 감염을 막아주기 때문에 가장 중요하며 이때 방제가 철저하면 이후 방제는 훨씬 용이해진다. 방제 시(특히 초기 방제 시) 응애의 밀도가 잎당 2~3마리일 경우 기계유 유제와 혼용함으로써 농약 살포 횟수를 줄일 수 있다. 더뎅이병 발생이 염려되는 지역에서는 초기 방제 후 꽃이 벌어지기 전에 구리제를 살포해주는 것이 더뎅이병뿐만 아니라 궤양병 방제에도 유리할 것으로 생각된다.

○ 낙화기 이후 장마 직전에 검은점무늬병과 동시방제하면 열매에서 이들 병에 가장 감수성이 큰 시기인 장마기에 병 발생을 막을 수 있다. 병 발생은 7월까지도 계속돼 방제의 필요성이 있지만 8월 이후 정상적인 재배지 조건에서는 크게 걱정할 필요는 없다. 강우일수가 지속될 경우 병이 만연할 수 있기 때문에 주의한다.

검은점무늬병

병원균	*Diaporthe citri*(Fawcett) Wolf
영명	Melanose
일명	コクテンビョウ

가. 기주 및 품종
○ 기주 범위 : 감귤속 식물
○ 품종 : 감귤류 전체에 발병하지만 종류에 따라 약간 차이가 있다. '금감'은 가장 발병하기 쉽고 온주밀감은 중간 정도이다. '온주밀감'보다도 발병이 많은 것은 '이예감', '견피', '감하귤', '스다치', '그레이프프루트', '레몬', '네블오렌지', '청견', '세토카' 등이며 비교적 발병이 적은 것은 '하귤', '탱자', '클레오파트라', '성전', '뽕깡', '부지화' 등이다.

나. 분포
○ 감귤지대에 널리 분포하지만 감귤 생육 기간에 강우가 적은 북아메리카의 캘리포니아, 지중해 연안 등에서는 비교적 발병이 적은 편이다. 제주도에서는 강우가 많은 남동쪽 지역에서 발병이 많은 편이다.

다. 병징
○ 병원균 침입 후 약 1주일 만에 병징이 나타난다. 잎, 가지, 과실에 발병하며 과실에서의 병반 모양은 흑점형, 니괴형, 누반형 세 가지가 있다. 병원균이 침입한 식물의 표피 세포는 침입 부위로부터 6개의 세포층까지 괴사하며 그 속에 딱딱하고 검붉은 고무질 같은 물질이 박혀 있다. 이것이 우리가 보는 대표적인 흑점형 반점이 된다. 낙화기 이전에 감염된 부위는 약간 함몰되며 경우에 따라서는 함몰이 수확기까지 유지되고 그 부위는 푸른색으로 남아 있다가 서서히 착색이 진행된다.
○ 흑점의 크기는 매우 다양해 낙화기 때 감염된 병반은 상대적으로 크며, 과실이 좀 더 자란 상태에서는 상대적으로 작은 병반을 형성해 흑점의 모양도 뚜렷한 작은 돌기모양이 된다. 과실비대기가 거의 끝날 단계에 감염된 조직은 병반이

붉은색을 띠며 상대적으로 흑점 모양이 뚜렷하지 않다. 병원균 농도가 높을 경우 검붉은 딱지나 부스럼 모양이 되는데 이것이 니괴형 병반이며 물이 흐르는 방향으로 형성된 병반을 누반형이라고 한다.

○ 잎의 경우 5월 초중순경 잎이 굳어지기 전 감염되기 시작해 전형적인 검은 점이 박히게 되며 심할 경우 잎이 황화하고 심하게 뒤틀리며 낙엽이 된다. '청견', '부지화', '세토카' 같은 만감류는 잎 표면에 흑점형 병반의 돌기가 심하게 발생해 거친 모래가 붙어 있는 것 같은 모양이 된다. 잎의 병반에서는 전염원이 형성되지 못하기 때문에 병을 전파시키지 못하며, 따라서 잎을 굳이 방제할 필요가 없다.

○ 줄기의 경우 신초나 녹지에 5월 초중순경 이후 감염되기 시작하며 다른 부위와는 다르게 침입 부위에서 균이 살아 있는 경우가 많다. 검은점무늬병의 병징은 감염시기나 과실의 상태, 감염 시 기후조건 등에 따라 매우 다양하게 나타난다. 녹응애 피해, 구리제 등에 의한 약해와도 증상이 매우 유사하다.

(그림 2-70) 흑점형

(그림 2-71) 니괴형

(그림 2-72) 누반형

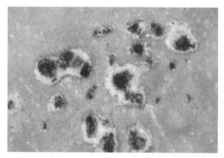
(그림 2-73) 6월경에 감염된 병반

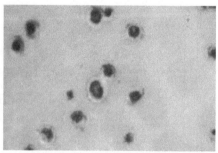
(그림 2-74) 7월 중순경에 감염된 병반

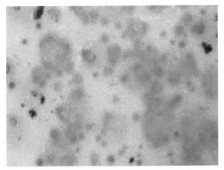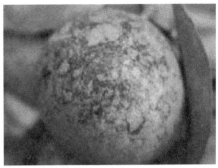

(그림 2-75) 비대최성기가 끝난 8월 이후에 감염된 병반

라. 병원균

○ 검은점무늬병균은 자낭균에 속하는 곰팡이로 자낭포자 세대는 *Diaporthe citri* F. A. Wolf이고 분생포자 세대는 *Phomopsis citri* Fawcett이다. 분생포자인 병포자를 형성하는 병자각은 주로 죽은 가지, 특히 최근에 죽은 가지에 생기며 검은색 타원형·원형이고 크기는 200~450μm이다.

○ 병포자는 두 가지 형태, 즉 알파(α)포자와 베타(β)포자를 형성한다. α포자는 무색 단세포이며 실 크기는 5~9×2~4μm로 기주식물에 직접 침입한다. β포자는 무색 단세포의 모양으로 크기는 20~30×0.7~1.5μm로 발아가 되지 않아 기주 식물을 직접 침입하지는 못한다. 병포자는 습기가 많은 조건에서는 끈끈한 노란색 점액질 덩어리 형태로 병자각으로부터 분출되며 상대적으로 건조한 조건에서는 덩굴손(Tendril) 모양으로 분출된다. 여기에서 나온 포자들은 건조에 상당히 강한 것으로 알려져 있다.

○ 자낭각은 병자각 형성이 거의 끝난 가지에 생기며 검은색이다. 새의 긴 부리 모양으로 끝이 가늘어지며 길이는 200~800μm이다. 자낭은 긴 곤봉형으로 그 안에 8개의 자낭포자가 들어 있다. 각각의 자낭포자는 무색 2포이며 2개의 유구(Guttulae)가 있고 크기는 11~15.5×3~5μm이다. 균사의 발육 최적 온도는 24℃이며 20~28℃에서 4시간이면 발아되기 시작하지만 15℃에서는 10시간이 필요하다.

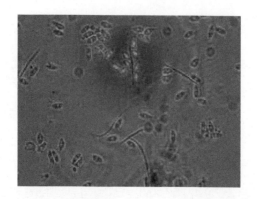

(그림 2-76) 병원균의 알파(α) 포자, 베타(β) 포자의 모습과
고사지에 형성된 노란 점액질의 포자 덩어리

마. 발생 생태

○ 병원균은 병자각이나 자낭각 형태로 월동하며 전염원은 이들에서 생성된 병
포자와 자낭포자이다. 자낭포자는 공기 중에 비산돼 바람에 의해 먼 거리까지
병원균을 전파시킬 수 있지만 병포자에 비해 전염원으로서의 비중은 훨씬 적
은 편이다. 병포자는 나무의 마른 가지나 과원에 방치해둔 죽은 가지에서 생
겨난 병자각에서 생성되며 빗방울과 함께 비산한다. 최근 죽은 가지에서 병원
균이 생성되는 시기는 통상 5월 중순부터이며 6월 중하순부터 8월 상중순까
지 본격적으로 발생한다.

○ 과실의 경우 통상 낙화기부터 낙화 후 5개월까지 발병할 수 있으며 발생 정도
는 수상에 남아 있는 죽은 가지의 양, 과실의 크기(생육단계), 강우나 이슬에
의한 습윤 기간에 따라 다양하다. 죽은 가지나 전정해 버려진 가지에 병원균
이 정착하고 2~3개월 후면 포자를 형성해 전염원이 되며 1년 정도 포자 생성

이 지속된다. 녹지를 침입한 병원균은 죽지 않고 살아 있는 경우가 많으며 녹지가 고사(병원균에 의해 고사하는지는 확실치 않음)한 후 병자각이 형성돼 전염원이 된다.

○ 포자가 열매나 잎에 침입하면 기주식물은 병원균에 대한 방어 작용으로 항균 물질을 분비해 침입한 병원균을 죽이고 그 반응으로 검은 점이 형성되는 것으로 알려져 있다. 따라서 5월에 감염되기 시작하는 잎은 전염원으로서 역할을 못하기 때문에 굳이 방제할 필요가 없다. 포자가 식물 조직을 침입하기 위해서는 24~28℃에서 8시간 이상, 20℃에서는 12시간 이상의 습윤 조건이 필요하며 잠복 기간은 25℃에서 1~2일, 10℃에서는 7일이다. 따라서 강우가 많지 않더라도 오후에 비가 오고 마르지 않은 상태에서 야간 온도가 어느 정도 높을 경우 병 발생에 충분한 조건이 된다.

○ 병 발생 조건이 충족되면 10월 초까지도 발병하지만 특별한 경우를 제외하고는 과실비대기 이후에 저항성을 지니기 때문에 병 발생은 흔치 않다. 하지만 소립검은점무늬병의 경우 8월부터 10월 초까지도 감염되는 것으로 알려져 있다.

(그림 2-77) 검은점무늬병 전염 경로

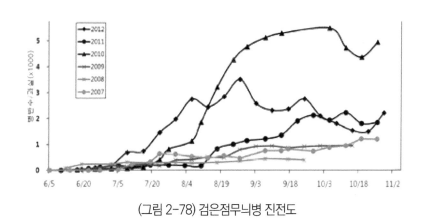

(그림 2-78) 검은점무늬병 진전도

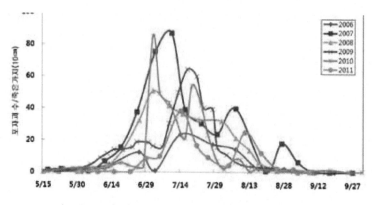

(그림 2-79) 시기별 죽은가지에서의 점염원 생성정도

바. 방제

(1) 재배적 방제

○ 죽은 가지 및 전정가지 제거 : 감귤 병을 방제하는 데 가장 중요한 것은 병이 발생하지 못하도록 재배적인 관리를 철저히 하는 것이다. 검은점무늬병은 죽은 가지에서 형성된 포자에 의해 전염되기 때문에 전염원, 즉 죽은 가지가 많이 남아 있으면 아무리 농약을 대량 살포해도 방제되지 않는 경우가 있다. 수확이나 전정 시 나무에 남아 있는 죽은 가지를 철저히 제거하며, 전정가지들은 과원 주위에 쌓아두지 않고 불태우거나 파쇄해 전염원을 제거함으로써 병발생을 줄일 수 있다.

○ 습윤 기간 최소화 : 병 발생에 가장 중요한 것은 강우량이 아니라 식물 표면의 습윤 기간이다. 강우나 이슬 등에 의해 습도가 높아지면 물기가 얇은 층을 형성해 식물체 표면을 감싸며 이때 병원균 포자가 발아하기 시작한다. 따라서 식물체 표면의 습윤 기간을 가능한 한 짧게 해주어야 한다. 강우 후나 아침에 이슬이 맺힌 후에는 물기가 빨리 마를 수 있도록 통풍이 잘되고 햇빛이 잘 들도록 해주며 이를 위해 간벌을 하고 방풍수를 가능한 한 낮게 관리해주는 것이 병 발생을 줄일 수 있는 중요한 요소이다.

(2) 약제 살포

○ 지역에 따라 차이는 있지만 최근의 낙화기는 5월 중순에서 말경으로 이때부터 8월 하순 사이에 15~20일 간격이나 200~250mm의 누적 강우 시마다 4~5회

약제를 살포한다. 약제는 반드시 비가 오기 전에 살포해야 하며 뿌려진 약제는 식물체 표면에서 건조돼야 그 효과를 발휘할 수 있다. 최근 들어 검은점무늬병은 6월 상중순보다 8월 중하순 방제의 중요성이 더 커지고 있다. 하지만 여전히 6월 상중순 방제를 생략할 수는 없고 특히 극조생의 경우 6월 상순 방제가 반드시 필요하다.

○ 첫 방제는 강우가 많은 제주도 남동부 지역(연평균 강수량 1,600mm 이상 지역, 그림 2-80의 연두색 지역)은 6월 상중순부터, 그 외 지역(연평균 강수량 1,600mm 이하 지역, 그림 2-80의 고동색 지역)은 6월 중순부터 실시하는 것이 바람직하다.

○ 방제 약제로는 봄순에 더뎅이병 발생이 있는 과원의 경우 더뎅이병과 동시방제가 가능한 약제(상표명 : 썬업, 안트라콜 등)를, 더뎅이병이 없는 과원은 만코지(상표명 : 다이센엠-45 등)를 사용하는 것이 유리할 것으로 생각된다. 다이센엠-45를 살포할 경우 기계유 유제 1,000배를 혼용(다이센엠-45, 50말당 기계유 유제 1L)해 살포해주면 과실에 다이센엠-45 성분이 훨씬 오래 부착된다. 다이센엠-45 단용으로 살포한 것보다 방제 효과도 좋다.

○ '세토카' 등의 만감류는 검은점무늬병에 약하기 때문에 시설하우스 내에 재배해도 연 3회 정도 방제가 필요하다.

〈표 2-11〉 파라핀 오일 첨가에 의한 과피에서 만코지 성분의 부착 정도(2010)

처리명	만코지량(μg/엽 cm^2)		
	1일 차	15일 차	25일 차
만코지 500배	8.7 ± 4.2 c	1.30 b	0.40 b
만코지 500배+기계유 유제 1,000배	18.3 ± 13.3 bc	3.69 a	1.85 a
만코지 500배+기계유 유제 400배	8.8 ± 2.4 c	3.95 a	1.69 a
만코지 500배+전착제 2,000배	11.5 ± 5.7 c	1.47 b	0.42 b
무처리	29.8 ± 6.3 b	0.25 c	0.21 b

〈표 2-12〉 파라핀 오일 첨가에 의한 만코지 수화제의 검은점무늬병 방제 효율 증진 효과

처리명	이병도
만코지 500배 6회	8.7 ± 4.2 c
만코지 500배 5회	18.3 ± 13.3 bc
만코지 500배+기계유 유제 1,000배 5회	8.8 ± 2.4 c
만코지 500배+기계유 유제 400배 5회	11.5 ± 5.7 c
만코지 500배+전착제 2,000배 5회	29.8 ± 6.3 b
무처리	75.6 ± 4.9 a

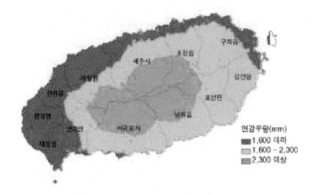

(그림 2-80) 제주도 연평균 강수량 분포도(기상청 강수량 분석, 1971~2000)

잿빛곰팡이병

병원균	*Botrytis cinerea* Pers.:Fr.
영명	Gray mold, Botrytis-induced diseases
일명	灰色かび病

가. 기주 및 품종

○ 기주 범위 : 감귤류, 채소 및 화훼 등

○ 품종 : 많은 감귤류가 감수성이지만 특히 레몬류가 가장 약한 것으로 알려져
있다.

나. 분포
○ 감귤 재배 지대에 널리 분포하지만 거의 문제가 되지 않고 다만 강우가 많은 지역에서 발생이 많다. 우리나라나 일본처럼 시설재배 감귤에서 문제가 된다.

다. 병징
○ 잿빛곰팡이병은 가지에서도 발생하지만 주로 꽃이나 작은 열매에 발생한다. 서늘하고 습윤한 기상 조건이 되면 꽃잎을 침입해 거기에서 증식하고 자라난 균사나 포자가 어린 과실에 침입해 꽃잎과 열매를 진한 갈색으로 부패(blossom end rot of the fruits)시키며 약간 건조하면 그 부위에 회녹색의 균사와 포자가 형성된다.
○ 최초 병원균이 침입한 꽃과 열매에서 가지 쪽으로 확산돼 열매자루(Pedicel)까지 진전되면 열매는 낙과한다. 병 발생 조건이 지속되면 가지 부분까지 확산돼 가지 마름 증상을 일으키는 경우도 있다. 낙화기에 이병돼 고사된 꽃잎을 통해 어린 과실에 감염되면 바람에 의해 잎이나 가지 등에 긁힌 것과 유사한 상처를 남겨 상품 가치를 떨어뜨린다.
○ 하우스재배 감귤의 경우 잿빛곰팡이병 증상은 감귤 균핵병과 매우 유사하다. 잿빛곰팡이병은 주로 꽃이나 열매에서 시작되고 균핵병은 가지에서 시작돼 꽃이나 열매로 진전되는 경우가 많다. 균핵병은 초기에 하얀 균사가 발생하고 그 균사들이 뭉쳐서 검은색 균핵을 형성하며 투명하고 진한 고동색 수지가 흐른다. 반면 잿빛곰팡이병은 감염된 조직에서 균핵을 거의 형성하지 않으며, 회녹색 균사와 그 균사 끝에 포자들을 형성하는 것이 특징이다.
○ 부지화 시설재배에서도 수확기 과실에 잿빛곰팡이병이 발생한다. 발생 초기에 과실 꼭지 부위의 홈 주위가 갈색 또는 연한 고동색으로 변색되면서 썩기 시작해 점차 병반이 확대된다. 이때 녹색곰팡이에 의해 2차 감염이 되기도 하며 곧 낙과된다.

(그림 2-82) 낙화기에 감염된 온주밀감 병징(왼쪽, 가운데)과 수확기 병반(오른쪽)

○ 잿빛곰팡이병은 저장 과실에도 발생하는데 썩은 부위가 갈색이나 가죽색으로 변하며 고약한 냄새는 나지 않는다. 저장병에서 잿빛곰팡이병의 가장 큰 특징은 회녹색 균사가 과피에 돋아나고 거기에 분생포자를 형성시킨다는 것이다. 잿빛곰팡이병은 접촉에 의해서도 쉽게 건전 과실에 전염돼 부패를 일으킨다.

(그림 2-83) 잿빛곰팡이병에 걸린 과실

라. 병원균

○ 불완전균에 속하는 곰팡이(*Botrytis cinerea* Pers.:Fr.)로 분생포자와 균핵을
형성한다. 분생자경은 균사 또는 균핵에서 직립해 생기고 회갈색이며 격막이
있다. 정단부는 나뭇가지 모양으로 분지하고 그 끝은 원형으로 팽대(膨大)돼
있다.

○ 분생포자는 팽대한 분생자경의 정단부에 생기는 여러 개의 작은 돌기 위에 한 개
씩 착생된다. 분생포자는 원형 또는 곤봉형의 무색 단세포이며 크기는 6~18×
4~11μm이다. 균핵은 암갈색 또는 검은색이다.

마. 발생 생태

○ 잿빛곰팡이병균은 잎, 꽃, 가지, 열매 같은 잔재물이나 토양 속에서 균사 또는
균핵의 형태로 월동하며 바람, 물, 곤충 같은 수단에 의해 포자가 기주체로 전
반된다. 병원균이 많을 경우 직접 기주식물에 침입하지만 대부분은 상처를 통
해서 침입하는 것으로 알려져 있다. 상처가 없는 건전한 과실이나 가지의 표
피를 통해서 침입하기는 매우 어렵지만 꽃은 상대적으로 조직이 연약하며 상
처도 많이 생길 수 있기 때문에 주된 침입구가 되며 꽃을 통해 과실과 가지까
지 병이 진전된다.

○ 부지화의 경우 착색기 이후 산 함량을 감소시키기 위해 관수할 때 꼭지 부위의
홈에 물이 고이고 여기에서 감염이 시작된다. 균의 생장, 포자 형성과 비산, 발
아, 침입을 위한 최적조건은 18~23℃의 선선하고 습윤할 때이다.

바. 방제

(1) 재배적 방제

○ 일단 발병이 시작되면 빠르게 진전돼 방제가 매우 어려우며 기온이 선선하고
습윤한 조건이 계속되면 농약을 살포해도 방제되지 않는 경우가 많기 때문에
무엇보다도 예방이 중요하다.

○ 하우스재배 감귤의 경우 토양에 짚 같은 것으로 피복하거나 환기를 철저히 해
낙화기에 하우스 내 습도가 높지 않도록 함으로써 식물체 표면을 건조한 상태
로 유지하는 것이 매우 중요하다. 이병 조직을 조기에 제거하는 것도 좋은 방
법이다.

○ 스프링클러 등을 이용한 수관 상부로부터의 관수는 될 수 있는 한 피한다. 꽃이 주된 침입 경로이기 때문에 저습도 조건에서 꽃떨기 작업이 효율적으로 이루어져야 한다.

○ 흐린 날씨가 계속돼 주위 환경이 병 발생에 좋은 조건이 됐을 경우 약제를 살포한다. 이때 중요한 것은 오전 중에 약제 살포를 완료해 오후에는 약액이 완전히 마르도록 철저히 환기시켜야 한다는 것이다. 만약 약액이 마르지 않을 경우 병이 더 심해질 수 있으므로 주의한다.

(2) 약제 방제

○ 노지감귤의 경우 낙화기에 강우일수가 많고 공기 중 습도가 높아지면 많이 발생하기 때문에 낙화기에 1회 정도 그리고 하우스재배일 경우 1~2회 약제를 살포해주는 것이 좋다.

○ 잿빛곰팡이병균은 약제 저항성이 쉽게 나타나고 약제 저항성 균들이 많이 보고되고 있기 때문에 한 가지 약제를 연속해 사용하는 것은 금한다.

○ 감귤잿빛곰팡이병에 등록된 살균제를 농약 안전사용기준에 맞춰 살포한다.

역병

병원균	*Phytophthora citrophthora*(R. E. Smith & E. H. Smith) Leonian *P. nicotianae* Breda de Haan.
영명	Brown rot, gummosis, foot rot
일명	褐色フハイ病

가. 기주 및 품종

○ 기주 범위 : 감귤류, 채소, 화훼작물 등

○ 품종 : '레몬', '라임', '스위트오렌지', '자몽' 등은 감수성이 크고 탠저린 계통은 저항성이다. '클레오파트라만다린', '사워오렌지', '러프레몬', '캐리조시트레인지' 등의 대목은 역병에 비교적 강한 편이며 '탱자', '스윙글시트로멜로' 등은 고도의 저항성을 지닌다.

나. 분포
○ 감귤재배 지역에 널리 분포한다.

다. 병징
○ 과실 역병은 주로 9월 초부터 10월 초까지 발생하지만 장마 기간 중 침수되는 지역에서는 6~7월에도 발생하며 이때는 열매뿐만 아니라 어린 가지나 잎에서도 생긴다.
○ 첫 병징은 강우 4~7일 후에 나타나는데 표피가 연한 갈색으로 변해 점차 그 부위가 약간 딱딱해지고 마치 가죽 같은 색이 된다. 습한 날씨가 계속되면 그 표면 위로 하얀색 균사가 생성되고 고약한 냄새가 나며 곧 낙과된다.

(그림 2-84) 역병에 걸린 과실(왼쪽-온주밀감, 오른쪽-부지화)의 모습

○ 지제부에 발생하는 역병은 전체적으로 수세를 약화시켜 잎이 황화되거나 낙엽된다. 병 발생 부위에 수지가 흐르고 그 부위의 껍질을 벗겨 보면 갈색으로 썩어 있다.

(그림 2-85) 신초에서의 병반　　(그림 2-86) 역병에 의해 낙과된 모습　　(그림 2-87) 역병에 걸린 유자의 줄기 밑둥

라. 병원균

○ 병원균은 난균류에 속하는 곰팡이로 전 세계적으로 P. citrophthora, P. nicotianae, P. palmivora, P. citricola 등이 감귤에 역병을 일으키는 것으로 보고되고 있다. 제주감귤을 조사한 결과 과실의 병반에서는 *P. citrophthora*이 발견되고 있으며 땅가줄기썩음병반에서는 *P. nicotianae*만이 분리되고 있다. *P. citrophthora*는 감자한천배지에 배양했을 경우 꽃잎 모양의 균총을 형성한다. 포자낭의 모양은 타원형, 계란형, 구형 등으로 매우 다양하고 크기는 35~60×27.5~35µm(평균 48.3×26.3µm)이며 유두돌기는 있지만 뚜렷하지 않다(Semipapillate). 균사의 생장 적온은 23~25℃ 내외이며 35℃에서는 자라지 못한다.

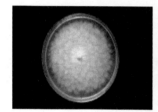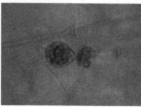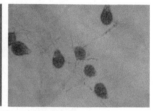

(그림 2-88) Phytophthora citrophthora의 균총 및 유주자 포자낭의 모습

○ *P. nicotianae*는 기중균사가 솜털같이 돋아난 균총 모양을 하고 있다. 유주자 포자낭은 뚜렷한 유두돌기가 있고(Papillate) 모양은 난형, 구형 등으로 다양하며 지름은 36~50×24~40µm(평균 42.0×32.0µm)이다. 35℃에서는 자라지만 4℃에서는 자라지 못하고 난포자의 크기는 21~23µm이다.

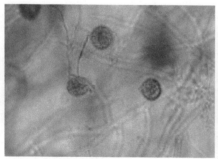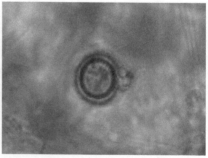

(그림 2-89) *P. nicotianae*의 유주자 포자낭(왼쪽)과 난포자(오른쪽)의 모습

마. 발생 생태

○ 1998년과 1999년에 재배지에 따라 돌발적으로 과실에 역병이 많이 발생해 큰 피해를 준 적이 있으며, 부지화재배 하우스에서도 재배지에 따라 크게 피해를 주는 경우가 있다. 따라서 역병은 앞으로도 돌발적으로 발생해 큰 피해를 줄 가능성이 있다.

○ 병원균은 토양 중에 난포자, 후막포자, 균사의 형태로 월동하다가 물기가 있으면 유주자 포자를 형성한다. 유주자 포자는 토양과 함께 빗물에 의해 튀어오르면서 1차 전염원이 돼 수관 하부의 과실부터 감염시키기 시작한다. 감염 조직으로부터 빗물이 바람에 튀어오르면서 수관 상부까지 감염된다.

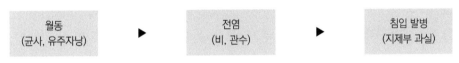

(그림 2-90) 감귤 역병 전염 경로

바. 방제

(1) 재배적 방제

○ 빗물이 튀지 않도록 짚이나 비닐로 토양을 피복해주는 것이 좋으며 이병 조직은 2차 전염원이 되기 때문에 가능한 한 빨리 없애야 한다.

(2) 약제 살포

○ 병 발생은 물이 잘 빠지지 않는 과습지, 침수지 등에서 많다. 병 발생 상습 지역이나 우려되는 과원은 예방 차원에서 약제를 살포해주는 것이 좋다.

○ 역병은 일단 발병하면 약제를 살포해도 잘 방제되지 않기 때문에 사전에 예방하는 것이 중요하다.

○ 사용 약제로 사이조파미드 액상수화제, 아메톡트라딘.디메토모로프 액상수화제, 디메토모르프.피라클로스트로빈 액상수화제가 등록돼 있다(2019년 기준).

소립검은점무늬병

병원균	*Diaporthe medusea* Nitsehke *Alternaria citri* Ellis & N. Pierce
영명	Melanose-like blemish
일명	ショコクテンビョウ

가. 기주 범위 및 품종
○ 기주 범위 : 감귤류
○ 품종 : 주로 '온주밀감'에 발생한다.

나. 분포
○ 감귤재배 지대에 발생하는데 일본, 한국 등 '온주밀감' 재배지에 많이 분포한다.

다. 병징
○ 보통 0.02~0.08mm로의 작고 검은 점들이 과피의 유포 사이에 발생하며 심할 경우 그물망과 같은 모양이 된다.
○ 착색 전에는 병징이 거의 눈에 들어오지 않다가 착색이 시작되면서 감염 부위의 착색이 지연돼 푸른색이 남아 있다. 대부분의 경우 착색이 진전됨에 따라 점차 푸른색이 사라져서 상품 가치에는 크게 영향을 주지 않지만 심할 경우 수확 시까지 착색이 안 되고 그물망을 형성한 흑점 증상들로 인해 상품성이 떨어지기도 한다.

(그림 2-91) 유포 주위로 형성된 병반 모습

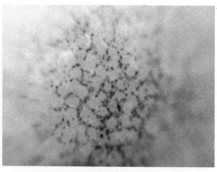

(그림 2-92) 심하게 감염되어 그물 망상형이 된 병반의 모습

라. 병원균

○ 소립검은점무늬병은 *Diaporthe medusaea* Nitschke와 *Alternaria citri* Ellis & N.Pierce 두 가지 병원균에 의해 발생한다고 일본에서 보고됐는데, 병원균에 대해서는 여러 가지 주장이 제기되고 있다. 미국에서는 전형적인 검은점무늬병균인 D. citri와 소립검은점무늬병을 일으키는 *D. medusaea*가 동일한 균이라고 주장하는 반면 일본에서는 자낭포자와 알파(α)포자의 크기, 병징, 배양적 특성, 교배 친화성(Mating Compatibility)에 따라 소립검은점무늬병을 일으키는 *D. medusaea*와 검은점무늬병을 일으키는 D. citri는 엄연히 다르다고 주장하고 있다.

○ D. *medusaea*는 죽은 가지의 표피층이나 목질부에 단독 또는 집단으로 병자각을 돌출시킨다. 병자각의 직경은 250~800μm이고 길이는 3~7mm이다. 자낭포자는 투명한 장타원형으로 하나의 격막을 가지며 크기는 38~58× 7~10μm이다. 또한 표피 세포 밑에 형성되는 병자각은 크기가 150~500μm이며 병포자인 알파(α)포자와 베타(β)포자를 생성한다. α포자는 투명한 장타원형의 단세포로 크기는 5~9×1.5~3μm이며 β포자는 나선형의 단세포로 크기는 17~36×0.7~1.5μm이다(A. citri는 검은썩음병 참조).

마. 발생 생태

○ *D. medusaea*균은 검은점무늬병과 마찬가지로 마른 가지에서 월동하며 검은점무늬병보다 균사 생장이 빨라 과경지 등의 작은 가지에도 빨리 기생해서 번식한다. A. citri균은 강우 후 과경지나 고사한 어린 과실의 표면에 흑색 분생포자를 다수 형성한다.

○ 두 병원균 모두 강우 시 보균지로부터 다량의 포자가 발생해 농후 감염 시 발병한다. *D. medusaea*균은 6~8월에, A. citri균은 8~10월에 감염돼 피해를 준다.

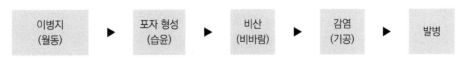

(그림 2-93) 소립검은점무늬병 전염 경로

바. 방제
○ 검은점무늬병과 동일하다.

수지병

병원균	*Diaporthe citri* F. A. Wol
영명	Gummosis
일명	ショコクテンビョウ

가. 기주 범위 및 품종
○ 기주 범위 : 감귤류
○ 품종 : 모든 감귤류에 발생할 수 있다.

나. 분포
○ 모든 감귤 재배지

다. 병징
○ 나무 전체 또는 줄기 부분이 갑자기 고사해 열매가 달린 채로 그리고 잎은 푸른색이 남아 있는 채로 말라 버린다. 또한 전정한 부위부터 검붉게 썩어들어가는 경우도 있다.
○ 병환부는 주로 주간, 가지가 갈라지는 지점, 전정 부위, 냉해나 강한 햇빛에 의해 피해를 받은 부분 등이다. 이때 병환 부위에서는 맑은 고동색 수지가 흐르며 병환부를 칼로 벗겨보면 표피와 목질부가 썩어 있고 건전한 부위와의 경계가 뚜렷해 마치 띠를 형성한 것 같다.

(그림 2-94) 수지가 흐르는 모습과 그 부위가 썩어 들어가는 모습

(그림 2-95) 나무 전체가 고사하는 모습

라. 병원균

○ 병원균은 *Diaporthe* sp.로 알려져 있지만 수지 증상에서 분리된 균이 감귤 검은점무늬병균(*Diaporthe citri*)과 매우 흡사하고 과실에 검은점무늬병을 일으키는 것으로 미루어볼 때 수지병균과 검은점무늬병균은 같은 균으로서 *Diaporthe citri*라고 여겨진다.

마. 발생 생태

○ 수지병균은 병원성이 강한 균은 아니지만 일소, 건조, 한해 등에 의해 수세가 약힐 경우 발생한다. 비료가 토양에 떨어지지 않고 나무줄기 사이에 쌓여 농 도장애를 받았을 경우에도 발생할 수 있다.

○ 전정한 부위를 통해서도 침입할 수 있다. 특히 하우스재배에서 극단적인 단수 나 과도한 결실로 수세가 약해졌을 때 발병할 수 있으며 냉기류가 흐르는 곳 은 노지재배에서 하우스재배로 전환한 경우에도 계속 병이 발생할 수 있다.

바. 방제

○ 수세를 강하게 유지함으로써 병원균 침입을 사전에 봉쇄하는 것이 가장 중요하다. 특히 하우스재배에서는 과다 결실 및 수분 스트레스로 수세가 급격히 저하되지 않도록 하고 수확 후 수세를 회복시키는 것이 무엇보다 효과적이다.

○ 가급적 빨리 죽은 조직을 칼로 완전히 도려내고 톱신페스트를 발라주는 것이 좋다. 고온기에 전정할 경우에도 전정 부위로 전염될 수 있으므로 상처 난 곳에는 반드시 톱신페스트를 발라준다.

온주위축바이러스

병원균	*Satsuma dwarf virus*(SDV)
영명	Satsuma dwarf
일명	ウンシュイシュクビョウ

가. 기주 범위 및 품종

○ 기주 범위 : 감귤속, 탱자속, 기타 근연속 식물, 아왜나무, 담배, 피튜니아, 토마토, 강낭콩, 완두콩, 참깨, 콩 등

○ 품종 : '온주밀감', '세토카', '부지화', '이예감', '하귤', '네블오렌지', '삼보감', '곡천문단' 등에 발병한다.

나. 분포

○ 한국, 일본, 중국, 터키, 모로코, 동남아시아 '온주밀감' 재배 지역에 분포한다.

다. 병징

○ 봄순이 보트형 또는 숟가락 모양 등으로 기형이 되고 건전 잎보다 작아진다. 증상이 심해지면 마디 사이가 짧아지고 가지가 총생하지만 25℃ 이상에서는 병징이 발현되지 않는다.

○ 이들 증상들은 주야간 온도차가 심할 경우 발생하는 기형 잎 그리고 제초제 피해에 의한 기형 잎 등과도 매우 유사하다.

(그림 2-96) 온주위축바이러스에 의해 기형이 된 잎

(그림 2-97) 온주위축바이러스에 걸린 세토카

라. 전반

○ 접목에 의해 쉽게 전염되며, 전정가위 등에 의해서도 전염될 수 있다. 토양전염이 되지만 그 매개체는 확실히 밝혀져 있지 않다.

마. 발생 현황

○ 온주위축바이러스(SDV)는 코모비리데(Comoviridae) 그룹에 속하는 바이러스로 1952년 일본에서 처음으로 밝혀졌으며 수세 약화, 수량 감소 등의 피해가 있는 것으로 알려져 있다.

○ 제주의 '온주밀감' 중 15% 정도가 감염된 것으로 알려졌지만 아직까지 정확한 피해 규모에 대해서는 조사가 돼 있지 않다.

○ 최근 제주도에서 재배가 확산되고 있는 '세토카' 품종에서는 온주위축바이러스 감염에 의한 피해가 심한 실정이다. 온주위축바이러스는 감귤모자이크바이러스(*Citrus mosaic virus*), 하귤위축바이러스(*Natsudaidai dwarf virus*, NDV), *Navel infectious mottling virus*(NIMV)와 밀접한 동질성이 있어서 ELISA와 같은 혈청학적 진단 방법으로는 구분할 수가 없다.

바. 진단 및 방제

○ 청명아주(*Chenopodium quinoa*), 백참깨의 접종 부위에 괴사 반응을 일으킨다. 최근에는 감귤의 4개 바이러스를 동시에 진단하는 복합진단법이 개발되어 바이러스 진단에 사용되고 있다.

○ 이병주는 제거하며 토양 전염이 되기 때문에 이병주가 있던 동일한 장소에 건전한 나무를 재식하지 않는 것이 좋다. 건전한 접수를 사용하며 방풍수로는 아왜나무(*Viburnam odoratissimum*)를 사용하지 않는다. 또한 전정가위는 락스에 소독하여 사용한다.

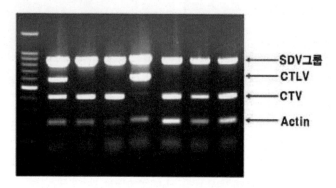

(그림 2-98) RT-PCR에 의한 온주위축바이러스(SDV), 갈색무늬오갈병(CTV),
접목부이상증(CTLV) 동시 검정

감귤모자이크바이러스

병원균	*Citrus mosaic virus*(cimv)
영명	Citrus mosaic
일명	カンキツモザイクビョウ

가. 기주 범위 및 품종
○ 기주 범위 : 감귤속, 두과, 담배, 꽈리 등
○ 품종 : '온주밀감' 특히 '궁본조생' 같은 극조생 계통에서 많이 발생하며 '흥진', '궁천' 같은 조생 감귤에서도 나타난다. 최근에는 '청견'에서도 발생하고 있다.

나. 분포
○ 한국, 일본, 동남아시아 등 일부 만다린 재배 지역에 분포한다.

다. 병징

○ 온주위축바이러스와 매우 유사해 혈청학적으로는 구분이 안 된다. '궁본조생' 같은 극조생 계통에 주로 발생하지만 조생 계통인 '궁천'이나 '흥진'에서도 증상이 발생한다. 최근에는 탄골류인 '청견' 품종에서도 문제가 되는 경우가 있다. 병에 걸린 과실은 표피가 딱딱해지고 얼룩무늬 반점과 담백화 현상 때문에 상품화하지 못한다. 동일한 이병주에서도 매년 병징이 나타나지는 않는다.

○ 착색기에 담녹색의 얼룩무늬 반점이 나타나기 시작하며 시간이 경과해 착색이 완료되는 시점에는 얼룩무늬 반점이 사라지고 그 부분의 유포가 갈변돼 함몰되기도 한다.

○ '궁본조생' 같은 극조생 계통이 이 바이러스에 약하며 이병과는 대부분 낙과되지만 조생 계통인 '궁천'이나 '흥진'은 낙과되는 경우가 드물다.

〈표 2-13〉 모자이크바이러스가 과실의 품질에 미치는 영향

	산 함량	당 함량	경도(g-force)
건전과	0.90 ± 0.06 a	9.06 ± 0.28 a	636.5 ± 39.1 a
이병과	0.84 ± 0.04 a	8.49 ± 0.42 a	1618.3 ± 305.5 b

〈표 2-14〉 모자이크바이러스가 과실의 품질에 미치는 영향

	과육중/과중(%)	바람들이 정도※
건전과	77.3 ± 1.7 a	0.9 ± 0.2 a
이병과	70.7 ± 0.6 b	2.9 ± 0.4 b

※ 입화증과 사양건조증

(그림 2-99) 과피에 나타난 얼룩무늬 반점   (그림 2-100) 유포가 갈변되어 함몰된 모습

(그림 2-101) 세토카(천혜향)에서의 감귤모자이크바이러스 증상

라. 병원바이러스

○ 입자는 구형으로 크기는 27~28nm이다. 조즙액에 있어서 불활성 온도, 희석한
  도, 보존한도는 '온주밀감'에서 각각 50~55℃, 100~500배, 12~24시간이다.

○ 온주위축바이러스, 네블반엽모자이크바이러스, 하귤위축바이러스와는 혈청
  관계를 가진다. 초본검정식물로는 참깨가 좋지만 두과, 담배과 식물에도 감염
  해서 증상을 나타낸다. ELISA검정도 가능하다.

마. 발생 생태

○ 접목 전염과 즙액 전염을 한다. 바이러스에 보독된 접수를 이용해 접목할 시에
  는 결실 초기부터 증상이 발현되지만 토양감염 시에는 증상이 늦게 나타난다.
  연차별 발병 차이가 심하게 날 때도 있지만 보독이 돼 있어도 증상이 거의 나
  타나지 않는 경우도 있다.

○ 주로 8~9월에 흐린 날이 많거나 비가 많을 때 발생이 많은 경향을 보이며 수
  관 내부나 아래 가지 등 햇볕이 잘 들지 않는 음지부에 달린 과실에서 많이 나
  타난다.

바. 방제

○ 온주위축병에 준한다.

접목부이상병

병원균	*Citrus tattler leaf virus*(CTLV)
영명	Bud – union disorder
일명	ツギキブイジョウビョウ

가. 기주 범위 및 품종
○ 기주 범위 : 감귤속, 청명주, 동부 등
○ 품종 : 스위트오렌지, 사워오렌지, 자몽, 만다린, 레몬 등이 강력한 기주이며 멕시칸라임, Citrus excelsa, citrange 등에서도 병징이 나타난다. 만다린에 속하는 '온주밀감'에서는 주로 '궁본조생', '시환조생' 등 극조생 온주에 많이 발병한다.

나. 분포
○ 한국, 일본, 중국, 대만, 동남아시아 감귤 재배 지대, 미국 등

다. 병징
○ 대목과 접수 간의 불친화로 접목 부위 바로 위의 접수 부위가 팽대하고 그 부분의 껍질을 벗겨보면 대목과 접수 사이에 뚜렷한 이층이 생겨 있다. 이는 잎에 생긴 동화 산물이 뿌리로 이동하는 것과 뿌리에서 흡수한 양수분들이 상부로 이동하는 것을 방해해 결과적으로 수세가 약화된다.
○ 어린 묘목의 경우 황화되고 강한 바람이나 약간의 충격에도 쉽게 그 부위가 부러진다. 감염된 모든 나무가 불친화 증상을 보이지는 않으며 경우에 따라 잎이 작아지고 수세가 약해지기만 하기도 한다. 또한 멕시칸라임, Citrus excelsa, Citrange 등에서는 잎이 부분적으로 황화되고 뒤틀리는 증상을 보인다.

(그림 2-102) 접목 부위의 팽대 (그림 2-103) 대목과 접수 사이의 뚜렷한 이층 (그림 2-104) 수세 약화

라. 병원바이러스

○ 캐필로바이러스 그룹에 속하며 입자는 막대기 모양이고 길이는 650nm 정도이다. 외가닥 RNA 바이러스이며 6,496 nucleotides로 구성돼 있다. 불활성 온도는 65~70℃이고 희석한도는 10-3~10-4, 보존한도는 4~8일이다.

○ 목본검정식물로 엑셀사나 러스크시트레인지가 좋으며 동부나 강낭콩 등 초본식물로도 검정이 가능하다. 병원바이러스는 주간 40℃, 야간 30℃의 변온조건으로 3개월간 열 처리 시 무독화가 가능하다.

마. 발생 현황

○ 감귤갈색줄무늬오갈병은 바이러스병으로 감귤 원산지인 아시아에서 기원된 것으로 알려져 있으며 감귤을 재배하는 세계 모든 지역에서 발생하고 있다. 특히 '사워오렌지'를 대목으로 사용하는 품종에서 문제가 매우 심각해 남미나 미국 등지에서 수백만 그루의 감귤나무가 고사하는 등 가장 심한 피해를 주는 병해 중 하나이다. 다행히도 제주도의 주품종인 '온주밀감'은 감귤갈색줄무늬 오갈병에 저항성을 가지고 있어서 이 바이러스에 감염돼도 거의 병징이 나타나지 않는다.

○ 실제로 제주도 '온주밀감'의 감귤갈색줄무늬오갈병의 감염률을 조사한 결과 약50% 가까이 감염돼 있어도 거의 문제가 일어나지 않았다. 만감류, 특히 '유자'·'팔삭' 등은 이 바이러스에 매우 약한 것으로 보고되고 있으며 '부지화' 등은 중간 정도의 저항성을 가지고 있다.

바. 방제

○ 클로스테로바이러스 그룹에 속하며 입자는 끈상이고 크기는 2,000×10~11nm이다. 강독계와 약독계가 있는데 양자 간에는 강한 간섭효과가 있어 본 병의 방제에 이용된다. 실제로 일본에서는 M16이라는 CTV 약독계 바이러스를 무독묘에 선접종해 묘목을 보급함으로써 강도계 바이러스의 방제에 사용하고 있다.

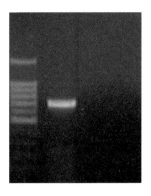

(그림 2-105) RT-PCR에 의한 검정

사. 바이러스 진단

○ 감귤갈색줄무늬오갈병 진단은 지표식물을 이용한 생물검정, 항혈청을 이용한 방법, 유전자를 이용한 방법 등 크게 세 가지로 구분할 수 있다.

○ 생물검정 : 바이러스 이병주에 '멕시칸라임(Mexican lime)'을 접수로 해 접목하면 '멕시칸라임'에 엽맥투명화(Vein-clearing)가 발생한다. '멕시칸라임'은 모든 갈색줄무늬오갈병의 병원형에 증상을 나타내며 병원형에 따른 생물검정을 위해서는 특이한 지표식물들이 각각 필요하다. 유묘를 황화시키는 갈색줄무늬오갈병을 위한 지표식물로는 '사워오렌지'나 '유레카레몬'이, 급격한 고사를 일으키는 바이러스에는 '사워오렌지'를 대목으로 한 '스위트오렌지'가, 스템피팅을 유도하는 바이러스를 위한 검정에는 던칸그레이프프루트가 사용된다.

○ 항혈청을 이용한 방법 : 대표적으로 ELISA방법이 사용되며 가장 많이 쓰이는 검정법이다. 특히 단일클론 항혈청인 MCA-13은 스템피팅이나 급격한 고사

를 일으키는 바이러스 개체들과 특이적으로 반응한다.

○ 유전자를 이용한 방법 : 특이 프라이머를 이용한 RT-PCR법이 가장 많이 사용되고 있다. 이외에도 병원형에 따른 바이러스 개체들을 구분하기 위해 SSCP(Single-Stranded Conformational Polymorphism) 등이 이용되고 있다.

아. 바이러스 전반 및 방제

○ 갈색줄무늬오갈병은 접목과 진딧물 등 크게 두 가지 방법에 의해 매개된다. 갈색줄무늬오갈병을 매개하는 진딧물에는 귤소리진딧물(Toxoptera citricida), 목화진딧물(Aphis gossypii), 탱자소리진딧물(T. aurantii) 등이 있다. 제주에서는 주종을 이루는 목화진딧물에 의해 매개되는 것으로 여겨진다.

○ '온주밀감'의 경우 병징이 나타나지 않기 때문에 특별한 방제 수단은 필요치 않다. 다만 '부지화' 같은 만감류의 경우 바이러스 방제 대책이 필요할 것으로 보인다. 우선 접수 채취 시 반드시 바이러스 검정을 거쳐야 하며 고접일 경우 온주밀감 같은 중간 대목의 바이러스 감염 여부를 조사해 바이러스가 없는 대목과 접수하는 것이 1차적으로 중요하다.

○ 바이러스는 진딧물에 의해 매개되기 때문에 진딧물 방제를 철저히 하고 전정가위 같은 작업 도구에 의해서도 매개될 수 있어 다른 과원이나 바이러스 검정이 실시되지 않은 나무에 사용한 적이 있는 전정가위는 물로 5배 희석한 락스 용액에 2~3분간 담가서 바이러스를 소독한 후 사용한다. 약독계 바이러스를 사용하는 방법이 있겠지만 제주도 감귤에 유용한 약독계 바이러스가 아직까지 개발돼 있지 않은 실정이라 일본에서 개발된 약독계 바이러스인 CTV M16을 '부지화'에서 이용하고 있다.

감귤바이로이드

병원체	*Citrus bent leaf viroid, CVd-I-LSS, Hop stunt viroid, Citrus viroid III, Citrus viroid IV, Citrus viroid OS*
영명	Viroid diseases

가. 기주 범위 및 품종
○ 기주 범위 : 감귤류
○ 품종 : '탱자', 'Rangpur lime', '시트론(Citrons)', '레몬' 등이 바이로이드에 약한 품종이다.

나. 분포
○ 감귤재배 지역에 분포한다.

다. 병징
○ 감수성 대목의 겉껍질이 벗겨지고(Bark Scaling) 잎이 황화되며 전체적으로 수세가 약화된다. Bark Scaling 증상이 없는 나무에서도 수세가 약화되고 잎이 황화될 수 있다.

(그림 2-106) 바이로이드 증상

라. 진단 및 방제

○ 감귤류에는 총 7개의 바이로이드가 보고됐는데 제주도 감귤에서는 아직 6개 바이로이드만 검출되고 있다.

○ 감귤바이로이드의 전반은 주로 접목에 의해 이루어지며 전정가위 같은 농기구로도 전염된다고 알려져 있지만 토양·종자 전염은 아직까지 보고되고 있지 않다.

○ 외피단백질이 없기 때문에 항혈청을 이용한 진단법은 사용할 수 없다. Etrog Citron Arizona 861-S1을 이용한 생물검정이 가능하지만 보통 특이 프라이머를 이용한 RT-PCR법으로 진단하고 있다. 따라서 바이로이드병 방제는 사전에 감염이 되지 않도록 주의해 접목 시 건전한 접수를 사용하고 전정가위는 1% 차염소산나트륨용액에 2~3분간 처리해 사용한다.

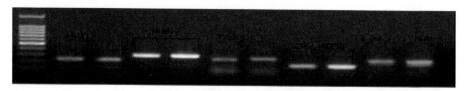

(그림 2-107) RT-PCR에 의한 감귤바이로이드 검정

6. 감 병해

 우리나라 감 병해는 현재까지 국내에서 총 18종류가 보고되고 있으며 그중 경제적으로 피해가 많아 관리해야 하는 것은 탄저병, 둥근무늬낙엽병, 흰가루병 등 3종이다. 감재배 농가에서 생육 초기 5~6월에 걸쳐 집중적으로 약제 방제가 이뤄져야 하며 전년도의 병 발생량이 높은 경우 집중적 약제 방제와 더불어 시비량, 신초 관리 등 재배적 관리에 더 신경을 써야만 효과적인 방제가 가능하다. 생산량에 영향을 주는 병해로는 뿌리혹병과 줄기마름병이 있는데 뿌리혹병은 세균이 병원균으로서 토양 병해이며, 줄기마름병은 습해와 동해 피해로 인해 발병되는 사례가 많다.

〈표 2-15〉 감나무에 발생되는 병해의 가해 부위 분류

병해명	꽃	잎	과실	줄기(가지)	뿌리
탄저병	-	○	◎	◎	-
둥근무늬낙엽병	-	◎	-	-	-
흰가루병	-	◎	-	-	-
모무늬낙엽병	-	◎	-	-	-
줄기마름병	-	-	-	◎	-
잎마름병	-	◎	△	-	-
뿌리혹병병	-	-	-	-	◎

※ ◎ 주로 발병 ○ 드물게 발병 △ 저장 병해 - 발병되지 않음

탄저병(炭疽病)

병원체	*Colletotrichum gloeosporioides* Penz. & Sacc.
영명	Anthracnose

가. 기주 범위 및 품종
○ 기주 범위 : 감나무, 고욤나무 등 1,000여 종
○ 품종 : '부유', '평핵무', '도근조생', '청도반시', '상주둥시', '사곡시' 등은 탄저병에 약하지만 '갑주백목'은 비교적 강한 편이다.

나. 분포
○ 한국, 일본, 중국 등 전 세계에 분포되어 있다.

다. 병징
○ 가지 : 보통 5월경 새 가지에 작은 흑색 반점이 생기며 점점 확대되어 타원형의 암갈색 병반을 형성한다. 이후 중앙부가 약간 함몰된 암갈색의 타원형 병반으로 되다가 가지가 균열되어 갈라진다.
○ 과실 : 처음에 검정색의 작은 반점을 만들고 점차 커져서 중간 부분이 진한 검정색으로 변한다. 건전부와 이병부의 경계가 선명하지 않고 원형~타원형의 작은 병반이 된다. 강우 후 병반 위에 담홍빛 점질물 덩어리인 분생포자층을 만들고 약간 함몰된다.
○ 잎 : 잎자루에 간혹 감염되고 잎에는 아주 드물게 발생하는데 잎맥이 검게 변하게 된다.

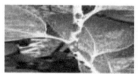

(그림 2-108) 가지 병징(왼쪽 : 초기, 가운데 : 중기, 오른쪽 : 월동기)

(그림 2-109) 과실과 잎 병징(왼쪽 : 초기, 가운데 : 수확기, 오른쪽 : 잎자루)

라. 병원균

○ 분생자층에서 오렌지 색깔의 점질성 분생포자를 형성하는데 분생포자는 길이가 15~28×3.5~6μm 수준으로 격벽이 없고 원통형으로 끝이 둥근 형태를 보인다.

○ 병원균은 병든 부위에 균사의 형태로 월동한다. 4~5월에 비가 많으면 병반 표면에서 분생포자를 형성하는데 드물게는 자낭포자를 형성하기도 한다.

○ 최적 균 생장 온도는 25℃ 전후이지만 9~36℃에서 폭넓게 생존하며 50℃에서 10분간 노출되면 사멸한다.

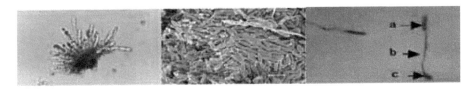

(그림 2-110) 탄저병 병원균(왼쪽 : 분생포자경, 가운데 : 분생포자 덩어리,
오른쪽 : 발아하는 분생 포자 ; a 분생포자, b 발아관, c 부착기)

마. 발생 생태

○ 병반이 과실에 한 개라도 발생되면 조기 낙과되고 그 과실은 수확할 수 없다. 해마다 병해 발생 피해가 증가하는 추세이다. 특히 5~6월에 잦은 비가 올 경우 어린 가지나 어린 과실에 발생이 심하고 9~10월에 비가 자주 오면 과실에 심하게 발생하는 특징이 있다.

○ 분생포자는 비바람에 의하여 전파되고 조직에 전파된 분생포자는 세포 내로 침입하여 7~10일의 잠복 기간을 거쳐 발병한다.

○ 병원균의 생육 적온은 28℃로 연약한 새 가지, 비대가 왕성한 과실 표피에서 발병하기 쉽다.
○ 물 빠짐, 통풍, 채광이 나쁜 과원에서 심하게 발생한다. 질소 비료 과용으로 도장지가 발생한 과원 또한 피해가 심하다.

바. 방제
○ 배수를 철저히 하고 지나친 양의 질소 비료 시용을 피하며 수세 안정을 유지한다.
○ 수관 내부는 햇빛 투과와 통풍이 잘되도록 하여 나무를 건전하게 키운다.
○ 병든 가지와 과실은 1차 전염원이 되므로 속히 제거하여 땅에 깊이 묻는다.
○ 발아 직후에 석회유황합제를 살포하여 월동 병반의 포자 형성을 억제해야 한다.
○ 비가 온 후에 감염이 많이 일어나므로 5월 상순부터 7월 사이, 9월부터 10월 사이 강우 기간, 강우량, 발병 수준 등을 고려하여 약제 방제를 해야 한다.

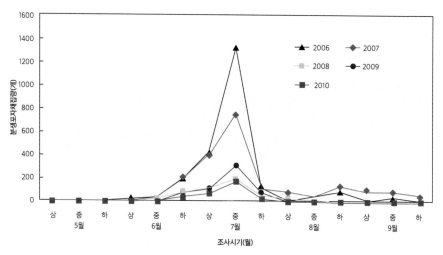

(그림 2-111) 탄저병균 발생량 변화

○ 약제 종류는 계통별로 분류하여 살포하되 동일 계통의 약제를 1년에 3회 이하로 살포하도록 한다.
○ 둥근무늬낙엽병과 흰가루병을 동시에 방제할 수 있는 약제를 사용하는 것이 효율적이다.

둥근무늬낙엽병(圓星落葉病)

병원체	*Mycosphaerella nawae* Hiura & Ikata
영명	Circular leaf spot

가. 기주 범위 및 품종
○ 기주 범위 : 감나무
○ 품종 : 조생종보다는 만생종에서 발생이 많고 '부유'는 감수성 품종이다.

나. 분포
○ 한국, 일본, 중국, 스페인 등

다. 병징
○ 8월 하순 이후 잎에 발생하며 흑갈색의 원형 반점이 생긴 후, 점차 커져 병반이 3~5mm로 확대되지만 때때로 7mm 정도의 큰 병반도 있다.
○ 병반 안쪽은 적갈색이고 주위가 초기에 검은색 띠가 나타난다. 오래되면 녹색 띠로 변하며 병반 주위가 붉게 변한다.
○ 병반이 더 진행되면 급격하게 낙엽되고 과실이 홍시가 되기도 한다.

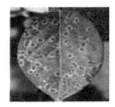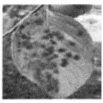

(그림 2-112) 병든 잎(왼쪽 : 초기, 가운데 : 후기, 오른쪽 : 급성 증상)

라. 병원균
○ 분생포자는 타원형, 장방추형, 원통형 등 여러 모양이며 무색~담갈색을 띤다. 크기는 12~32×6~10μm이고 격막은 대부분 없으나 간혹 1~3개인 경우도 있다.
○ 위자낭각은 길이가 51~122μm(평균 83μm)이고 폭은 51~112μm(평균 73μm)이며 구형이다. 자낭포자는 방추형으로 무색이며 양쪽 끝이 뾰족하며 크기는

10~12×3~4μm이다.

○ 4월부터 자낭각이 성숙하기 시작하여 4월 중순 이후 자낭포자가 비산하는데
비온 뒤 1시간 이내에 가장 많이 비산한다.

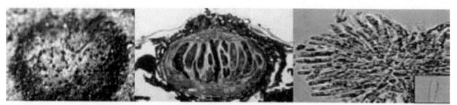

(그림 2-113) 병원균(왼쪽 : 낙엽 위 위자낭각, 가운데 : 위자낭각, 오른쪽 : 자낭과 자낭포자)

마. 발생 생태

○ 낙엽의 병반에서 균사체 형태로 월동하다가 4~5월에 위자낭각을 형성한다.
5월 중순부터 7월 중순까지 자낭포자가 비산하며 감나무 잎의 기공을 통해 균
이 침입한다. 잠복기는 길어서 감염 후 90~120일이 지나야 병반이 발생하지
만 실험실 조건에서는 37일 후에도 병반이 확인될 수 있다.

○ 5~6월에 비가 많이 올 경우 발생이 심하고, 기온이 20℃ 이하로 떨어지는 9월
중순 이후 균 활성이 빨라진다. 잠복 기간은 여름철 온도가 서늘할 경우 더 짧
아져서 빨리 병징이 나올 수 있다. 또한 작토층이 얕거나 척박한 토양에도 발
병이 심하고 빠르게 병이 진전된다.

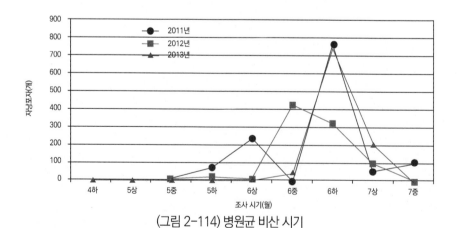

(그림 2-114) 병원균 비산 시기

바. 방제

○ 병든 낙엽은 1차 전염원 역할을 하므로 반드시 제거하여 땅속에 묻든지 태우도록 한다.

○ 세력이 약한 나무에는 밑거름을 충분하게 살포하고 깊이갈이를 해 주며 적정 시비를 통해 수세가 회복될 수 있도록 한다.

○ 약제 방제는 5월 하순에서 7월 상순까지 탄저병과 더불어 동시방제될 수 있도록 한다.

○ 강우 조건과 전년도 발생 수준을 참고하여 비가 많거나 균 밀도가 높을 경우 자낭포자가 많은 시기에 집중 관리할 수 있도록 한다.

○ 보호성 약제는 비가 오기 전에 감나무 표면에 충분히 부착시켜야만 하며, 치료 약제는 강우가 시작한 날로부터 3~4일 이내에 약제를 살포하여야만 효과적이다.

○ 약제 부착량을 높이기 위해 추천 농도를 준수하도록 하며 살포약량은 10a당 200~300L 수준으로 충분히 살포한다. 또한 바람이 잔잔한 시기를 택해 살포해야 고르게 약제가 부착할 수 있다.

흰가루병(白粉病)

병원체	*Phyllactinia kakicola* Sawada
영명	Powdery mildew

가. 기주 범위 및 품종

○ 기주 범위 : 감나무, 고욤나무

○ 품종 : '송본조생부유', '차랑', '평핵무' 등에서 다발생

나. 분포

○ 아시아(한국, 일본, 중국, 대만), 북미 지역

다. 병징

○ 초기에는 잎 뒷면에 하얀 균사체가 나타나고 잎맥이 검은색으로 변하며, 앞면에는 검은색의 작은 반점이 군데군데 산발적으로 형성된다. 발병이 진전되면

서로 겹쳐 불규칙한 병반을 형성한다.

○ 후기에는 잎 뒷면 전체가 흰 균사층으로 덮이고 그 위에 황색의 공모양, 편구형의 자낭각이 형성된다. 시간이 지남에 따라 등갈색, 흑갈색으로 변하며 잎의 기능이 떨어지고 과실 비대가 나쁘고 당도가 떨어진다.

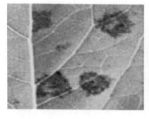

(그림 2-115) 흰가루병의 병징(왼쪽 : 잎 초기, 가운데 : 잎 중기, 오른쪽 : 가을철 잎 병징)

라. 병원균

○ 자낭균에 속하며 자낭포자와 분생포자를 가진다. 분생포자는 분생자경에 하나씩 만들어지며 무색, 단포이다. 정단부에 가느다란 돌기가 있으며 크기는 65~95×20~34μm이다.

○ 자낭각은 균총 내에 산생하고 초기에는 유백색이나 후에 황색, 등황색, 흑색으로 변한다. 구형이며 직경이 190~290μm이고 적도면에 부속사가 있다.

○ 자낭각에는 6~17개의 자낭이 65~104×38~50μm의 크기로 있으며 자낭 내에는 2개의 자낭포자가 들어 있다. 자낭포자는 무색, 단포이며 구형으로 크기는 34~58×20~32μm이다.

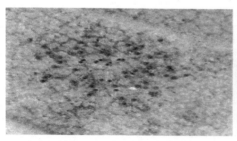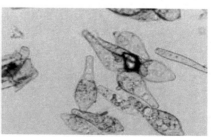

(그림 2-116) 병원균(왼쪽 : 자낭각, 오른쪽 : 분생포자)

마. 발생 생태

○ 늦가을 잎에서 형성된 자낭각은 주로 나무껍질이나 낙엽에서 월동한다. 4~5월
부터 자낭각은 1차 전염원인 자낭포자를 형성하고, 포자 비산은 강우 시 바람
에 의해 전파되어 잎의 기공을 통하여 침입 발병한다.

○ 병반에서는 많은 분생포자가 형성되어 2차 전염이 일어난다. 바람을 통해 전
염을 한다. 병원균은 15~25℃에서 잘 자라며, 자낭각은 15℃ 전후에서 잘 형
성된다.

○ 5~6월 비가 많이 오고 여름철 기온이 서늘한 해에 발병이 많으며, 질소질 비
료 과용으로 세력이 강한 나무에 피해가 크다. 통풍과 채광이 나쁜 과원에서
는 후기 발병이 특히 심하다.

(그림 2-117) 흰가루병 전염 경로

바. 방제

○ 전염원이 되는 병든 낙엽과 나무껍질은 조피작업이 끝난 후 1~3월에 밭갈이
를 하여 땅속에 묻는다.

○ 통풍과 채광이 좋도록 전정 작업을 하고, 질소 비료를 적게 줘서 수관이 무성
하지 않도록 한다.

○ 발아 전에 석회유황합제를 살포하여 가지와 주간에 부착한 병원균을 꼼꼼하
게 방제하도록 한다.

○ 병이 처음 발생하기 전인 5월 상중순부터 약액이 잎 뒷면까지 충분히 묻도록
약제 방제를 한다.

○ 많이 발생된 경우 6월엔 탄저병, 둥근무늬낙엽병, 모무늬낙엽병 등과 함께
8월 이후엔 탄저병과 동시 방제가 이뤄지도록 적용 약제를 선택하도록 한다.

7. 참다래 병해

궤양병(潰瘍炳)

병원체	*Pseudomonas syringae pv. actinidiae*
영명	Bacterial canker

가. 병징과 진단
○ 참다래 궤양병은 가지, 원줄기, 신초, 잎, 꽃봉오리, 꽃에 감염되는 병이다. 감염된 가지와 주간부에 크고 작은 균열을 유발하며, 이 균열된 부위로부터 흘러나오는 적갈색의 세균덩어리(Bacterial Ooze)인 수액에 의해 쉽게 구분할 수 있다.
○ 주간부의 병징은 보통 2~4월 무렵부터 육안으로 구분이 가능할 정도로 나타나며 백색 내지 담황색의 점질성 세균덩어리가 물방울처럼 눈 주변과 껍질눈으로부터 침출되어 나온다. 조직이 파괴되면 적색의 수액이 피를 흘리는 것처럼 흘러나온다. 이병된 가지는 발아가 불량하며 발아하더라도 정상적으로 뻗어나가지 못하고 시드는 경우가 많다.
○ 새로 난 잎이 병에 걸리면 4~5월 신초신장기에 직경 1~3mm의 암갈색 병반을 형성하고 반점 주위는 2~5mm 크기의 연한 황갈색 달무리를 형성한다. 또한 병반의 가장자리가 엽맥에 의해 차단되기 때문에 각진 모양으로 되는 경우가 많다. 병징은 장마기까지 계속되지만 기온이 높은 시기에는 적갈색의 병반으로 변한다. 피해가 심할 경우 반점이 합쳐져서 크게 되는 경우도 있고 엽맥 사이가 전체적으로 암갈색이 되는 경우도 있다. 이 시기는 유사 병해가 발생하지 않기 때문에 다른 병과 쉽게 구분할 수 있다.
○ 감염된 꽃은 갈변하고 꽃잎의 발육이 불량해져 꽃썩음병 병징과 비슷한데, 궤양병 감염 초기에는 꽃받침이 먼저 갈변되고 외관상 꽃잎은 건전해 보이는 반면에 꽃썩음병은 감염 초기에 꽃잎이 먼저 갈변되고 꽃받침이 건전해 보여 구분할 수 있다.

나. 발생 생태

○ 잎 속 병반부의 병원 세균이 전염원으로 작용하여 감염이 이루어지며 주로 가을에 다량의 증식이 이루어진다. 이 병의 이동은 주로 빗물을 통해 이루어지며 강풍 시 안개 상태로 비산한다. 식물체의 기공과 상처를 통해 침입하며, 전정 후의 상처가 중요한 침입 통로로 작용한다. 즉 감염된 가지를 절단한 후 건전한 가지를 자를 경우 감염이 이루어지게 된다. 궤양병이 발생한 과수원의 접수나 묘목이 외부로 유출되어 병이 확산된다.

○ 참다래 궤양병의 감염 및 병징 발현 등의 시기적 변화는 온도와 밀접한 관련이 있다. 이 병은 봄가을에 강풍과 비가 잦을 경우 광범위하게 전염된다. 병원세균의 생육은 5~30℃에서 이루어지고, 특히 15~25℃에서 증식이 가장 왕성한 저온성 세균이다. 따라서 기온이 20℃ 이상인 여름의 고온기에 근접할수록 궤양병균의 밀도가 급격하게 감소되며 25℃ 이상일 때는 잎에서 병징이 거의 나타나지 않는다. 잎 속의 병원균은 잎자루를 통해 줄기로 이동하여 낮은 밀도로 여름을 지내고 다시 생육에 적합한 온도가 되는 10월 하순경부터 밀도가 증가한다.

○ 참다래 궤양병은 바람이 강한 지역이나 냉기가 정체되는 지역에서 발생 확률이 높아 방풍림이 조성되지 않았거나 방풍이 허술한 곳에서 많이 발생한다. 방풍이 불량한 과수원은 태풍과 비바람에 의해 상처가 쉽게 발생하여 궤양병균의 침입과 감염이 쉽게 이루어진다. 궤양병균은 일반적으로 얼음이 어는 온도보다 높은 온도에서도 쉽게 얼음을 얼게 하는 빙핵활성을 가지고 있어 궤양병에 걸린 나무는 비교적 높은 온도에서도 동해를 쉽게 입으며 발병도 촉진된다.

다. 방제

○ 궤양병과 같은 세균에 의한 병은 식물체에 감염된 후 식물체 내에서 급속하게 증식하여 식물체 전체로 신속하게 전파되기 때문에 방제가 매우 어렵다. 참다래 궤양병은 초기에 발견하여 전염원을 제거하고 적용 약제를 살포하는 등 피해를 줄이기 위한 종합적 방제가 요구된다. 특히 골드/레드 참다래 품종에서 병원성이 강한 궤양병원균이 검출되고 있어 초기에 발견하여 전염원을 제거하는 것이 중요하다.

○ 묘목을 통한 감염을 예방하기 위해서는 감염되지 않은 건전한 묘목을 구입하거나 육성하여 재배해야 한다. 또한 겨울철 찬바람을 막을 수 있는 방풍림, 방풍벽, 파풍망 등 방풍을 위한 조치를 취하거나 주간부를 볏짚 등을 이용해 철저히 보온 피복함으로써 상처를 통한 감염과 동해에 의한 발병 촉진을 예방할 수 있다. 특히 겨울철 북서풍을 직면하게 되거나 냉기류가 머무는 야산의 북사면에서는 동해 발생 가능성이 높으므로 주의하여야 한다.

○ 부적절한 배수와 비배 관리, 과다 착과 및 과실 비대제의 계속된 사용 등으로 수분 부족과 영양 부족이 발생하여 나무의 세력이 약화되지 않도록 한다. 또한 적절한 전정을 통하여 통풍과 햇볕 쪼임이 잘 되도록 해야 한다.

○ 전정 후에는 전정 부위에 유합촉진제나 살균제를 도포하여 전정 상처를 통한 감염을 차단한다. 전정에 사용하는 가위, 톱 등은 사용할 때마다 락스 등에 담가 소독함으로써 전정 기구를 통한 전염을 예방한다. 궤양병의 발생이 우려되는 과수원에서는 전정한 줄기와 낙엽 그리고 이미 심하게 병든 나무는 뿌리째 뽑아 소각시킴으로써 전염원을 제거해야 한다.

○ 약제에 의한 화학적 방제법으로는 국내에 등록된 스트렙토마이신.발리다마이신에이 수화제, 옥시테트라싸이클린.스트렙토마이신황산염 수화제, 코퍼설페이트베이식 수화제, 코퍼하이드록사이드 입상수화제를 3월 하순부터 살포해 주는 방법이 있다. 또한 봄에 주간부에서 궤양병이 약하게 관찰된 과수원에서는 과실 수확 후 낙엽되기 전인 11월 중하순에 원줄기 하부에 구멍을 뚫어 주입장치를 이용하여 항생제를 주입하는 방법이 시도되기도 한다. 수간 주입을 할 때는 옥시테트라사이클린이나 스트랩토마이신 등의 항생제를 사용하며, 옥시테트라사이클린.스트렙토마이신황산염 수화제는 물에 완전하게 녹지 않아 침전물이 수간 주입구를 막히게 하므로 주의가 필요하다.

(그림 2-118) 참다래 궤양병 병징(왼쪽 : 잎, 가운데 : 줄기, 오른쪽 : 주간)

꽃썩음병(花腐炳)

병원체	*Pseudomonas syringae* pv. *syringae*, *P. viridiflava*, *P. marginalis* pv. *marginalis*
영명	Bacterial bolssom blight

가. 병징과 진단

○ 꽃썩음병의 초기 병징은 꽃봉오리가 벌어질 무렵부터 관찰할 수 있는데, 꽃썩음병에 감염된 초기에는 꽃잎이 가장자리로부터 수침상으로 갈변되기 시작하고 암술 또한 갈변된다. 꽃잎에서 수침상의 병징이 진전됨에 따라 일부 꽃잎이 떨어져 나가기도 한다. 발병 후기에는 꽃잎, 암술, 꽃받침까지 꽃 전체가 짙은 초콜릿빛 갈색을 띠면서 말라 죽으며, 수꽃에서도 비슷한 증상이 나타난다.

○ 심하게 감염된 경우에는 꽃잎이 전개되기 전에 꽃봉오리 상태에서 암술, 꽃잎, 꽃받침, 꽃자루까지도 갈색으로 변한다. 개화가 되더라도 수분이 이루어지지 못한 상태에서 꽃이 갈색으로 변하여 낙화되고 꽃자루만 남는다. 감염된 꽃은 수분이 이루어지더라도 열매까지 감염되며 감염된 열매는 발육이 불량하거나 기형으로 되고 열매 표면이 갈색으로 변한다.

○ 열매를 절단했을 때 건전한 열매의 내부 과육 조직은 연두색을 띠는 반면에 감염된 열매는 표면뿐만 아니라 내부 과육 조직도 갈색으로 변하여 말라 죽는다.

나. 발생 생태

○ 참다래의 개화기인 5월 중순부터 6월 초까지 발생한다. 꽃썩음병의 발생률과 피해율은 재배 지역과 개화기 전후의 날씨에 따라 해마다 큰 차이가 있지만 50% 이상 피해를 입은 농가도 있다. 특히 개화기에 강우가 겹칠 경우 빗물이 참다래 잎이나 가지 등에 존재하는 병원 세균을 꽃 속으로 옮겨줌으로써 감염 2~3일 안에 꽃썩음 증상을 일으키는데, 이는 조기 낙화 또는 낙과를 초래하여 피해가 심하다.

○ 방풍림, 방풍벽, 방풍망 등 방풍시설이 없거나 허술한 과수원에서는 바람에 의해 식물체에 상처가 생겨 꽃썩음병의 감염이 쉽게 이루어지며, 밀식하였거나 도장지의 발생 등으로 덕 아래쪽의 햇빛 투과가 나쁘고 통풍이 잘 안 되는 과수원에서는 습도가 높아져 발병률이 높다.

○ 꽃썩음병은 참다래재배 초기부터 우리나라에서 발생하였으며 참다래 주산지인 뉴질랜드를 비롯하여 참다래 재배지 전역에서 발생한다.

다. 방제

○ 꽃썩음병은 궤양병균과는 동일한 속의 병원 세균에 의해 발생하므로 궤양병의 방제원리에 준하여 실시한다. 꽃썩음병도 궤양병과 마찬가지로 병 발생을 예방하는 것이 최선의 방법이며 재배 관리, 전염원(죽은 과경지, 전정된 가지나 낙엽 등 식물체 잔존물) 제거에서부터 약제 살포에 이르기까지 가능한 모든 방법을 동원하는 종합 방제가 이루어져야 한다.

○ 꽃썩음병의 병원세균은 상처에 의해 감염되므로 방풍 조치를 통해 상처에 의한 감염을 예방하고, 개화기에 강우가 겹치면 꽃썩음병의 발생이 증가하므로 비가림을 하여 발병률을 감소시켜야 한다. 그 밖에 꽃봉오리가 나올 무렵 주간 부위에 환상박피하는 것도 꽃썩음병의 발생 억제에 효과가 있다.

○ 우리나라에서 참다래 꽃썩음병 방제를 위해 등록된 약제는 옥시테트라싸이클린.스트렙토마이신황산염 수화제, 코퍼하이드록사이드 입상수화제, 코퍼하이드록사이드 입상수화제, 코퍼하이드록사이드.스트렙토마이신 수화제가 있으며 꽃이 피기 20일 전부터 10일 간격으로 살포해 준다.

(그림 2-119) 참다래 꽃썩음병 병징

과실무름병(軟腐病) : 과숙썩음병, 꼭지썩음병

병원체	*Botryosphaeria dothidea, Diaporthe actinidiae*
영명	Ripe rot, Soft rot

가. 병징과 진단

○ 과실이 후숙되는 시점에서 발생하는 과실무름병의 병원균은 과수원의 나무 상에서 육안으로 감염 여부를 판단할 수 없지만 심할 경우 수확 전에 낙과되는 경우가 가끔씩 있다. 주로 저장 중에 발생하며 수확 후 과실의 후숙이 시작되고 과육이 약간씩 물러지는 시기에 과피 표면에 5mm 정도의 보조개 모양이 나타나거나 엄지손가락으로 누른 듯이 움푹 들어간 모양의 병징을 보인다.

○ 이런 증상을 보이는 과실의 껍질을 벗겨보면 *Botryosphaeria dothidea*에 의한 것은 병반의 중심부가 유백색 내지 유황색을 띠며 주변부에는 짙은 녹색 고리가 푸르게 형성되어 있다. 반면 *Diaporthe actinidiae*에 의한 것은 과육이 움푹움푹 패여 있는 모습을 띤다. 주로 과실의 열매자루 부위와 과실의 측면에 많이 발생하고 과정부에는 적게 발생한다.

○ 참다래는 장기간 저장 후 출하되는 과실로서 과실무름병에 감염된 과실은 감염 부위에서부터 과실 연화가 빨리 진행된다. 연화 과정에서 다량의 에틸렌가스를 발생시키기 때문에 감염되지 않은 주변의 건전한 과실까지도 후숙이 촉진되어 생산자가 원하는 시기에 출하할 수 없으며 출하 당시 발병과를 선별하는 데 많이 노력이 소모된다.

나. 발생 생태

○ 과실무름병은 과수원에 남아 있는 고사한 가지나 수확 후 방치된 열매꼭지와 전정가지에서 월동한 병원균이 6~7월 장마기에 가장 많은 감염을 일으킨다. 주로 빗물에 의해 비산하여 잎과 과실로 전염되며 9월의 가을비에 의해 그 발생이 더욱 조장되는 것으로 알려져 있다.

○ 낙화 후부터 감염되기 시작하여 수확기까지 진행되며, 과실 비대 최성기에 기온이 25~28℃일 때 가장 많은 감염이 이루어진다. 생육기에 과실에 감염된 병원균은 과피 속에 균사 형태로 잠복하다가 수확 후 저장 중 과실의 생리적 변화 등에 의하여 연화되기 시작하면 급속히 발아·생육하여 발병한다. 과실 생육기간 중 과실무름병 병원균 포자의 비산량은 6월 중하순에 가장 많다. 대체로 6월 중순~7월 하순에 포자 비산량이 많고 8월 상순 이후에는 비산량이 급격히 감소한다.

○ 과실무름병은 과실의 후숙 진행과 밀접한 연관이 있는 병으로 후숙 온도가 15℃ 이상이면 발병이 급증한다. 후숙 온도가 높으면 후숙 진행은 쉽고 빨라지지만 과육이 물러지고 산 함량이 낮아져 병의 진전이 빨라지므로 가능하면 낮은 온도에서 후숙할 필요가 있다. 장마철에 비가 많이 내리고 강우일수가 많은 해에는 발생이 심하며 수확 전부터 발병하고 낙과가 발생하기도 한다.

○ 지난해 열매꼭지를 방치하거나 관리가 불량한 과수원에는 유과기부터 병원균의 감염을 받아 심하게 발병한다. 특히 착과량이 많고 수령이 오래된 과수원은 과실무름병의 발생에 주의해야 한다.

다. 방제

○ 비가 와서 습도가 높을 때 발생하기 쉽고, 특히 전정가지를 나무 위에 방치할 때 발생이 많으므로 전정한 가지는 과수원 내에 남아 있지 않도록 해야 한다. 또한 발생이 누적되어 피해가 심한 과수원에서는 지난해의 열매꼭지가 결과모지에 남아 있지 않도록 전정 시 철저히 없애는 것이 중요하다.

○ 겨울전정을 할 때에 결과모지 수를 지나치게 많이 남겨두면 신초가 지나치게 많이 발생하여 잎이 과도하게 무성해진다. 이러면 과수원의 수관 하부가 어둡게 되고 상대습도가 높아 병 발생에 좋은 조건이 되기 쉽다. 따라서 통풍과 투광이 잘 되도록 여름전정 및 정지작업을 철저히 한다.

○ 후숙 온도가 15℃ 이상이 되지 않도록 후숙 기간을 무리하게 단축시키지 않는 것이 좋다. 심하게 감염된 열매의 무름 증상으로부터 흘러나온 즙액을 통하여 동일한 상자 또는 저장고 속의 다른 열매로 손쉽게 전염되므로 주기적으로 저장 상태를 점검해야 하며 병원균은 습한 상태에서 감염과 전파가 쉽게 일어나므로 저장고와 저장 상자의 통풍에 유의해야 한다.

○ 약제에 의한 방제는 6월 상순부터 10일 간격으로 베노밀 수화제나 티오파네이트메틸 수화제를 살포해준다.

(그림 2-120) 참다래 과실무름병 병징

잿빛곰팡이병

병원체	Botrytis cinerea
영명	Gray mold, Botryis storage rot, Botrytis fruit injury

가. 병징과 진단

○ 잎과 저장 중의 과실에 주로 발생하는 이 병은 개화기부터 꽃받침이 떨어지는 시기인 유과기에 발생한다. 비가 많으면 수술이 어린 과실 표면의 털에 부착되어 발병하게 되며, 털이 담갈색 내지 갈색으로 변하기도 하고 세로로 줄무늬 상처가 발생하여 상품성이 저하된다. 개화 후 발생한 이 병은 수술이 감염되어 감염된 수술이 다시 잎에 부착된다. 6~7월에 비가 잦으면 가지와 잎이 지나치게 무성하게 되어 과수원 내부가 음습하여 잎에서 담갈색의 윤문상 병반으로 확대된다. 과수원 내부가 잦은 비로 계속해서 다습한 조건이 유지되면 잎에 육안으로 관찰이 가능한 회색의 분생포자를 형성하고 심할 경우 감염된 잎은 조기에 낙엽이 된다.

○ 과실에는 주로 저장 중에 나타나며, 저장 3~4주 뒤부터 과경부(果梗部, 열매꼭지부)에서 병징이 발생하기 시작한다. 처음에는 과육색이 황갈색으로 변색되고 병반은 원형 병반이 아닌 부정형으로 되며, 심하면 과실 전체가 부패하여 표면에 회색의 균사와 함께 흑색의 균핵이 형성된다.

나. 발생 생태

○ 개화기~과일착생기의 강우에 의한 저온 다습 시 발생의 위험이 크며, 과수원 내부에 햇빛 투과가 불량하거나 통풍이 잘 되지 않을 때 발생하기 쉽다. 꽃에 의한 감염은 꽃잎이 떨어지는 시기에 꽃잎에 감염되어 과경부에서 생존하고 있던 병균이 꽃받침과 수확 시 꼭지 부위의 수확상처를 통해 침투한다. 감염된 꽃잎이 잎에 떨어져 잎을 감염시키기도 한다. 특히 꽃가루를 채취하고 남은 꽃이 많은 숫그루는 인접한 암그루의 과실에 병해를 일으킬 수 있다.

○ 고사 또는 노화된 식물체 조직이 병 발생의 징검다리 역할을 하며, 낙화기에 잔존한 꽃잎이나 바람 피해를 받은 가지, 잎 등이 중요한 생존 번식처가 된다. 또한 총채벌레, 벌, 달팽이 등에 의해 병이 확산되기도 한다.

○ 잿빛곰팡이병의 병원균(*Botrytis cinerea*)은 수확 시 발생한 열매꼭지 부위의 상처를 통해 0~1℃에서 하루에 0.2mm가량 침투를 한다. *Botryosphaeria dothidea*와 *Diaporthe actinidiae*에 의한 과실무름병은 0~2℃의 저온저장 중에는 병원균의 증식이 억제되지만, 잿빛곰팡이병은 저온저장 중에도 병의 진전이 계속해서 이루어진다.

다. 방제

○ 과실무름병과 비슷한 발병 특성을 나타내므로 다른 곰팡이병과 마찬가지로 과수원 내의 햇빛 투과와 통풍이 잘 되도록 적절한 여름전정이 필요하며, 전정한 가지 등을 과수원 내에 남겨두지 말아야 한다. 발생이 심하여 해마다 문제가 되는 과수원에서는 과일에 잔존해 있는 꽃잎이나 수술을 제거해 주면 발생률을 감소시킬 수 있다. 수확할 때 상처를 통해 침입이 이루어지므로 수확 시 상처에 유의해야 한다. 수확 후 바로 저온저장고에 입고할 때는 온도차에 의한 물방울 생김이 발생하여 병 발생을 부추기게 되므로 수확은 되도록 과실의 온도가 오르기 전인 10시 이전에 끝내는 것이 좋다. 서늘한 창고에서 1~2일가량 건조, 냉각시킨 뒤 저장고에 넣어주는 것이 좋다.

○ 국내에 참다래 잿빛곰팡이병에 대한 방제용 약제는 보스칼리드 입상수화제만 등록이 되어 있다. 그 외에 5월 하순~6월 상순 꽃잎이 지는 시기에 이프로 수화제, 빈졸 수화제, 베노밀 수화제를 살포하면 효과가 있는 것으로 알려져 있다.

(그림 2-121) 참다래 잿빛곰팡이병 병징

점무늬병(斑點病)

병원체	*Pestalotiopsis longiseta, Pestalotiopsis neglecta, Phomopsis., Colletotrichum acutatum, Colletotrichumgloeosporioides*
영명	Leaf blight, Leaf spot, Angular leaf spot, Anthracnose

가. 병징과 진단

○ *Pestalotiopsis longiseta*와 *Pestalotiopsis neglecta*에 의한 병징은 잎에 주로 발생하며, 9~10월에 경화된 잎에 윤문형태로 원형~부정형의 갈색 병반을 형성한다. 병이 진전될 경우 병반이 확대, 융합되어 9월 하순경부터 낙엽이 되기도 한다. 조기 낙엽된 가지에서 발생한 새 가지의 잎에도 갈색의 반점을 생성한다.

○ *Phomopsis sp.*에 의한 병징은 7월경부터 엽맥에 다각형의 갈색 병반이 발생하는 것으로 10월경에는 잎 전체에 다각형의 갈색 병반을 형성하여 낙엽이 된다. 병에 감염된 잎을 습기가 많은 따뜻한 곳에 보존하면 흑색의 포자 덩어리 주머니와 유백색~황색의 포자 덩어리를 형성한다.

○ *Colletotrichum acutatum*과 *Colletotrichumgloeosporioides*에 의한 병징은 9월경부터 경화된 잎에 발생하며 직경 1cm의 큰 원형의 갈색 병반을 생성하는데 병반들이 합쳐져 더 큰 병반이 된다. 대형 병반부는 회색~은회색의 빛이 나며 심하면 10월경부터 낙엽을 초래한다.

나. 발생 생태

○ 과수원 내 고사지에 형성된 병원균의 분생포자가 빗물에 의해 비산하여 1차적으로 잎의 표면에 잠재 감염하였다가 바람 등에 발생된 상처 부위를 통해 침입하여 병을 일으킨다.

다. 방제

○ 방풍 대책을 수립하여 바람에 의한 잎의 상처 발생을 예방해야 하며, 전염을 일으키는 매체인 말라 죽은 가지를 과수원 내부에 방치하지 말고 제거해준다.

예방 위주의 약제 살포를 해야 하며 약제로는 베노밀 수화제 1,500배, 지오판 수화제 1,000배, 플루아지남 수화제 2,000배를 6월 상순부터 7~10일 간격으로 살포해 준다. 또한 장마철 비 오기 전후에는 전착제와 함께 살포해 준다.

(그림 2-122) 참다래 점무늬병 병징

흰날개무늬병(白紋羽炳)

병원체	*Rosellinia necatrix*
영명	White root rot

가. 병징과 진단
○ 발생 빈도는 높지 않으나 발생하면 결과 최성기에 달한 성목에도 발생하여 피해가 크며 수세가 만성적으로 약화되어 결국에는 나무가 고사한다. 이 균은 기생 범위가 매우 넓으며 이병된 나무는 봄에 발아가 늦어지고 신초 신장이 불량해진다. 이뿐만 아니라 착화 불량, 잎의 황화 현상, 조기 낙엽 등 전체적으로 나무의 수세가 떨어진다. 이런 증상을 보이는 나무의 뿌리를 굴취해 보면 뿌리 주위와 흙에서 백색~회백색의 균사를 볼 수 있으며 감염된 뿌리는 흑갈색으로 변하여 고사되어 부패한다.

나. 발생 생태
○ 일반적으로 다른 식물체에 기생하거나 토양 중의 유기물에 기생하면서 그 균사에 의해서 전염이 이루어지며, 완전히 부숙되지 않은 퇴비나 부패한 뿌리에서 병원균이 증식한다. 건조와 배수 불량으로 뿌리의 발육이 나쁘거나 과다 착과, 강전정 등에 의해 수세가 약해지면 발병 확률이 높아진다.

다. 방제

○ 국내에는 이 병에 대한 방제용 약제가 등록되어 있지 않다.

○ 일본의 경우 감염된 뿌리를 파내어 제거한 뒤 베노밀 수화제(1,000배)나 티오파네이트메틸 수화제(500배)를 한 나무당 100L 정도 투여하여 소독해주면 효과가 있다고 한다.

○ 무엇보다 수세를 회복시키는 것이 관건이므로 감염된 나무는 과실을 제거하여 나무의 세력 회복에 힘써야 한다.

역병(疫病)

병원체	*Phythophthora drechsleri*
영명	Phythophthora root rot

가. 병징과 진단

○ 이병되면 일반적으로 초기에는 잎 바깥쪽이 황화되고 잎이 말리거나 탈색되고 조기 낙엽이 되며 측지부터 말라 가다가 결국 지상부 전체가 말라 죽는 증상이 나타난다. 이런 증상을 나타내는 나무의 뿌리를 파보면 뿌리가 완전히 갈변되어 있는 것을 볼 수 있고 흰색 곰팡이 균사가 관찰되기도 한다.

○ 이런 증상을 나타내는 나무의 땅가 줄기는 겉으로는 별다른 증상이 나타나지 않지만 줄기의 껍질을 벗겨보면 물관부가 갈변되고 심한 경우에는 심부도 부패되어 있다.

나. 발생 생태

○ 참다래 역병의 병원균인 *Phytophthora drecsleri*는 토양이 과습할 때에 전염력이 왕성하다. 따라서 배수가 잘 안 되는 논토양의 과수원에서 주로 발생하고, 일반 과수원에서도 배수가 불량한 곳에서 많이 발생한다.

○ 토양이 과습하고 배수가 불량한 자리에 많이 발생하여 처음에는 습해로 오인되기도 하였다. 참다래 역병과 습해와 차이점은 습해를 받은 경우 배수 문제만 해결되면 회복이 가능하지만, 역병이 걸린 경우는 거의 회복이 불가능하다.

다. 방제

○ 참다래 역병은 방제보다는 예방이 중요하다. 배수가 불량한 환경에서만 발생하기 때문에 배수가 잘 되지 않는 과원에서는 배수로를 깊게 파서 배수가 잘 되도록 하여야 하고 배수가 불량한 곳에서는 재배를 피하는 것이 바람직하다.

○ 조기 낙엽이 되고 지상부에 전체적으로 심하게 마른 증상이 나타나면 뿌리의 대부분은 부패되어 있을 경우가 많아 거의 방제가 불가능하기 때문에 조기 진단이 중요하다. 세심한 관찰을 통해 잎이 황화되는 것을 찾아내고, 그 나무의 뿌리를 파서 뿌리가 부패되었는가를 확인해야 한다. 뿌리가 부패되었을 경우, 우선 배수로를 깊게 내주고 메타락실 수화제를 15g/20L씩 혼합하여 뿌리 주변에 m²당 3.3L씩 3~4개월 간격으로 관주해주면 병이 진전되는 것을 억제할 수 있다.

(그림 2-123) 참다래 역병 병징

8. 자두 병해

세균구멍병

병원체	*Xanthomonas arboricola* pv. *pruni*
영명	Bacterial spot

가. 병징과 진단
○ 자두 과실 초기에는 아주 작은 검은 점으로 시작된다.
○ 병징이 진전되면서 과실 표피에 잉크가 퍼지는 듯 진전이 된다. 이런 증상 때문에 일부 지역에서는 잉크병으로 불리기도 한다.
○ 잎의 초기 증상은 잎에 하얀 반점이 생기는 것이다. 진전되면서 중심 부위가 갈색으로 변하며 주위에는 환이 형성이 된다.
○ 병이 진전된 갈변된 중심 부위는 탈락되어 구멍이 뚫리는 증상을 보인다. 잎에서 이런 증상을 보이는 탓에 일부 지역에서는 세균구멍병 증상을 천공병으로 부르기도 한다.

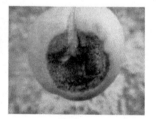

(그림 2-124) 과실의 세균구멍병 병징 진전 양상(왼쪽 : 초기, 가운데 : 중기, 오른쪽 : 후기)

(그림 2-125) 잎에서의 세균구멍병 병징 진전 양상(왼쪽 : 초기, 가운데 : 중기, 오른쪽 : 후기)

(그림 2-126) 세균구멍병균에 의한 생육기 과총 고사 증상

나. 병원균
○ 병원균은 그람 음성세균 *Xanthomonas arboricola pv pruni*이다.

다. 발생 생태
○ 이병가지, 과총 등의 병반에서 월동을 한다.
○ 봄 병반에서 유출된 세균이 비바람을 타고 전염된다.
○ 세균이 의한 병해로 과실, 잎, 가지에 발생한다. 특히 여름철 과총에 감염하여 고사시키고, 그곳에서 월동한다.

라. 방제
○ 전정 시 월동 병반이 있는 가지를 제거한다.
○ 월동기 방제를 철저히 한다.
○ 봄에 꽃피기 전에 석회유황합제, 농용항생제를 살포하여 초기 방제를 한다.
○ 7~8월 고사 형성기에도 약제를 살포하여 과총 고사를 방제한다.
○ 질소 비료 과다시비를 지양한다.

주머니병

병원체	*Taphrina pruni*
영명	Plum pockets

가. 병징과 진단
○ 발병된 과실은 원추형 과실이 되며, 초기에는 황록색을 띠나 후기에 흑갈색으로 변하여 떨어진다.

(그림 2-127) 주머니병 피해 과실(왼쪽 : 초기, 가운데 : 중기, 오른쪽 : 후기)

나. 병원균
○ 병원균은 *Taphrina pruni*이다.

다. 발생 생태
○ 자두 과실 생육 초기에 발생한다.
○ 봄철 비가 많이 오는 해에 발생이 심하며, 복숭아 잎오갈병 병원균과 같은 병원균에 의해서 발병된다.
○ 감염 과실은 비대하지 못하고 기형과가 되며 내부에는 공동화 현상이 발생한다.
○ 발병 시기는 잎이 나오기 시작하는 시기부터 5월 중순경까지이며 기온이 서늘한 호수 주위나 고산 지대에서 발병이 많다. 평균 기온 24℃ 이상으로 기온이 올라가면 발병이 적어진다.

라. 방제

○ 과습하거나 동해를 받지 않도록 과원을 관리한다.

○ 휴면기(개화기 전)에 1회의 석회유황합제 혹은 석회보르도액(6-6식) 살포만으로도 방제가 가능하다.

○ 발아기에 석회유황합제를 살포하며 생육기에는 등록된 방제 약제로 방제한다.

잿빛무늬병

병원체	*Monilnia fructicola*
영명	Brown rot

가. 병징과 진단

○ 과실에 주로 발생하나 꽃, 잎, 가지에도 발생한다.

○ 처음에는 과실의 표면에 갈색 반점이 생기고, 점차 확대되어 대형의 원형 병반을 형성한다.

○ 오래된 병반에는 회백색의 포자 덩어리가 무수히 형성되고, 더욱 진전되면 과일 전체가 부패하고 심한 악취를 발산한다.

○ 가지에는 주로 과일이 달린 부분에서 발생하여 진전되며, 심하면 가지가 고사한다.

(그림 2-128) 잿빛무늬병 피해 과실

나. 병원균

○ 자낭균에 속하는 *Monilinia fructicola*이다.

다. 발생 생태
○ 병원균은 지표에서 균핵으로 월동하거나 병든 과일, 나뭇가지의 병든 부위에서도 월동한다.
○ 자낭포자나 분생포자는 꽃에 침입하여 병을 일으키며, 다시 분생포자를 형성하여 과실에 부착 및 침입하여 병을 일으킨다.

라. 방제
○ 다른 병과 마찬가지로 병든 가지와 과실은 일찍 제거해 준다.
○ 발아 전에는 석회유황합제를 살포하고 생육기인 5월부터 7월까지 전용 약제를 충분히 살포한다.

잿빛곰팡이병

병원체	*Botrytis cinerea*
영명	Gray mold

가. 병징과 진단
○ 떨어지지 않은 수분을 함유한 꽃잎에 부착하여 병을 잘 유발한다.
○ 꽃, 어린 가지, 잎, 열매에서 발병한다.
○ 주로 꽃잎에 발병하여 어린 유과에 상처를 남긴다.

(그림 2-129) 잿빛곰팡이병 피해 과실

나. 병원균

○ 잿빛곰팡이병균은 매우 많은 작물에 병을 유발하는 다범성 곰팡이로 자낭균 인 *Botrytis cinerea*이다.

다. 발생 생태

○ 이 균은 분생자경과 분생포자를 형성하며 병든 식물체에서 휴면균사체로 월 동한다.

○ 저온 다습한 봄에 월동한 균체에서 많은 분생포자를 형성하여 감염한다.

○ 개화기 때 분생포자는 바람을 타고 꽃잎의 수분에 부착하며 착과되었을 때 과 피에 상처를 만든다. 이 병원균은 저온 다습한 조건에서 심하게 발생하는데, 15~20℃로 기후가 서늘하고 상대습도가 95% 이상일 때 심하게 발생한다.

라. 방제

○ 질소질 비료를 과다 시용하여 나무가 무성하지 않도록 관리한다.

○ 전지·전정을 잘하여 통풍이 잘 되게 한다. 현재 자두에는 등록된 약제는 없으 나 매년 병이 심하게 발생하는 재배지에서는 꽃이 피기 전에 약해 여부를 충 분히 검토하고 감귤 등 과수에 사용하는 잿빛곰팡이병 방제 약제를 사용한다.

흰날개무늬병

병원체	*Rosellinia necatrix*
영명	Rosellinia root rot

가. 병징과 진단

○ 지상부 : 건전한 나무에 비하여 낙엽이 빠르고 발아가 늦고 잎과 과실의 생육 이 불량해지며 과다 결실된다. 병이 점차 진행되면 잎이 황화되며 신초의 생 장이 억제되고 꽃눈분화가 많아진다. 병이 심해지면 신초의 생장은 급격히 나 빠지고 수세가 쇠약해져서 나무 전체가 고사된다.

○ 지하부 : 심하게 피해를 받은 나무의 뿌리는 흰색의 균사막으로 싸여 있으며 이 균사막은 시간이 경과하면 회색 내지 흑색으로 변한다. 이 병에 걸린 나무 는 빠르면 1년 내에 늦어도 2~3년 내에 고사한다.

(그림 2-130) 흰날개무늬병 피해 나무

나. 병원균
○ 자낭균으로 *Rosellinia necatrix*이다.

다. 발생 생태
○ 흰날개무늬병은 배수가 불량한 과원에서 심하게 발병한다.
○ 완숙되지 않은 퇴비를 사용 시 발병이 잘 된다.
○ 신규 과원보다 수령이 오래된 나무에 발생이 잘 된다.

라. 방제
○ 과수원을 새로 조성 시 식물체 잔재물을 제거한다. 묘목에 병원균이 묻어서 옮겨질 수 있으므로 묘목을 정식 전에 침지 소독을 한다.
○ 조기 발견 및 조기 진단을 하고, 이병된 나무의 발견 시 뿌리 분포 지역에 충분한 약액을 관주 처리한다. 방제 약제로는 톱신-엠 수화제, 벤레이트 수화제, 베푸란 액제 등이 있다.
○ 적정 수세 관리를 하고 유기물 시용량을 늘리고, 배수 관리를 철저히 하여 급격한 건조를 피한다. 나무에 급격한 변화를 주는 강전정을 삼가고, 적정 착고를 유도한다.
○ 병든 나무 발견 시 뿌리 분포 지역에 충분한 약액을 관주 처리한다. 자두에 등록된 방제 약제는 없으나 사과의 방제 약제로 베노밀 수화제, 이소란 입제, 플루아지남 분제 등이 등록되어 있다.

호프스턴트바이로이드병

병원체	*Hop stunt viroid*(HSVd)
영명	Dapple fruit disease

가. 병징과 진단

○ 품종에 따라 병징의 증상이 다르지만 '태양', '대석조생', '뷰티', '산타로사', '포모사' 품종은 과실 착색이 불균일하고 얼룩얼룩한 반점이 전체적으로 나타난다.

○ '솔담' 품종은 과분의 형성이 적고 과피가 광택이 나며 숙기가 되어도 본래의 과육색을 보이지 않고 노란색에 가까운 황과 증상을 보인다.

○ 숙기는 정상과에 비해 7~10일 늦고 과실 이외의 잎, 신초 등에서는 이상 증상이 관찰되지 않는다.

(그림 2-131) 호프스턴트바이로이드병 병징

나. 발생 생태

○ 접목에 의해 전염되고 전정 등 재배 작업 도구에 의해서도 전염이 될 수 있다.

○ 바이러스에 걸린 접수를 채취해서 번식하면 병을 확산시킬 수 있으므로 주의가 필요하다.

다. 방제

○ 바이러스에 감염되지 않은 건전한 모수로부터 육성한 묘목을 재식하고 이병주는 뿌리까지 완전히 굴취하여 소각 처리하도록 한다.

9. 블루베리 병해

역병

병원체	*Phytophthora cinnamomi*
영명	Phytophthora root rot

가. 병징과 진단
○ 역병균에 감염된 블루베리 나무의 증상은 생장이 멈추고, 잎이 황색으로 변하며 나무 지하부의 관부와 주근(몸통뿌리)은 변색이 되고 지근(받침뿌리)은 검게 변하여 썩는다.
○ 잎은 위축이 되며 잎의 가장자리는 변색이 되어 썩는다. 병이 진전되면 잎 전체가 적색으로 변하는데, 심하게 병든 나무는 탈색이 되고 말라서 죽게 된다.

(그림 2-132) 역병에 감염되어 나타난 피해 증상

나. 병원균
○ 병원균은 *Phytophthora cinnamomi*로 크로미스타계 난균류이며 균체에서는 유주자 후막포자 및 난포자를 형성한다.

다. 발생 생태
○ 유주자낭에서 형성된 유주자가 뿌리에 부착한 다음 내부로 침입하여 감염이

되고 감염 후 24시간 이내에 뿌리의 표피를 관통하여 도관 조직에 침입한다.
○ 침입균사는 표피와 수피, 체관부와 목질부 도관의 세포 내로 침입을 한다.
○ 후막포자는 이 균의 주된 월동기구로서 감염된 뿌리 내에서 형성하여 뿌리 조직이 파괴될 때 토양 내로 퍼진다.
○ 역병균은 20~32℃의 온도 범위에서 발생하며, 토양의 습기가 많고 배수가 불량한 상태에서 많이 발생한다.

라. 방제
○ 재배지에 관수 혹은 강우 이후 물이 오랫동안 고여 있지 않도록 하며, 장마기에는 배수로를 잘 설치하여 물 빠짐이 좋게 관리한다.
○ 현재 국내에 블루베리 역병 방제용으로 등록된 약제는 없으나 방제가 필요할 경우에는 과수의 역병 방제용으로 등록되어 있는 약제를 살포해 주되, 블루베리에서의 약해가 검증되지 않았으므로 약해 유무를 면밀히 검토한 후에 사용해야 한다.
○ 저항성 품종으로는 '바운티(Bounty)', '저지(Jersey)' 등이 보고되어 있다. 이 병에 걸렸더라도 배수가 잘 되는 재배지에서 이 병으로부터 회복될 수 있는 품종은 '블루칩(Bluechip)', '크로아탄(Croatan)', '해리슨(Harrison)', '머피(Murphy)'인 것으로 보고 되어 있다.

줄기썩음병

병원체	*Botryophaeria dothidea*
영명	Botryophaeria stem blight

가. 병징과 진단
○ 발생 초기에는 잎이 황색 혹은 적색으로 변하며, 병이 진전이 되면 잎은 담갈색으로 변하며 말라 죽게 된다.
○ 병에 감염된 줄기의 조직은 갈색 혹은 황갈색으로 변하여 썩고, 표피의 내부는 암갈색으로 변한다.
○ 줄기썩음병의 특징 중 하나는 변색 증상이 감염 부위 한쪽에만 형성된다는 것이다. 병 진전이 심하게 되면 전체적으로 변색되어 썩는다.
○ 큰 나무의 잔가지에 병이 발생하면 병든 줄기만 말라 죽으나, 어린 나무의 경우 하부에 병이 발생하면 나무 전체가 말라 죽게 된다.

(그림 2-133) 줄기썩음병에 감염되어 고사한 나무

나. 병원균
○ 병원균은 자낭균으로 *Botryophaeria dothidea*이다. 병든 줄기의 표피 조직 내에 위자낭각을 형성하며, 위자낭각 내에 자낭 및 자낭포자를 형성한다.

다. 발생 생태
○ 병든 줄기의 표피 조직 내에 병자각을 형성하고 병자각 내에 많은 분생포자(병포자)를 형성한다.

○ 병원체는 월동 후 5~6월에 자낭포자와 분생포자를 바람에 날리어 블루베리 줄기에 침입한다.

○ 병원균 포자는 가지의 상처 부위(전지·전정, 동해나 한발 피해, 수확 등)로 침입하여 병을 일으킨다.

○ 줄기썩음병균은 특히 6~7월, 비가 많이 오는 시기(장마)에 주로 감염이 된다. 병원균의 생육 최적 온도는 28℃이며, 최저 온도는 10℃, 최고 온도는 32~35℃이다.

라. 방제

○ 과수원을 조성할 때 병에 걸리지 않은 건전한 묘목을 심는 것이 중요하며, 재배 중 병에 걸린 부위가 확인될 경우에는 반드시 병든 부위를 잘라서 불에 태워 버려야 한다.

○ 병든 부위를 자를 때에는 병반에서 건전 부위까지 15~20cm를 더 잘라내야 병원체의 전염원 제거에 효과적이다.

○ 일부 저항성 품종으로는 '케이프 휘어(Cape Fear)', '머피(Murphy)', '오닐(O′ Neal)' 등이 있다.

가지마름병

병원체	*Phomopsis vaccinii*
영명	Phomopsis twig blight and fruit rot

가. 병징과 진단

○ 병포자들은 습기가 많은 조건에서는 끈끈한 점액질 덩어리 형태로 분출되어 빗방울에 튀겨서 멀리까지 전염이 된다.

○ 분생포자의 초기 감염은 주로 꽃눈과 꽃을 통하여 이루어지며, 침입 후에는 줄기의 수피를 통하여 생장하면서 수확기까지 줄기를 침해한다. 가지마름병균에 감염된 열매는 심하게 썩는다.

(그림 2-134) 가지마름병 피해 증상

나. 병원균

○ 병원균은 자낭균으로 *Phomopsis vaccinii*이다.

다. 발생 생태

○ 분생포자인 병포자를 형성하는 병자각은 죽은 가지, 특히 최근에 죽은 가지에 많이 발생한다.

○ 검은색의 타원형 또는 원형인 포자는 2가지 알파(α)포자와 베타(β)포자를 형성하는데, 알파포자는 무색 단포로 직접 침입을 하며 병을 유발하고, 베타포자는 식물체에 직접 침입하지는 못한다.

라. 방제

○ 과수원을 조성할 때 병에 걸리지 않은 건전한 묘목을 심는 것이 중요하며, 재배 중 병에 걸린 부위가 확인될 경우에는 반드시 병든 부위를 잘라서 불에 태워 버려야 한다.

○ '해리슨(Harison)'과 '머피(Murphy)' 품종은 이 병에 매우 감수성인 것으로 알려져 있으며, 현재 저항성 품종으로 보고된 것은 없다.

○ 현재 국내에 블루베리 가지마름병 방제용으로 등록된 약제는 없다. 꼭 방제가 필요할 경우에는 가지마름병원균과 같은 속의 다른 과수병 방제 약제를 살포해 줄 수도 있으나 반드시 살포 전에 약해 유무를 면밀히 검토해야 한다.

탄저병

병원체	*Colletotrichum gloeosporioides*
영명	Anthracnose fruit rot

가. 병징과 진단

○ 탄저병은 주로 과실에 나타나며, 감염된 과실은 오목하게 들어간다.

○ 비가 많이 올 때, 환기가 잘 안 되는 과수원에서는 잎과 줄기에도 감염되며 잎에는 거무스름한 병반이 형성된다.

(그림 2-135) 탄저병에 감염된 과실과 잎

나. 병원균

○ 탄저병균은 진균계 자낭균으로 *Colletotrichum gloeosporioides*이다.

○ 이 병원균은 자낭포자와 분생포자를 형성한다.

다. 발생 생태

○ 병원균은 나뭇가지의 감염 부위에서 월동하고, 봄부터 여름에 비가 오는 시기에 분생포자가 형성되어 전파된다.

○ 분생포자는 초기에 꽃잎으로 침입을 하고 미성숙한 열매에서는 잠복 감염 상태로 있다가 열매가 성숙할 때 병 증상을 나타낸다.

○ 병든 열매에서 다시 형성된 분생포자는 비바람에 날리어 다른 열매에 2차 감염을 일으키는 전염원으로 작용한다.

○ 병원균의 생장 적온은 20~27℃이고, 따뜻하고 습한 기후가 지속되면 병 발생이 심해진다.

라. 방제

○ 저항성 품종을 재배하는 것이 좋은 방제 방법이라 할 수 있다.

○ 탄저병 저항성 품종으로는 '머로우(Morrow)', '머피(Murphy)', '레버리(Reveille)' 등이 있으며 탄저병이 발생한 재배지에서는 '블루레이(Blueray)', '바운티(Bounty)', '해리슨(Harrison)' 등의 감수성 품종 재배를 가급적 회피하도록 한다.

○ 블루베리 탄저병 방제용 살균제를 농약 안전사용기준에 맞춰 살포한다.

갈색무늬병

병원체	*Pestalotiopsis* sp
영명	Brown leaf spot

가. 병징과 진단
○ 감염 증상은 주로 잎에서 나타나며, 감염된 잎에는 초기에 적갈색 점무늬가 나타난다.
○ 병이 진전되면 병반이 갈색~암갈색의 부정형 병반으로 확대되고, 심하게 병든 잎은 변색되어 말라 죽게 된다.

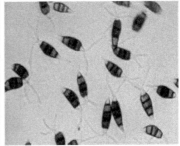

(그림 2-136) 갈색무늬병에 감염된 잎(왼쪽)과 분생포자

나. 병원균
○ 갈색무늬병 병원균은 자낭균으로 *Pestalotiopsis* sp로 감염 부위에서 분생포자를 형성한다.

다. 발생 생태
○ 병원균은 감염가지에서 월동하고, 봄부터 여름철의 비가 오는 시기에 분생포자가 형성되어 전파된다. 분생포자는 주로 잎에 침입하는데, 상처가 난 줄기로도 감염이 된다.
○ 가을에도 고온 다습 조건이 지속되면 병반 형성이 잘되며, 특히 수세가 약해지면 병 발생이 심해진다.

라. 방제

○ 생육기에 균형 시비를 하여 수세가 약해지지 않도록 관리하는 것이 중요하다.

○ 현재 국내에 갈색무늬병 약제로 등록된 것이 없다. 약제 살포가 필요할 경우에는 다른 과수의 갈색무늬병 방제용으로 등록되어 있는 약제를 살포하되, 반드시 살포 전에 블루베리에 대한 약해 여부를 검토해야 한다.

잿빛곰팡이병

병원체	*Botrytis cinerea*
영명	Botrytis blight

가. 병징과 진단

○ 이 병은 꽃, 어린 가지, 잎, 열매에서 발생하는데 특히 꽃이 시든 후에 떨어지지 않고 가지에 매달려 있는 꽃잎에 많이 발생한다.

○ 감염 부위는 초기에 갈색 혹은 흑색으로 변하고 후에 탈색되면서 황갈색 또는 회색으로 변한다. 생육 초기에 감염된 가지, 꽃, 잎은 변색되어 말라 죽고 열매는 수확기와 수확 후 저장 중에 병을 유발한다.

○ 병든 열매는 초기에 약간 오그라들고, 후에 변색되어 썩으면서 그 위에 많은 분생포자를 형성한다.

(그림 2-137) 잿빛곰팡이병 피해 잎과 과실

나. 병원균

○ 잿빛곰팡이병균은 매우 많은 작물에 병을 유발하는 다범성 곰팡이로 자낭균인 *Botrytis cinerea*이다.

다. 발생 생태

○ 분생자경과 분생포자를 형성하며 병든 식물체에서 휴면균사체로 월동한 후 저온 다습한 봄에 월동한 균체에서 많은 분생포자가 형성되어 감염된다.

○ 분생포자는 바람을 타고 식물체 조직의 수분에 부착하여 발아하고 식물체 내부로 침입하여 병을 일으킨다. 병반에서는 다시 많은 분생포자를 형성하고 이 분생포자가 다시 바람을 타고 건전한 식물체에 침입하여 2차 감염을 유발한다.

○ 저온 다습한 조건에서 발생이 심한데, 기후가 15~20℃로 서늘하고 상대습도가 95% 이상 높을 때 특히 심하게 발생한다.

라. 방제

○ 나무가 무성하게 자랄 경우 바람이 잘 통하지 않아 병 발생이 많을 수 있으므로 질소질 비료를 과다 시용하지 않아야 하며, 전지·전정을 잘 하여 통풍이 잘 되게 하는 것이 매우 중요하다.

○ 현재 블루베리 잿빛곰팡이병 방제용으로 등록된 약제는 없으나 매년 병이 심하게 발생하는 등 방제가 꼭 필요한 경우에는 다른 과수의 잿빛곰팡이병 방제용 약제를 살포해주되, 약제 살포 전에 약해 여부를 면밀히 검토해야 한다.

붉은원형반점바이러스병

병원체	*Blueberry red ringspot virus*(BRRV)
영명	Red ringspot disease

가. 병징과 진단

○ 이른 봄에 작고 붉은 고리 반점이 줄기에 나타나고 늦은 여름부터 엽맥을 따라 붉은 원형 반점이 생긴다.

○ 과실은 크기도 정상과에 비해 작고 원형 반전이 과피에 나타나 착색이 불균일하며 생육이 저하되고 수량도 감소된다.

(그림 2-138) 붉은원형반점바이러스병 병징

나. 발생 생태
○ 전염원은 벚나무깍지벌레로 알려져 있지만 아직까지 정확하게 밝혀진 바 없으며 접목 및 삽목 번식에 의해 전염된다.
○ 감수성 품종은 '블루타', '블루레이', '벌링턴', '코빌', '다로우', '얼리블루', '루벨' 품종이고 저항성 품종은 '블루크롭', '저지' 품종이다.

다. 방제
○ 바이러스병으로 의심되는 나무는 표시를 해두었다가 전문가에 감염 여부를 의뢰한다.
○ 이병주는 조속히 뿌리까지 굴취하여 소각 처리하고 건전한 묘목을 재식하도록 한다.

제3장

과수 해충 총론

1. 해충 방제의 개념
2. 해충 방제의 기초

1. 해충 방제의 개념

해충 방제의 문제점과 대책

지금까지 관행적인 과수 해충 방제는 과수를 가해하는 해충 발견 시 발생 밀도 수준에 상관없이 완전히 박멸하고자 하는 데에 중점을 두었다. 이런 이유로 과수를 가해한다고 생각되는 해충이 발견되기만 하면 바로 약제를 살포하거나 정확한 해충 발생 유무 및 밀도 확인 없이 주기적 약제 살포에 의존할 수밖에 없었다.

이러한 살충제 살포 일변도의 해충 방제는 몇 가지 면에서 문제를 근본적으로 해결하지 못했다. 즉 주기적(관행적)인 살충제 살포로 복숭아심식나방과 같은 주요 나방류 해충들에 의한 피해를 줄이는 데에는 많은 성공을 거두었으나, 동시에 천적 등을 비롯한 과원 내 유용 생물들도 제거함으로써 응애류와 진딧물류 그리고 사과굴나방 등 2차 해충의 대발생을 야기하기도 했다. 또한 응애류와 진딧물류 같은 2차 해충들이 문제되자 다시 이것을 방제하고자 많은 약제를 살포하게 되었고, 결국은 약제 저항성이 유발되어 기존 약제 효과를 감소시킴은 물론 더 자주, 더 진한 약제와 더 많은 약제 혼용 등 약제 살포의 악순환을 초래하였다.

현재는 우리 농산물도 국제 경쟁력을 갖추어야 하는 시대이다. 한·중, 한·미, 한·EU FTA 진행으로 우리 농산물에 대한 보호무역 장벽이 허물어짐으로써 외국 농산물과 품질뿐만 아니라 가격 면에서도 경쟁을 해야 한다. 즉 과실 생산 과정에서 최대한 생산 비용을 절감하면서 신선하고 안전한 과실의 생산이 필요한 것이다. 해충 방제적인 측면에서 비용 절감은 일차적으로 발생 해충의 정확한 동정 및 발생 수준 정보를 이용한 약제 살포 횟수의 절감을 통해 이루어져야 한다. 이를 위해서는 주기적(관행적) 약제 살포가 아닌 예찰에 근거한 약제 살포와 적기 살포로 방제 목적을 달성하면서 살포 횟수를 줄여야 한다. 또한 모든 해충을 눈에 보이지 않도록 박멸하는 것이 아니라 경제적 피해 수준 이하로 해충 발생 밀도를 유지하고자 하는 인식의 전환이 필요한 시점이다.

과수 해충의 생태적 구분

과수를 가해하는 것으로 알려져 있는 해충 수는 수백 종 이상이 되지만 발생 해충 모두가 경제적으로 문제가 되는 것은 아니다. 어떤 해충은 적게 발생해도 과실 생산에 큰 경제적 피해를 주지만 어떤 종은 어느 정도 발생해도 문제가 되지 않는 것들이 있다. 즉 경제적 피해 위험도와 발생 정도에 따라서 해충을 몇 개의 무리로 나누어 볼 수 있다.

가. 관건 해충

대부분 과실을 직접적으로 가해하는 것으로 매년 지속적으로 발생하므로 최우선적으로 방제 대책이 수립되지 않으면 심각한 경제적 손실을 주는 종류이다. 이러한 해충은 천적에 의한 발생 억제를 기대하기는 어려우므로 인위적인 방제가 필수적이다. 여기에 속한 해충은 복숭아심식나방, 복숭아순나방 등이다.

나. 산발 해충

이들 해충은 관건 해충 방제를 위해 살포하는 농약에 의하여 동시 방제되거나 효과적인 천적이 있어서 경제적 피해 수준 이하로 자연 방제되는 해충이다. 보통 잎과 과실을 동시에 가해하는 해충으로 해에 따라 많이 발생되어 경제적 피해를 야기할 정도로 문제될 수 있다. 잎말이나방류가 대표적인 종류이다.

다. 2차 해충

과실을 직접 가해하는 것이 아니고 주로 잎이나 신초를 가해하기 때문에 직접적인 손실을 야기하지는 않으며, 보통은 유용 천적이 다량 존재하여 자연적으로 발생이 억제되는 해충이다. 관건 해충 방제를 위해 살포되는 농약에 의해 천적상이 파괴될 경우 대발생되어 경제적 피해를 줄 수 있는 해충을 말하며 응애류, 진딧물류, 사과굴나방 등이 이에 속한다.

라. 비경제 해충

이들 해충은 과수나무를 가해하기는 하나 경제적인 피해를 일으킬 만큼 밀도가 증가하지 못하는 해충으로 실제 방제가 필요 없는 해충이다. 다른 과수나 채소를 가해하는 진딧물이나 응애류 일부가 여기에 속한다. 위와 같이 과수 해충은 적극적으로 중점 방제해야 할 해충과 발생이 어느 정도 되어도 경제적 피해를 주지 않는 해충으로 구성되어 있으므로 모든 해충을 무차별적으로 중점 방제할 필요는 없다. 그러므로 관건 해충이 중점 방제될 수 있도록 약제 방제 대책을 수립하고 산발 해충들이 동시 방제되도록 하며, 2차 해충들은 발생이 문제될 때 방제하는 체계로 나아가야 할 것이다. 또한 유용 천적에 독성이 낮은 약제를 선택하여 천적의 해충에 대한 밀도 억제 잠재력을 높이고, 해충 발생을 줄일 수 있는 재배법을 적용하는 종합적인 해충 방제 대책을 수립해야 한다.

최근 들어 지구 온난화와 교역 증가 등으로 외부에서 유입된 해충이나 과거에 문제가 되지 않았던 비경제 해충이 급격히 번져 농작물에 상당한 피해를 주는 사례들이 많이 나오고 있다. 과수에서는 2000년대 후반 들어 꽃매미, 갈색날개매미충, 미국선녀벌레 등 돌발 해충이 발생해 포도, 사과, 배 등 과실에 피해를 주고 있다.

꽃매미는 2004년 천안에서 처음 발견된 이후 발생 면적이 2006년 1ha, 2012년 6천 900ha로 급증했는데 이 해충은 발생원과 피해 지역이 달라 방제가 매우 어려운 것이 특징이다.

갈색날개매미충은 2010년 충남과 전북에서 돌발적으로 발생한 해충이다. 발생면적이 2011년 6천 600ha에서 2012년에는 2만 5천 100ha로 급격히 늘어났는데 산란으로 가지가 말라 죽어 사과, 배, 복숭아, 포도 등 과실수에 큰 피해를 준다. 2013년 상반기 예찰 결과 경기, 충북, 전남 등 전국 5개도 23개 시·군에서 알 덩어리 상태로 월동하는 것이 확인됐다.

미국선녀벌레는 2009년 경남, 서울, 경기 3개 지역에서 처음 발견된 해충이다. 2012년 조사 결과 31개 지역에 발생이 확인되었는데 과수, 과채류는 물론 단풍나무, 느릅나무에도 피해를 준다.

이런 돌발 해충들은 기후와 농업 환경 변화, 농산물 교역 증가, 연작재배 등 과거와는 다른 재배 환경으로 인하여 그 발생 면적이 확대되고 있는 것으로 여겨지고 있다.

해충 관리의 경제적 개념

가. 해충 발생 밀도의 구분

해충이 작물에 피해를 주는 방식은 해충마다 다르다. 적게 발생해도 과실을 직접 가해하여 경제적 피해를 크게주는 해충이 있고, 잎만을 가해하여 발생이 어느 정도 수준이 되더라도 경제적 피해는 적은 해충이 있다. 그러므로 해충의 발생량 수준만을 비교해서 방제를 수행하는 것은 잘못된 생각으로, 해충 발생량을 경제적 손실의 크기로 비교해서 방제 대책을 수립해야 한다.

(1) 경제적 피해 수준(EIL : Economic Injury Level)

경제적 손실이 나타나는 해충의 최저 밀도, 즉 해충에 의한 피해액과 방제비가 같아지는 수준의 밀도를 말한다. 경제적 피해 수준은 작물의 경제성, 지역, 사회적 여건 등에 따라 달라질 수 있다. 즉 현재 과실 가격이 높다면 경제적 피해 수준은 낮아지는데 이것은 해충의 발생 밀도가 낮은 상태에서 약제를 한번 더 살포하더라도 과실 가격이 높기 때문에 경제적으로는 이득이라는 의미이다. 이러한 기준은 해충의 종류에 따라 달라진다. 응애류나 진딧물 같이 잎만을 가해하는 해충은 간접적인 피해를 주기 때문에 경제적 피해 수준이 높으나, 심식충류는 과실을 직접 가해하기 때문에 낮은 밀도로 발생하더라도 과실에 직접적인 경제적 손실을 주어 경제적 피해 수준이 낮다.

(2) 경제적 피해 허용 수준(ET : Economic Threshold)

해충의 밀도가 경제적 피해 수준에 도달하는 것을 억제하기 위하여 방제 수단을 써야 하는 밀도 수준이다. 경제적 피해가 나타나기 전에 방제 수단을 사용할 수 있는 시간적 여유가 있어야 하기 때문에 경제적 피해 수준보다는 낮다.

(3) 일반 평형 밀도(GEP : General Equilibrium Position)

일반적인 환경 조건에서 장기간에 걸쳐 형성된 해충 개체군의 평균 밀도이다. 즉 기생자, 포식자, 병원균 등 해충 천적들의 영향으로 현재 형성된 해충의 발생 크기로 이 발생 수준을 중심으로 발생량이 변화한다.

나. 해충의 경제적 지위

해충의 발생 정도는 지역적으로나 계절적으로 또는 해에 따라서 다른 경우가 많다. 매년 많이 발생하여 피해를 주는 종류가 있는 반면, 간헐적으로 많이 발생하여 피해를 주는 해충이 있다. 이뿐만 아니라 발생은 하더라도 과수 생산에 영향을 미치지 않으므로 방제가 필요 없는 해충도 있다. 현재 해충의 발생상은 경제적 피해 크기와 관련하여 몇 가지 범주로 나누어 볼 수 있다.

(1) 잠재 해충(Potential Pest)

밀도가 항상 경제적 피해 수준(EIL)보다 훨씬 아래에 있어서 방제 대상이 되지 않는 해충이다. 그러나 이들은 환경 조건이 바뀌어 밀도가 증가하면 경제적으로 중요한 해충이 될 수 있다.

(2) 간헐 해충(Occasional Pest)

밀도가 가끔 경제적 피해를 넘는 해충으로 방제 수단이 강구되어야 하는 해충이다. 어느 해에는 발생이 없다가 기상 등 환경 조건에 따라 많이 발생되는 해충을 말하며 흡수나방류, 꼬마배나무이 등이 대표적이다.

(3) 수시 해충(Frequent Pest)

밀도가 경제적 피해 수준을 넘는 빈도가 잦고, 그 정도도 커서 항상 경계가 필요한 해충이다. 현재 과수에서 많이 발생하고 있는 응애류, 진딧물류, 굴나방류 등이 여기에 속한다. 이들은 과거에는 잠재 해충이었으나 과다한 약제 살포로 유용천적이 제거되자 수시 해충으로 변한 종류들이다.

(4) 상시 해충(Constant Pest)

일반 평형 밀도(GEP)가 경제적 피해 수준 이상 또는 그 근처에서 형성되어 피해 정도가 가장 높고 항상 문제가 되는 해충이다. 이런 해충은 일반적으로 직접 과실을 가해하는 해충으로 주기적인 약제 방제를 수행하고 있기 때문에 현재의 일반 평형 밀도가 변화된 상태(MEP)에서 형성된다. 과수에서는 복숭아심식나방 등이 여기에 속한다.

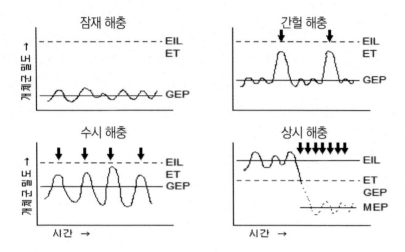

(그림 3-1) 경제적 지위에 의한 해충 구분

2. 해충 방제의 기초

해충의 발생 생태

가. 곤충의 변태

알에서 부화한 유충은 성충과 비슷한 모양인 것도 있지만 대개는 성충과 형태가 다르다. 유충이 여러 차례 탈피를 거듭한 후에야 성충의 외형으로 변하는데 이와 같은 현상을 변태라 한다. 나비, 나방, 딱정벌레, 벌 따위의 많은 곤충은 알에서 부화한 유충이 용기(번데기)를 거쳐서 성충이 되는데 이것을 완전변태라 한다. 메뚜기, 매미, 잠자리, 하루살이 등의 곤충은 알에서 부화하여 유충과 번데기가 명백히 구분되지 않는 기간을 거쳐서 바로 성충이 되는데, 이와 같은 변태를 불완전변태라 한다.

(1) 부화

알 껍질 속의 배자가 일정한 기간을 경과하여 완전히 발육하면 알 껍질을 깨뜨리고 밖으로 나오게 되는데 이와 같은 현상을 부화라 한다.

(2) 유충의 성장

알에서 부화한 어린벌레를 유충(완전변태 곤충의 어린벌레) 또는 약충(불완전변태 곤충의 어린벌레)이라 한다. 유충은 다음 단계로 자라기 위하여 묵은 표피를 벗어야 하는데 이와 같은 현상을 탈피라 한다. 탈피 횟수와 각 유충 단계의 기간은 곤충의 종류와 주위 환경에 따라서 다소 차이가 난다.

(3) 용화

충분히 자란 유충은 먹는 것을 중지하고 번데기(용)가 되는데, 이것을 용화라 한다. 번데기는 활동력과 방어력이 없으므로 기생자나 천적의 눈을 피하기 위하여 여러 가지 보호물, 예를 들면 땅속 또는 나무껍질 속, 낙엽 뒷면 등에 숨는다. 어떤 종류들은 스스로를 보호하기 위하여 직접 고치를 만들며 그 속에서 번데기가 된다. 풍뎅이류의 유충(굼벵이)은 토양 속에 흙을 다져서 숨고 쐐기나방은 석회질을 분비하여 단단한 고치를 만드는 등 곤충은 번데기 기간 동안 자신을 보호하기 위하여 다양한 생존전략을 편다.

(4) 우화

번데기에서 성충이 되는 것을 우화라 한다. 우화 직후의 성충은 몸이 무르고 빛깔도 옅으나, 시간이 경과하면서 차차 날개가 펴지고 빛깔도 진하게 되면서 고유의 색깔이 나타나고 피부가 굳어진다.

(5) 산란

성충은 일반적으로 우화한 후 일정 기간이 지나면 성숙하여 교미를 하고 알을 낳는다. 산란 습성(산란 수, 산란 장소, 산란 상태 등)은 곤충의 종류에 따라 다양하며, 같은 종이라도 시기와 발육 정도에 따라 차이가 있다. 대부분의 종은 알을 천적 등의 눈에 잘 띄지 않게 잎 뒷면이나 다른 종들의 접근이 어려운 장소에 숨어서 낳는다. 사마귀, 메뚜기 등은 일종의 피복물을 분비하여 알 덩어리를 감싸며, 천막벌레나방이나 매이나방은 알 덩어리에 몸의 털을 붙여 놓는다.

나. 곤충의 발육세대
(1) 세대

곤충이 알에서 유충(또는 약충), 번데기를 거쳐 성충이 되고 다시 알을 낳게 될 때까지를 한 세대라 하는데 이와 같은 변화를 생활사라고도 한다. 곤충에는 1년에 한 세대를 경과하는 것(1화성), 1년에 여러 세대를 경과하는 것(다화성), 한 세대에 1년 이상을 요하는 것 등 여러 종류가 있다. 같은 종이라도 주위 환경, 특히 기상 요소에 따라서 달라지기도 한다.

(2) 성충 기간

성충 기간은 산란 전기, 산란기, 산란 후기 등으로 나누어 볼 수 있다. 산란 전기는 성충 우화 후 알을 낳기 전까지의 기간을 말하며, 산란기는 산란 행동을 하는 기간이다. 산란 기간을 마친 성충이 죽을 때까지를 산란 후기라 한다.

(3) 난 기간

알이 부화하기 전까지의 기간을 난 기간이라 하는데 난 기간도 곤충의 종류 및 환경에 따라서 다르다. 예를 들면 파리 같은 것은 2~3일로 아주 짧은 편이고 복숭아순나방 등은 7일 내외이다. 이 외의 곤충들은 것은 10일 내외로 부화하는 것이 많다. 한편 매미나방은 6~7월에 낳은 알이 이듬해 4월경 부화하므로 난 기간이 약 9개월이나 되며, 말매미의 난 기간은 300여 일이다.

(4) 유충 기간

알에서 부화한 유충이 번데기(불완전 변태류에서는 약충)가 될 때까지의 기간을 유충 기간이라 한다. 곤충은 보통 이 기간에 자라며 가장 많은 먹이를 섭취하여 농업에 주된 피해를 유발하기 때문에 방제적인 측면에서 매우 중요한 기간이다. 또한 다른 기간에 비하여 약제 접촉 및 흡입 시 감수성이 높고 이동성이 적기 때문에 주 방제가 이루어져야 하는 시기이다.

(5) 용(번데기) 기간

번데기가 된 후 성충이 되기 전까지의 기간을 용 기간이라 한다. 용 기간도 다른 기간과 같이 곤충의 종류 및 환경에 따라서 다르다. 이 기간에 곤충들은 대부분 휴면 상태이거나 딱딱한 키틴질 물질로 몸을 싸고 있기 때문에 약제를 이용한 방제가 어렵다.

해충 발생 예찰

가. 예찰의 필요성

해충은 여러 발육 단계를 갖고 있으며, 그 시기마다 약제에 대한 감수성이 다르다. 그러므로 약제 방제를 하고자 할 때는 약제 효과가 가장 좋은 시기에 살포하는 것이 필요하다. 예를 들면 심식나방과 같은 해충은 유충이 과실 내부로 뚫고 들어가기 전에 방제를 실시해야 하지만 응애류는 잎당 2~3마리 발생 시 방제를 실시하여도 크게 문제되지 않는다. 또한 최근에는 약제 살포 횟수를 절감하기 위해서 발생 해충의 정확한 종 분류와 발생 수준 예찰에 의한 과학적 방제 시기 설정이 매우 중요시되고 있다.

나. 발생 시기의 예찰

일반적으로 발생 시기 예찰은 어떤 해충이 언제쯤 나타날 것인지 예측하는 것이다. 우리나라에서 발생하고 있는 해충은 대부분 겨울이 되면 겨울잠(동면)을 자고 다음 해 온도가 올라가면 겨울잠에서 깨어나 다시 활동을 시작하는 특성을 지닌다. 때문에 해충이 봄철 발육을 시작하는 시점에서부터 온도를 측정하여 발생 시기를 예측할 수 있다. 해충의 발생 시기는 수년간 그 지역의 환경과 상호작용하여 형성되었기 때문에 기주식물의 발육과도 일치하는 경우가 많다. 진딧물 및 응애류는 기주식물이 발아하는 시기에 월동 알이나 월동 유·성충 상태에서 깨어나며, 과실을 가해하는 나방류는 대부분 월동 번데기 상태로 겨울을 난 다음 과실이 맺힌 후 발생하는 것이 일반적이다. 최근 복숭아심식나방, 복숭아순나방 등 주요 과수나방류에 대한 페로몬 트랩이 보급되어 전국의 많은 과수 농가가 지역별로 활발한 예찰 활동을 하여 발생 시기 정보를 공유함으로써 방제 시기 설정에 많은 도움을 주고 있다.

다. 발생량의 예찰

발생량의 예찰은 해충이 얼마만큼 발생할 것인지 예측하는 것이다. 단기적으로는 예찰을 실시하는 시점까지의 자료를 이용하여 이후의 발생량을 예측해 방제 시기를 설정할 필요가 있다. 일반적으로 1세대의 발생량 크기로 다음 세대의 발생량을 가늠해 볼 수 있으나 해충의 번식능력, 환경 저항력 등과 작물체의 상태와 같은 복잡한 환경요인이 서로 얽혀 있어 정확히 예측하기는 어렵다. 그러므로 실제 재배지에서 얻은 많은 경험과 누적된 자료에 의한 판단이 매우 중요하다. 거시적인 측면에서는 그 해의 기후 상태에 따라 발생량을 예측할 수 있는데, 예를 들면 진딧물류의 경우는 저온성 해충이기 때문에 온도가 낮은 해에 많이 발생하지만 점박이응애는 고온 건조한 해에 많이 발생하는 경향이 있다.

라. 발생 예찰 기술

예찰의 방법으로는 야외관찰조사(육안조사, 트랩이용 등), 실험적 예찰, 통계적 예찰법 등이 있다. 현재는 환경 즉 온도, 습도, 일장, 작물의 생육 상황, 품종 특성 등 모든 상황을 분석하여 방제 여부를 결정하는 예찰 기술들이 개발되고 있다. 과수 재배에서 가장 요구되는 것은 발생 시기 예찰 기술과 방제 밀도를 결정하는 예찰

기술이라 할 수 있다.

(1) 적산 온도에 의한 과수 해충 예찰방법
해충 발생 시기는 적산 온도를 통해 쉽게 예측할 수 있다. 적산 온도는 해충의 발육에 필요한 온도를 누적하여 얻을 수 있으며, 이때 평균 온도에서 해충의 발육이 시작되는 온도인 발육 영점 온도 이상의 온도를 누적한다.

[적산 온도 계산법]
○ 일 유효 온도 = 일 평균 온도 - 발육 영점 온도
　　일 평균 온도가 발육 영점 온도 이하이면 그날의 일 유효 온도는 '0'
○ 적산 온도 = 일 유효 온도 누적

(2) 페로몬을 이용한 나방류 해충 발생 예찰
최근 곤충의 페로몬은 예찰 방제와 교미교란을 통한 방제에 이용되고 있다. 전 세계적으로 페로몬을 이용한 예찰용 트랩으로 코드링나방 등 190여 종이 상업화되어 있다. 국내의 경우 과수에서 복숭아심식나방, 복숭아순나방, 복숭아굴나방 등 10여 종의 페로몬이 과수 해충 예찰에 이용되고 있다.
○ 페로몬 트랩 사용방법 : 과원 내 관찰하기 쉽고 바람이 잘 통하는 곳에 설치하고, 트랩 간 최소 5m 간격으로 사람의 눈높이 정도(1.5m) 높이에 설치한다.

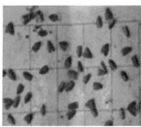

예찰용 페로몬 트랩　　　　포획된 나방류 해충　　　　무인예찰 IT-페로몬 트랩
(그림 3-2) 과수원에서 주요 나방류 예찰용 페로몬 트랩

〈표 3-1〉 대상 해충별 트랩 설치 및 교체 시기

대상 해충	트랩 설치	페로몬 방출기 교체 주기	끈끈이판 교체
복숭아순나방	3월 하순		
복숭아심식나방	5월 하순		
사과애모무늬잎말이나방	4월 하순	2~3 개월 이내	● 유인된 나방이 많은 경우 ● 이물질 부착으로 끈끈이판 접착력이 떨어진 경우
사과무늬잎말이나방	4월 하순		
사과굴나방	3월 상순		
은무늬굴나방	4월 하순		

〈표 3-2〉 페로몬 예찰에 따른 주요 나방류별 방제 적기

구분	복숭아순나방	복숭아심식나방	사과애모무늬잎말이나방	사과무늬잎말이나방	사과굴나방	은무늬굴나방
가해 과실	사과, 매실, 복숭아, 배, 자두 등	사과, 매실, 복숭아, 배, 자두 등	사과, 매실, 복숭아, 배, 자두 등	사과, 매실, 복숭아, 배, 자두 등	사과	사과, 사과 대목 등
가해 부위	잎(신초), 과실	과실	잎, 과실	잎, 과실	잎	잎(신초)
발생 생태	4~9월, 연 4~5회 발생	6~9월, 연 2회 발생	5~10월, 연 3~4회 발생	5~9월, 연 2~3회	4~9월, 4~5회 발생	5~9월
방제 적기 (5일마다, 마리/트랩)	30마리 이상이면 방제 고려, 50마리 이상이면 반드시 방제	15마리 이상이면 방제 고려, 20마리 이상이면 반드시 방제	5마리 이상이면 방제 고려	5마리 이상이면 방제 고려	1,000마리 이상 2~3회 발생하면 방제 고려	–

해충 방제 기술

해충 방제에 이용되는 기술은 해충의 발생 밀도를 낮출 수 있는 모든 수단을 말한다. 여기에는 농약 사용, 천적 이용, 내충성 품종 이용, 재배적 방제, 물리적 방제, 주화성 이용, 호로몬 이용, 페로몬 이용, 곤충 생장조절제 이용, 불임성 이용, 유전학 이용, 법적 방제 등 모든 방제 기술이 포함된다. 과수에서 많이 이용하고 있는 방제 기술은 화학적 방제, 생물적 방제, 재배적 방제, 물리적 방제, 종합적 방제 등으로 나누어 볼 수 있다.

가. 화학적 방제

화학적 방제는 화학물질을 이용한 방제법을 말하며, 약제 방제라고도 할 수 있다. 일반적으로 병해충 방제라 하면 화학적 방제를 연상할 정도로 널리 의존하고 있는 방법이다. 그 이유는 농약 사용이 효과가 빠르고, 재료를 쉽게 구할 수 있으며 사용하기 간편하다는 등 많은 장점이 있기 때문이다. 그러나 효과가 좋은 만큼 부작용도 많다. 과다한 농약 사용은 천적을 제거하여 전에는 문제되지 않았던 해충을 발생시키거나, 약제 저항성을 유발해 약제 효과를 감소시키기도 한다. 또한 인축에 해를 끼칠 뿐만 아니라 농업 환경을 오염시키는 요인이 되기도 한다.

화학적 방제에 이용되는 농약은 대부분 신경독을 일으켜 해충을 죽이는 특성을 갖고 있지만, 이와는 작용 기작이 매우 다른 농약도 있다. 대표적인 종류로 곤충의 탈피 과정 중 딱딱한 외골격을 형성하지 못하도록 하여 방제 효과를 거두는 키틴 합성 저해제가 있으며 이 계통의 약제는 천적과 인축에는 피해가 적은 특징이 있다. 그러므로 약제 방제 시에도 약제의 특성을 고려하여 약제를 선택하는 지혜가 필요하다.

나. 생물적 방제

생물적 방제법은 포식성 곤충, 기생성 곤충, 포식성 동물, 기생균, 바이러스, 기생선충, 항생미생물 등과 같은 병해충의 천적을 방제 수단으로 이용하는 방법이다. 생물적 방제를 수행하는 방법에는 토착 천적을 보호하는 방법, 천적류를 대량 증식하여 방사하는 방법이 있다. 우리나라에서는 1970년대에 제주 지방의 루비깍지벌레를 방제할 목적으로 일본에서 루비붉은깡충좀벌을 도입하여 정착시키는 데 성공한 바 있다.

과수에서 광범위하게 이용할 수 있는 방법은 토착 천적을 보호하고 유지시키는 것이다. 외국에서는 응애류 천적인 포식성 곤충에 독성이 낮은 약제를 살포해 성공적으로 응애를 방제하고 있는 것으로 알려져 있다. 우리나라 과수원에도 응애류 천적으로 긴털이리응애, 풀잠자리, 무당벌레, 포식성 노린재류, 깨알반날개 등 수종이 서식하고 있으며 이 천적들은 동시에 진딧물류도 포식한다. 이뿐만 아니라 굴나방류 등 현재 많이 발생하고 있는 해충들도 천적이 무수히 존재하고 있으나 무분별한 약제 살포로 그 효과를 보지 못하고 있다. 그러므로 이들 천적에 독성이 낮은 약제를 살포하여 과원의 해충 방제 체계를 개선해 나가야 할 것이다.

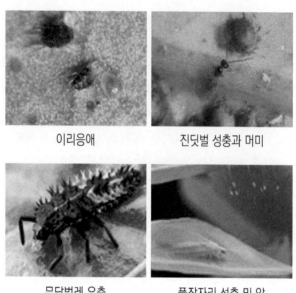

|이리응애|진딧벌 성충과 머미|
|무당벌레 유충|풀잠자리 성충 및 알|

(그림 3-3) 과수원의 주요 천적

다. 재배적 방제

병해충의 생존이나 증식은 환경 조건의 지배를 받게 되며 병해충의 발생은 작물의 종류와 품종, 시비량, 재식 밀도, 재배 시기 등 관리 방법에 따라 달라진다. 그러므로 여러 가지 재배적인 수단을 동원하여 병해충의 발생을 낮추는 재배적 방제가 필요하다.

재배적 방제는 때로 약제 방제보다 탁월한 효과를 갖는다. 예를 들면 포도에 치명적인 피해를 주는 뿌리혹벌레를 저항성 품종 재배를 통해 약제 방제 없이 완전 방제한 사례가 있다. 또한 밀식, 강전정, 질소 과다 등은 나무를 웃자라게 하여 병해충의 피해를 받기 쉽게 하므로 건전한 수세가 유지되도록 재배 환경을 개선하는 것도 하나의 재배적 방제법이다. 또한 전정한 가지와 낙엽 등은 병해충의 주요 월동처가 되므로 제거하여 재배지를 깨끗하게 하면 병해충의 발생을 크게 줄일 수 있다.

라. 물리적·기계적 방제

병해충은 온도, 습도, 광선 등 물리적 조건에 견딜 수 있는 한계가 있다. 정상적인 생리작용이나 활동을 할 수 없는 조건을 조성하여 병해충의 발생을 억제시키는 방법을 물리적 방제라 하며, 간단한 기구를 사용하는 방법을 기계적 방제라 한다. 이러한 방법으로는 봉지 씌우기 같은 차단 방법과 월동 서식지에 설치하여 월동 해충을 방제하는 유살·포살 방법 등이 있으며 온도 처리, 광선이나 방사선, 초음파 등을 이용하는 방법도 있다. 과수에서는 유리나방이나 하늘소류 같이 줄기에 들어 있는 해충을 가는 철사 등으로 포살하는 방법을 많이 사용하고 있다.

마. 해충종합관리(IPM)

(1) 기본개념

해충 방제 시 화학적 방제(농약 사용)는 현상적으로 큰 성과를 거둔 게 사실이나, 농약에 저항성을 지닌 해충의 출현, 짧은 방제 효과, 지금까지 문제되지 않았던 해충의 발생량 증가 그리고 환경오염 문제 등 농업생태계에 악영향을 미치고도 있어서 해충 문제를 해결을 위한 완벽한 수단이 될 수는 없다. 그러므로 화학적 방제에만 치우치지 말고, 환경에 미치는 부작용을 최소한으로 하면서 해충의 발생을 경제적 피해 수준 이하로 억제·유지시키는 방제 수단이 필요하다. 이러한 취지로 성립된 해충 방제기술이 해충종합관리기술이며 이 기술을 통해 이용 가능한 모든 방제 수단을 통일성 있게 활용할 수 있다.

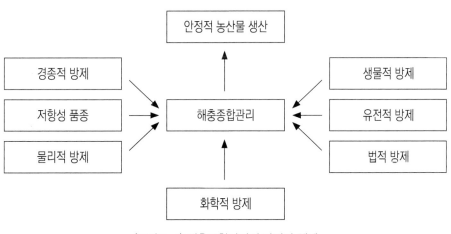

(그림 3-4) 해충종합관리의 방법과 체계

해충종합관리 수행 시 기본적인 실천사항을 요약하면 다음과 같다.

○ 전혀 농약을 사용하지 않고 경작을 하는 것이 아니라 꼭 필요한 경우에 한해 농약을 사용하며, 가능한 한 이로운 동물이나 천적에 영향이 적은 농약을 선택적으로 사용한다.

○ 박멸하는 것이 아니고 자연 생태계의 일원으로 또는 천적의 먹이로 우리 인간에게 경제적 피해를 주지 않는 수준 이하로 억제한다.

○ 방제 수단마다 장단점이 있으므로 발생 시기 및 발생량에 따라서 방제 수단을 강구한다. 농약은 재배적인 관리나 천적을 고려한 후 최후의 수단으로 사용한다.

○ 문제가 되고 있는 특정 해충에만 주목하지 말고, 작물이 생장하고 있는 전체면적에서 살고 있는 천적이나 문제되지 않는 곤충 및 생물에 대한 영향도 고려하여 방제 체계를 수립한다.

○ 단위 면적당 최대 수량에 목표를 두지 않고 부가가치를 최대로 높이는 최적 수량을 목표로 한다.

(2) 우리나라 과수IPM 발전방향

해충종합관리(IPM)는 이용 가능한 모든 방제 수단을 동원하는 것이다. 그러므로 재배적으로 해충의 발생을 낮출 수 있는 수단을 기본적으로 수행하는 것이 필요하다. 즉 질소 시비 균형, 배수 관리, 수세 관리, 재배지 위생 등을 철저히 하여 일차적으로 해충이 많이 발생하는 환경을 제거해야 한다. 그다음이 천적을 보호할 수 있는 약제 선택이다. 또한 잎이나 신초를 가해하는 2차 해충이 발생할 경우 무조건 약제를 살포하지 말고 예찰에 근거하여 살포한다. 더 나아가 교미교란에 의한 해충 방제 기술 및 정확한 예찰 기술 등이 더욱 발전되어야 할 것이다.

제4장

과수 해충 생태와 방제

1. 사과 해충

우리나라에서 사과 해충은 총 312종으로 과수류 중 가장 많다. 이 중 나비목이 169종으로 가장 많고 딱정벌레목, 매미목 순으로 많다. 그러나 이들 모두가 방제를 해야 될 정도로 문제가 되는 것은 아니고 대부분은 경제적인 피해를 주지 않는다. 발생량도 많고 실제 피해가 문제되어 방제해야 하는 해충으로는 사과응애, 점박이응애, 사과혹진딧물, 조팝나무진딧물, 복숭아심식나방, 복숭아순나방, 사과굴나방, 은무늬굴나방, 나무좀류, 과실가해 노린재류 등이 있다. 해충의 발생 변천도 재배되는 사과나무의 품종과 대목, 재식 거리와 전정 등 재배 양식, 농약 사용 및 지면 잡초 관리 등의 변화에 의해서 크게 영향을 받는다. 특히 주품종이 잎이 두껍고 뒷면에 털이 많은 '후지'로 변화되면서 점박이응애의 서식 및 먹이 조건이 좋아져 다발생이 조성되는 경향이 있다. 1920년대 문제되었던 사과면충은 천적인 면충좀벌을 도입·방사하여 생물적 방제를 성공적으로 이뤄내 밀도를 억제해 왔다. 그러나 살충제의 무분별한 사용으로 지하부 뿌리에 생존하던 사과면충이 살충제에 저항성을 지니게 되거나, 여름철 유기인제 등 방제 효과가 있는 살충제를 너무 많이 절감하면서 지상부에 발생이 많아지고 있다. 과실에 큰 피해를 주었던 심식나방류는 봉지 씌우기로 피해를 방지했었으나 효과적인 전문 약제들이 개발됨에 따라 관행 방제 사과원에서는 경제적인 피해 수준 이하로 발생을 낮게 유지하고 있다. 그러나 최근에 주변의 야생기주나 폐원 및 관리 소홀원에 이들 나방류의 발생원이 상존하므로 관행재배 사과원에도 피해 위험성이 적지 않다. 과실을 직접 가해하지 않고 잎이나 어린 신초를 가해하며 천적류에 의해서 낮은 밀도로 발생하는 해충들을 2차 해충이라고 한다. 그러나 심식나방류 등 과실을 가해하는 해충의 방제를 위하여 살포되는 농약에 의해 이들 2차 해충의 천적들이 사과원에서 거의 자취를 감추어 응애류, 조팝나무진딧물 및 굴나방류의 발생이 문제되기 시작하였다. 한편 진딧물과 응애류는 세대 기간이 짧고 약제 저항성이 빨리 생기는 특징이 있기 때문에 사과의 *가장 큰* 문제 해충이 되었으며, 현재는 이들을 방제하기 위한 농약 품목이 가장 많은 비율을 차지하고 있다. 은무늬굴나방은 발생이 문제되지 않으며, 발생이 다소 줄어드는 경향이다. 사과굴나방은 깡충좀벌 등 수종의 기생성 천적이 있으나 일부 지역에서는 농약 살포에 의해 이들의 비율이 급격히 감소하는 7~8월에 많이 발생하는 경우가 있었다. 이들 주요 해충 외에도 수세가 약한 밀식재배 사과나무에 생기는 나무좀 피해, 초생재배와 주변 식생의 변화에 따라 개화기 신초와 어린 과실을 가해하는 애무늬고리장님노린재 피해와 주로 수확기에 과실의 즙을 빨아 먹는 노린재류의 피해가 문제되고 있다. 또한 유해 조류에 의한 과실 피해도 문제가 되고 있다. 특수한 지역에서 주간부에 사과유리나방의 피해가 나타나고, 산간지 과원에 갈색여치의 피해 등이 나타나고 있다. 수출 사과의 경우에는 대상국에 따라 검역대상이 되는 복숭아심식나방, 잎말이나방류 및 벚나무응애, 복숭아명나방 등이 발생하지 않아야 하기 때문에 이들에 대한 방지 대책이 중요시되고 있다. 점박이응애는 전 세계에 발생하지만, 월동 성충은 사과의 꽃받침 부위로 이동하여 모이는 습성 때문에 수출 시 이를 제거하는 데 어려움이 많으므로 과실로 이동하기 전에 철저히 방제를 해야 한다는 문제가 제기되고 있다. 최근 매미목의 날개매미충류의 피해가 나타나는 등 기후, 재배 양식, 농약 사용의 변화 등에 따라서 해충의 발생 양상과 피해 변동이 달라지고 있으며, 이에 대해서 좀 더 지속적인 관찰과 대책 마련이 필요하다.

사과응애

잎응애과	Tetranychidae
학명	*Panonychus ulmi* (Koch, 1836)
영명	European red mite
일명	リンゴハダニ

가. 형태
○ 암컷 성충은 암적색 달걀 모양이고, 등 쪽 털이 뚜렷한 백색 혹 위에 나 있으며 몸길이는 0.4mm 내외이다. 수컷 성충은 황적색으로 암컷보다 몸이 홀쭉하고 다리가 긴 편이며 몸길이는 0.33mm이다.
○ 알은 적색으로 둥글납작하며 윗면 중앙에 털이 하나 있고 직경은 0.15mm이다. 약충은 세 가지 형태(유충, 제1약충, 제2약충)로 구분된다.
○ 유충은 알보다 약간 크며 다리가 3쌍인 것이 특징이다. 제1, 제2약충은 유충보다 점차 커지며 성충과 같이 다리가 4쌍이다. 유충과 약충은 대체로 색깔이 적색이지만 경우에 따라서는 녹색을 띤다.

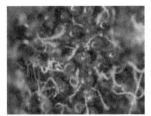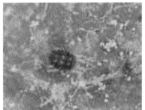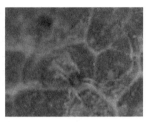

(그림 4-1) 알, 암컷 성충, 수컷 성충

나. 피해 증상

○ 사과나무, 배나무, 복숭아나무 등 100여 종의 수목을 가해한다. 잎의 앞면과 뒷면에서 구침(주둥이)을 세포 속에 찔러 넣고 엽록소 등 내용물을 흡즙하므로 이 부분이 흰 반점으로 보인다.

○ 피해 잎은 황갈색으로 변색돼 광합성 및 증산작용이 저하된다. 심하면 8월 이후 조기 낙엽이 되고, 과실의 비대 생장, 착색, 꽃눈 형성 등에 영향을 주기도 한다.

○ 사과응애는 비교적 응애약에 잘 방제되므로 관행 방제 사과원에서는 발생이 적지만 관리 소홀 과원과 동일 계통의 응애약을 연용해 저항성이 유발된 일부 관행 방제 사과원에서는 7~8월에 대규모로 발생하는 사례가 있다.

○ 응애 피해는 잎당 가해 밀도(마리)와 가해 기간(일)의 영향이 복합해 나타나는데 이를 '누적 가해 일도'라 한다. 미국의 경우 사과나무의 누적 가해 일도가 800일 때를 경제적 피해 수준이라 하며, 이는 잎당 평균 밀도가 30마리 수준에 해당한다.

(그림 4-2) 사과응애 피해 잎

다. 발생 생태

○ 알로 작은 가지의 분 기부나 겨울눈 기부에서 월동하고 사과나무 개화기인 4월 하순~5월 상순에 부화한다. 부화한 유충은 화총의 기부잎으로 이동해 섭식하며, 유충과 약충은 주로 잎 뒷면에 서식하지만 성충이 되면 양면에 모두 서식한다.

○ 부화 2~3주 후부터 성충이 되는데, 수컷이 1~2일 먼저 나와서 정지기인 암컷 근처에서 기다리다가 암컷이 탈피를 마치면 즉시 교미한다. 사과응애는 수정란은 암컷이 되고 미수정란은 수컷이 되며 대체로 암수 성비는 75:25 정도이다.

○ 암컷은 성충이 된 지 2~3일 후부터 알을 낳기 시작하고 평균 30~35개의 알을 잎의 양면, 특히 잎맥 근처에 낳는다. 수명은 15~20일이다.

○ 연간 7~8세대를 경과하지만 7월 이후에는 세대가 중복된다. 6월 하순 이후 기온이 상승하면서 증식이 빨라져 발생 최성기는 7월 하순~8월이지만 응애약 살포에 따라 차이가 있다.

○ 많이 발생해 밀도가 높아지면 어린 가지나 잎의 선단으로 이동해 몸의 상체를 들어올리고 방적기에서 실을 내어 바람의 기류를 타고 근처 다른 나무에까지 분산한다.

○ 9월 하순경부터 월동란을 낳는 암컷이 생겨서 월동 부위로 이동해 산란한다. 10월 중순 이후에는 대부분이 월동란을 낳지만 질소 시비량이 많아서 오랫동안 잎의 상태가 좋은 경우 눈이 내리는 시기까지도 산란이 계속된다. 반면 갈색무늬병이 많이 발생하거나 사과응애의 여름철 피해가 심해 잎의 상태가 좋지 않은 경우 월동란 산란 시기가 빨라진다.

라. 발생 예찰

○ 응애는 크기가 작아서 초기에는 발견하기가 어렵지만 많이 발생해 피해가 심하면 차를 타고 가면서도 피해를 구분할 수 있다. 대부분 잎 위에 있는 응애는 확대경을 사용해야만 구분할 수 있으며, 피해 잎을 만진 손이 붉은색으로 얼룩지면 사과응애가 있음을 알 수 있다.

○ 본래의 발생 예찰법은 일주일마다 나무 하나에 사방 신초 중간에서 잎 10개씩, 나무 열 그루에서 총 잎 100개씩을 채취해 응애 밀도를 조사하는 것으로 잎당 평균밀도가 6월에 1~2마리, 7월 이후에 3~4마리면 응애약을 살포하는 것이 좋다. 이 방법은 시간이 많이 걸리는 문제가 있다.

○ 현재는 발생률에 따른 잎당 가해 밀도 간이추정법이 선호되고 있다. 이는 재배지에서 확대경을 이용해 움직이는 발육태의 응애가 1마리 이상 발생하는 잎의 비율(발생엽률)을 구하는 것인데, 대체로 50%이면 1~2마리, 70%이면 3~4마리가 된다.

○ 발생 예찰 시기는 월동 알일 경우 휴면기에 1회 조사로 충분하지만 잎에서는 개화기부터 가을까지 발생이 계속되므로 이 기간에 5~10일 간격으로 지속적으로 발생 밀도를 조사해 약제 방제 여부와 방제 적기를 판단해야 한다.

마. 방제

○ 응애는 건조하고 고온이 지속될 경우 발생이 급격히 증가한다. 따라서 스프링클러나 점적관수를 적절히 실시해 사과원 수관 내 온도를 낮추고 습도를 적당히 유지하면 응애 발생 정도를 낮출 수 있다.

○ 응애는 잎에 먼지가 많을 경우 다발생하므로 도로변처럼 먼지가 많은 곳에서는 스프링클러를 이용해 가끔 먼지를 제거하는 것이 좋다.

○ 착과량이 적당한 나무보다 과도한 나무가 응애 피해에 더욱 취약하므로 적당한 착과량 조절도 중요하다. 극도로 고온 건조하며 바람이 많은 조건에서 나무가 수분 스트레스를 받으면 응애 피해가 과도하게 나타날 수도 있다.

○ 발아기 직전 3월 하순에 기계유 유제를 60~70배로 살포하면 농약을 절감하면서도 방제 효과가 좋으며 천적류에 영향도 적다. 휴면기(2월 하순~3월 상순)에 20~25배로 살포할 경우 월동란 방제 효과가 높지 않다.

점박이응애

잎응애과	Tetranychidae
학명	*Tetranychus urticae* Koch
영명	two-spotted spider mite
일명	ナミハダニ

가. 형태

○ 암컷 성충은 몸길이가 0.4~0.5mm이다. 여름형은 담황록색 바탕에 몸통 좌우에 뚜렷한 검은 점이 있지만 월동형은 등색(귤색)에 검은 점이 없다. 수컷 성충은 0.3mm 정도이고, 몸이 담갈색에 홀쭉하며 배 끝이 뾰족하고 다리가 긴 특징이 있다.

○ 알은 투명하고 공 모양이며 직경은 0.14mm이다.

○ 유충은 알보다 약간 크며 처음에는 투명하지만 점차 연녹색으로 변하고 검은 점이 생긴다. 눈은 빨갛고 다리가 3쌍인 것이 특징이다.

○ 약충은 세 가지 형태(유충, 제1약충, 제2약충)로 구분된다.

○ 제1, 제2약충은 유충보다 몸과 검은 점이 점점 커지며 녹색이 진해지고 성충처럼 다리가 4쌍이다. 각각의 발육태 중간에는 세 번의 정지기가 있으며 정지기가 끝나면 매번 탈피한다.

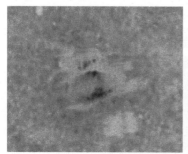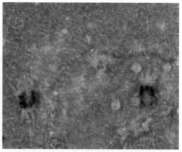

(그림 4-3) 수컷 성충(상)과 암컷 성충(하)-왼쪽 성충, 약충 및 알-오른쪽

나. 피해 증상

○ 사과나무 외에도 배나무의 주요 해충이며 옥수수, 콩 등 전작물과 채소, 화훼, 잡초까지 가해해 기주 범위가 매우 넓다.

○ 과수원의 살충제 사용이 증가함에 따라 천적류가 감소하거나 멸종되고 더불어 약제 저항성이 증대돼 발생이 문제되므로 종합적인 관리대책이 필요하다.

○ 사과응애와 달리 잎 뒷면에만 주로 서식하며, 구기를 세포 속에 찔러 넣고 엽록소 등 내용물을 흡즙하므로 겉면에는 피해 증상이 잘 나타나지 않는다. 피해 잎은 황갈색으로 변색돼 광합성 및 증산작용 같은 잎의 기능이 저하된다. 심하면 8월 이후 조기 낙엽이 되고 과실의 비대 생장, 착색, 꽃눈 형성 등에 영향을 주기도 한다.

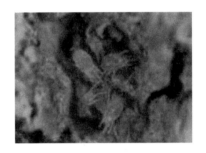

(그림 4-4) 월동하는 점박이응애 암컷 성충

다. 발생 생태

○ 연 8~10세대를 경과하며 교미한 암컷 성충으로 나무줄기의 거친 껍질 틈새나 지면의 잡초 또는 낙엽에서 월동한다. 3월 중순경부터 월동 장소에서 이동하는데 지면에서 사과나무로 또는 사과나무에서 지면으로 이동이 동시에 일어난다.

○ 이때 사과나무 눈이나 잡초 등 적당한 먹이를 찾으면 섭식을 시작한다. 몸 색깔이 여름형으로 변하면서 2~5일 후부터 알을 낳는데, 월동형 성충은 20여 일 동안 약 40개의 알을 산란하지만 이후 세내부터는 30여 일 동안 100개 정도의 알을 산란한다.

○ 4~5월에는 지면의 잡초와 사과나무의 수관 내부, 특히 주지나 아주지 등에서 나오는 도장지에 밀도가 높고 점차 수관 외부로 분산한다. 잡초에서는 먹이상

태가 좋은 5월까지는 증가하지만 6월 이후 감소하고 7월에는 극히 밀도가 낮으며 8월 이후에는 사과나무에서 이동한 개체군에 의해 다시 밀도가 증가한다.

○ 사과나무에서는 6월 중순부터 급격히 밀도가 증가해 7월에는 피해를 받는 사과원이 나타난다. 8~9월에 최고 밀도에 이르며 11월까지 높은 밀도를 유지하는 경우가 많다.

○ 9월 하순에 월동형 성충이 나타나기 시작해 가지나 주간을 따라 이동하며, 대부분 사과나무의 거친 껍질 틈새에서 월동한다. 반면 낙엽과 함께 지면에 떨어지는 것들은 낙엽 또는 잡초 등에서 월동한다. 일부는 수확 전에 과실의 꽃받침 부위로 이동하는데 이렇게 수확 전에 과실에 부착한 점박이응애는 사과 수출 시 큰 문제가 되고 있다.

라. 방제

○ 점박이응애의 1차 약제 방제 적기는 사과나무 수관 내부에서 증식한 개체들이 점차 분산을 시작하고, 지면 잡초의 먹이상태가 좋지 않거나 예취를 해 해충이 잡초에서 사과나무로 이동하는 시기이다. 대체로 6월 상순경에 사과나무 잎당 2마리(잎 25개를 조사해 점박이응애가 잎 10개 내외에서 발견되는 수준임) 정도일 때이다.

○ 그 뒤 장마기에도 계속 관찰하되 특히 온도 조건이 좋아지는 시기인 7월 상순에 발생 정도를 관찰해 잎당 3~4마리 이상이면 2차 방제를 실시한다. 이때 방제가 부적절하게 되면 7월 하순~8월에 피해를 입는다.

○ 3차 방제 적기는 8월 상중순 고온기로, 잎당 3~4마리 이상이면 응애약을 살포해야 한다. 그러나 위와 같은 방제 적기는 연도 및 사과원에 따라 차이가 있을 수 있으므로 정기적으로 관찰해서 각자의 상황에 따른 적당한 방제 시기를 선정한다.

○ 점박이응애는 약제 저항성이 문제되므로 같은 약제는 물론 계통이 같은 약제를 연속 살포하는 것을 금하며, 가급적 천적인 포식성 이리응애에 영향을 주지 않는 약제를 선택한다.

사과혹진딧물

진딧물과	Aphididae
학명	*Ovatus malisuctus*(Matsumura)
영명	Apple leaf-curling aphid
일명	リンゴコブアブラムシ

가. 형태

○ 날개가 없는 개체는 대체로 진한 녹색이거나 갈색이고 날개가 있는 개체는 보통 검은 편이다.

○ 어린 것은 연녹색이 많고 개체에 따라 변이가 심하다. 몸은 달걀형 또는 방추형이고, 알은 광택이 있고 검으며 긴 타원형이다. 몸길이는 날개 있는 성충은 1.5~1.7mm, 날개 없는 성충은 1.3~1.7mm이다.

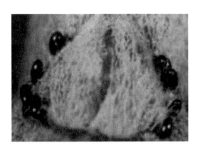

(그림 4-5) 사과혹진딧물 월동 알

나. 피해 증상

○ 5월부터 가을에 걸쳐서 신초 선단부의 연한 잎을 가해하여 뒤쪽으로 말리게 한다. 5월에 탁엽 등을 가해하면 붉은 반점이 생기며 잎이 뒤쪽을 향해 가로로 말리지만, 본엽을 가해하면서부터는 잎가에서 엽맥을 향하여 뒤쪽으로 세로로 말린다.

○ 잎 내부를 열어 보면 짙은 녹색의 진딧물이 무리지어 가해하고 있다.

○ 가해하던 잎이 굳어지면 조금씩 상부의 연한 잎으로 이동하며, 아래의 피해 잎은 나중에 낙엽된다.

○ 진딧물이 가해한 하단의 잎은 배설한 감로 때문에 검은색의 그을음 증상과 끈끈한 오염물질이 생기며, 진딧물이 탈피한 탈피각이 떨어져 있다.

○ 피해 잎의 기능은 현저히 저하되어 피해 부위의 엽록소가 없어지며 검은색으로 변하고 조기 낙엽이 된다. 심하게 피해를 받은 가지에서는 가늘고 약한 가지들이 많이 나와서 결실가지로 사용하지 못하게 된다.

 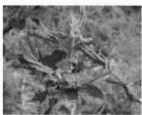 

(그림 4-6) 피해 잎 내부의 사과혹진딧물과 피해 잎 및 과실

다. 발생 생태

○ 겨울에 사과나무의 도장지나 1~2년생 가지의 눈기부에서 검은색의 방추형 알로 월동하다가, 사과나무의 눈이 틀 무렵인 4월 상순경부터 부화하여 발아하는 눈에 기생한다.

○ 잎의 전개와 함께 잎 뒷면을 가해하며 곧 간모라는 성충이 되어 이것이 단위생식하여 무시충을 낳는다. 가을까지 새끼를 낳으며 세대를 반복한다.

○ 유시충은 보통 밀도가 높아져 서식지의 영양조건이 나빠지면 출현하고 이들은 다른 나무로 분산한다. 10월 중순경 산란형이 나타나 산란성 암컷과 수컷을 낳고 이들이 교미한 뒤 어린 가지의 겨울눈 부근에 월동 알을 낳는다.

라. 방제

○ 연도나 장소에 따라서 정도의 차이가 있으므로 동계에 사과나무 가지의 월동 알 밀도를 조사하여 밀도가 높을 경우에는 발아기에 기계유 유제를 살포하여 사과응애와 동시 방제한다.

○ 밀도가 낮은 경우에라도 개화 전 또는 낙화 후에 1회 정도 사과혹진딧물에 효과적인 약제를 살포하는 것이 좋고 그 후에는 일반 나방류 및 조팝나무진딧물과 동시 방제가 가능하다.

○ '홍로' 품종의 가지에 월동 알의 밀도가 높은 경향이 있다. 9~10월이 되어도 신초 신장이 계속되면, 다음 해 발생이 많게 되므로, 질소 비료를 적당히 주어 수세를 안정시켜야 다음 해 봄철 발생이 적어진다.

조팝나무진딧물

진딧물과	Aphididae
학명	*Aphis citricola* van der Goot
영명	Spiraea aphid
일명	ユキヤナギアブラムシ

가. 형태
○ 날개가 없는 무시충은 1.2~1.8mm이고, 머리가 거무스름하다. 배는 황록색이고 미편과 미판은 흑색이다.
○ 날개가 있는 유시충은 머리와 가슴이 흑색이고, 배는 황록색이다. 뿔관 밑부와 배의 측면은 거무스름하다.
○ 알은 광택이 있고 검다.

(그림 4-7) 유시충 및 무시충(왼쪽)과 신초에 다발생한 진딧물(오른쪽)

나. 피해 증상
○ 사과혹진딧물과 달리 잎을 말지 않는다. 어린 가지에 집단 발생해도 사과의 생육에는 별다른 영향을 주지 않는다.

○ 5월 하순에서 6월 중순까지 신초 선단의 어린잎에 다발생하며, 밀도가 급증하면 배설물인 감로가 잎이나 과실을 오염시키고 그을음병균이 되어 검게 더러워진다.

○ 일부 개체는 과실 표면을 가해하며, 적과 또는 봉지 씌우기를 하는 작업자에게 붙어 불쾌감을 주기도 한다.

○ 신초가 10cm 정도 자라는 5월 상순경 날개 달린 성충이 날아와 신초 잎을 가해하며, 점차 새로 자라나오는 잎으로 옮겨 간다. 굳어진 잎에는 가해하지 않는다.

(그림 4-8) 과실 그을음과 진딧물에 의한 흰잎 반점

다. 발생 생태

○ 조팝나무와 사과, 배, 귤나무 등이 기주이며 연 10세대 정도 발생한다. 조팝나무의 눈과 사과나무의 도장지나 1~2년생 가지의 눈 기부에서 검은색 타원형 알로 월동한다.

○ 4월경 알에서 부화해 나온 간모 개체가 단위생식해 무시충 밀도가 증가한다.

○ 개체의 밀도가 증가하면 5월 상순에 유시충이 발생해 전체 사과나무로 비산한다. 이들 개체는 5~6월에 주로 많이 발생하며, 특히 5월 중순에서 6월 중순 사이에 발생 최성기를 이룬다. 이 시기에는 사람에게도 붙어 봉지작업을 할 때 불쾌감을 준다.

○ 장마와 고온 건조한 날씨가 계속되고 신초의 발육이 멈추면 자연히 발생 밀도가 급격히 감소해 일부 도장지에서만 생존을 유지한다. 이후 사과나무 2차 신초 신장기에 다시 밀도가 증가하지만 방제를 필요로 하는 밀도로는 증가하지 않는다.

○ 가을에 유시충이 나타나서 교미해 조팝나무로 이동하거나 사과나무 등에 산란한다.
○ 온도가 낮으면 많이 발생하며 5월 하순 이후 습도가 높은 날이 많으면 발생기간이 길어지고 이와 반대로 되면 발생이 적어진다. 신초가 가을에도 늦게까지 자라면 후기 발생이 보인다.

라. 방제
○ 최근 수년간 합성 제충국제의 남용으로 현재 시중에서 유통되는 일부 합성 제충국제의 살충 효과가 크게 저하되고 있다.
○ 밀도가 낮아서 신초당 10~30마리일 때에는 가급적 더 기다리는 것이 좋으며 적과 등 작업 개시 전에 급격히 발생할 때만 카바메이트계나 유기인계 농약을 5월 하순~6월 하순에 1~2회 살포하면 된다.
○ 무더운 7월 중순부터는 사과원 밖으로 이동 분산하며, 먹이로 적당한 어린 가지가 적어서 밀도가 급격히 감소하기 때문에 조팝나무진딧물을 대상으로 살충제를 살포할 필요는 없다.
○ 약제 살포 2~3일 후 잎 뒷면을 보아서 사망했으면 약효가 인정된다. 어린 가지를 제거한 경우는 7일 정도 경과하면 약효 판정이 확실하지 않다.
○ 이 진딧물은 사과 외에 배, 감귤, 조팝나무 등도 많이 가해하므로 가까이에 이들이 다발하는 과원이 있다면 유시충이 날아와 약제 방제 후에도 다시 다발생할 수 있다.
○ 이 진딧물은 많이 발생하지만 실질적인 피해는 거의 없다. 간혹 감로 배설로 과실과 잎에 그을음병균이 기생해 과숙과 잎이 오염되는 경우와 사람이 작업할 때 얼굴이나 몸에 붙어 불쾌감을 느끼게 되는 점이 문제다.
○ 사과에서는 품종 간 차이가 거의 없다.
○ 재배 기간 동안 질소질 비료와 물 관리를 통해 신초의 생장을 안정시키는 것이 무엇보다 중요하다.

사과면충

면충과	Pemphigidae
학명	*Eriosoma lanigerum*(Hausmann)
영명	Woolly apple aphid
일명	リンゴワタムシ

가. 형태
○ 무시충(날개 없는 성충)은 길이가 2.1mm 정도이고, 온몸이 백색 솜털로 덮여
  있다. 머리는 짙은 녹색이고 더듬이는 회색이다. 겹눈은 검은색, 다리는 황갈색
  이며 배는 적갈색이다.
○ 유시충(날개가 있는 성충)은 길이가 2.3mm 정도이고, 날개를 편 길이가
  6.3mm 정도이다. 머리는 흑갈색이나 검은색이며 겹눈도 흑색이고 더듬이는
  흑자색이며 두 쌍의 투명한 날개가 있다.

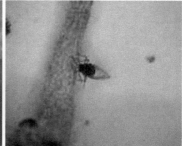

(그림 4-9) 무시충(왼쪽)과 유시충(오른쪽)

나. 피해 증상
○ 낙화 10일경부터 신초 기부, 작은 가지의 분 기부, 줄기의 갈라진 틈, 가지의 절
  단부, 지표면 가까운 뿌리 등에서 흰색 솜을 감고 밀집해 집단으로 가해한다.
○ 흡즙하는 부위에 작은 혹이 많이 발생해 부풀어 올라 있다.
○ 신초 기부에 피해를 받으면 가지가 크게 자라지 못하고, 연속해 몇 년 동안 기
  생하면 그 피해는 더욱더 심해진다.

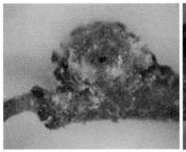

(그림 4-10) 면충좀벌 성충(왼쪽)과 기생당한 사과면충(오른쪽)

다. 발생 생태

○ 유충태로 줄기의 갈라진 틈, 전정 절단 부위, 지표면과 가까운 뿌리, 여름철 가해로 생긴 혹의 틈 등에서 월동한다. 4월 말경부터 활동하며 5월 중순경에는 성충이 되어 다음 세대에 새끼를 낳는다. 그 후 가해 부위에서 계속 번식하며 증가한다.

○ 1년에 10회 정도 발생하는데, 대체로 6~7월부터 9월에 발생이 많다. 발생 밀도가 증가하면 날개 있는 암컷이 생겨 이동·확산한다.

○ 주로 전정이 불량하고 가지가 혼잡한 곳에 많이 발생하고 살충제를 많이 살포해 천적인 면충좀벌이 없어지면 발생이 많아진다.

라. 방제

○ 현재 관행 방제 사과원에서는 다른 해충의 방제를 위해 살포되는 살충제와 천적의 복합적인 영향때문에 특별한 추가 약제 살포는 필요 없다. 그러나 농약절감이 적절치 못하거나 천적 밀도가 매우 낮아질 경우 사과면충 밀도가 높아질 수 있다.

○ 'MM.106' 대목은 사과면충에 대해 저항성이 있지만 'M.9' 대목은 감수성이므로 저수고, 고밀식재배원에서는 앞으로 주의해야 한다.

○ 약효를 높이기 위해서는 발생 초기에 사과면충을 덮은 솜이 충분히 적을 정도로 약제를 살포해 약이 충체에 완전히 묻게 해야 한다.

은무늬굴나방

굴나방과	Lyonetiidae
학명	*Lyonetia prunifoliella*(Hubner)
영명	apple lyonetid
일명	ギンモンハモグリガ

가. 형태

○ 과거에는 '은무늬가는나방'이라고도 불렸다. 성충은 몸이 대체로 은빛 광택을 띠며 작고 연약하다.

○ 성충은 여름형과 가을형으로 체색에 차이가 있는데, 대체로 가을형이 무늬가 짙고 몸도 약간 더 크다.

○ 앞날개는 가늘고 길며 끝부분은 뾰족하게 돌출했으며 1개의 흑색 원형 반점이 있다. 반점 바로 앞쪽 주변에 반달 모양의 현저한 분홍색 반문이, 그 앞쪽으로 3개의 황갈색 반문이 있다. 날개 가장자리에 V자형의 뚜렷한 짙은 황갈색 반문이 있다.

○ 뒷날개는 갈색이며 앞·뒷날개 모두 바깥 가장자리에 길고 가느다란 털이 무수히 나 있다.

○ 알은 우윳빛을 띠고 둥글다. 유충은 황갈색 또는 연두색이고 배 끝이 가늘며, 몸의 각 마디 사이가 잘록하게 구별되고 몇 개씩 긴 털이 나 있다.

○ 번데기는 암갈색 원추형인데 머리에 한 쌍의 돌기가 있으며 거미줄 모양으로 만들어진 흰색 고치 속에 들어 있다.

○ 성충의 몸길이는 4.5mm이고 날개를 편 길이는 여름형이 8~9.5mm, 가을형이 9.5~10.5mm이다. 노숙유충은 5mm이다.

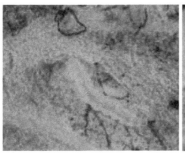

(그림 4-11) 은무늬굴나방 유충 고치(왼쪽)와 가을형 성충(오른쪽)

나. 피해 증상

○ 사과나무에 나타나는 피해 증상은 육안으로 쉽게 구별할 수 있다. 유충이 신초의 어린잎만을 주로 가해하며 피해가 극심할 경우 새순이 낙엽되는 점이 이미 신장되어 굳은 잎을 가해하는 사과굴나방과 구별된다.

○ 처음에는 피해 받은 어린잎에 적갈색 선상 피해가 나타나며 점차 반점 모양으로 불규칙한 원형 또는 얼룩무늬 모양을 이룬다. 또 넓고 크게 잎의 표면이 연해지고 쭈그러들어 말린다.

○ 8월 하순부터 생육 중후반기가 되면 나무 꼭대기나 도장지, 2차 신장한 신초 부위에 나 있는 어린잎을 집중적으로 가해한다.

○ 때때로 약해를 입은 것으로 오인하는 경우가 있다.

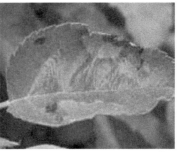

(그림 4-12) 은무늬굴나방 유충의 초기 피해 잎(왼쪽)과 후기 피해 잎(오른쪽)

다. 발생 생태

○ 연 6회 발생하며 나무의 껍질 틈새, 가지 사이, 낙엽 밑, 사과원 주변 건물의 벽면 등에서 주로 암컷 성충으로 월동한다. 가을철 늦게 발생한 개체들은 드물게 번데기 상태로 월동하기도 한다.

○ 월동한 암컷 성충은 4월 하순~5월 상순경에 사과나무의 어린잎 뒷면의 조직 속에다 한 개씩 점점이 알을 낳는다.

○ 부화한 유충은 잎의 표피 속에 불규칙하게 넓적한 굴을 뚫으며 잎살을 파먹고 자라는데, 초기에는 줄 모양으로 굴을 파면서 가해하다가 점차 넓게 무정형으로 확장한다. 잎에 만들어진 굴 속에서 3령을 경과한 후 다 자라난 노숙유충이 된다.

○ 그 후 굴 밖으로 나와 입에서 실을 토해내어 나뭇잎 뒷면에 거미줄 모양의 하얀 고치를 만들고 그 속에서 번데기가 되며 4일 정도 지나면 성충으로 우화한다. 따라서 5월 하순부터 새로운 성충이 다시 출현하기 시작한다. 그 후 약 한 달 간격으로 성충의 발생 주기가 계속되지만 때때로 세대가 중첩해 발생하는 경우가 많다.

○ 성충은 한낮에는 나뭇잎 뒷면 등에서 주로 휴식을 취하고 있다가 일몰이 시작되면 활동을 개시해 활발하게 분산하는데, 특히 불빛에 잘 유인된다.

○ 마지막으로 발생하는 제6회 성충은 9월 하순~11월에 우화해 주변에 있는 월동처를 찾아서 휴면에 들어간다.

라. 방제

○ 전년도 가을에 많이 발생하고 개화기 전 또는 낙화 후 성충이 자주 눈에 띄면 제1~제2세대 유충이 가해하기 직전인 개화 전 4월 중순이나 낙화 후 5월 하순 중 1회 정도 적용 약제를 살포할 수 있다. 특히 이 시기는 온도가 높지 않아서 애벌레의 발육이 그리 빠르지 않고 영기 구성도 비교적 단순하므로 방제 효율을 높일 수 있다.

○ 제3세대 이후는 가해 부위가 신초의 선단부 잎에만 국한되므로 추가 약제를 살포하기보다는 심식나방 등과 동시 방제하는 것이 낫다.

○ 새로 자라는 신초 선단의 일부 잎만을 가해하므로 수세를 안정시켜서 신초 신장을 일찍 멈추게 하는 것이 가장 중요하다.

○ 8~9월에 후기 피해 방지를 위해 2차 생장을 적게 하며, 도장지와 지제부의 대목에서 나오는 순 발생을 막거나 제거한다.

사과굴나방

가는나방과	Gracillariidae
학명	*Phyllonorycter ringoniella*(Matsumura)
영명	Apple leafminer
일명	キンモンホソガ

가. 형태

○ 성충은 몸이 대체로 은빛을 띠며 앞날개는 금빛이고, 중앙부에 은빛 줄무늬가 선명하며 아주 작다. 성충의 몸길이는 2~2.5mm이고 날개를 편 길이는 6mm이며, 노숙유충은 6mm 정도이다.

○ 알은 무색투명하고 둥글며 평편하다.

○ 어린 유충은 다리가 없지만 3령 유충부터는 다리가 생기고 몸이 담황색이다. 다 자란 유충은 6mm 정도이다.

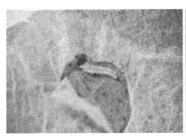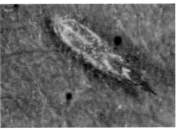

(그림 4-13) 사과굴나방 유충(왼쪽)과 성충(오른쪽)

나. 피해 증상

○ 무각유충기에는 알에서 부화한 유충이 잎의 내부로 잠입해서 선상으로 다니며 영양분을 흡즙하지만 유각유충기에는 타원형 굴 모양으로 식해해서 그 부분의 잎 뒷면이 오그라든다.

○ 한 잎에 여러 마리가 가해할 경우 잎이 변형되고 심하면 조기 낙엽이 되기도 한다.

○ 살충제 살포로 천적을 박멸해 간혹 사과굴나방이 다발생하는 사과원이 있지만 대부분의 사과원에서는 크게 문제시되는 것은 아니다.

(그림 4-14) 사과굴나방 피해 잎

다. 발생 생태

○ 연 4~5회 발생하고 낙엽이 된 피해 잎 속에서 번데기로 월동한다.

○ 제1회 성충은 4월 상순~5월 상순에 우화하고 우화한 성충은 잎 뒷면에만 산란한다. 주로 뿌리 근처의 대목부에서 발아가 빠른 도장지에 집중적으로 산란하는 경향이 있다.

○ 동일 품종에서도 잎 전개가 빠른 단과지의 탁엽에 많이 산란한다.

○ 제1세대의 알은 10~14일 후 부화해 난각 바로 밑에서 잎 속으로 들어간다. 유충기에는 잎 속에서 즙액을 흡수하며 3령 이후에는 잎의 책상 조직을 식해한다. 굴 속에서 번데기가 되며, 우화 시 번데기 탈피각의 앞부분을 밖으로 내놓고 나온다.

○ 제2회 성충은 6월 상중순, 제3회는 7월 중하순, 제4회는 8월이며 일부 제5회 성충이 9월에 나온다. 제3회 이후는 세대가 중복되는 경우가 많다.

○ 제3세대까지는 수관 내부나 하부에 성숙한 잎에 피해가 많지만, 제4세대 이후는 2차 신장한 신초나 도장지의 어린잎에 많이 기생하는 경향이 있다.

○ 월동세대의 유충은 산란 시기의 불일치로 각 영기가 혼재되어 있는데, 이들 중 낙엽이 지는 11월까지 번데기가 되지 못하는 것은 월동 중에 모두 죽는다. 이로 인해 후기 피해가 심하더라도 다음 해 발생 시 초기 피해가 적어지기도 한다.

라. 방제
○ 전년도 가을에 피해가 많았던 경우는 봄에 낙엽을 모아서 소각한다.
○ 제1세대의 집중 가해처가 되는 주간부의 지면에서 나오는 흡지를 제거한다.
○ 사과굴나방 약제 방제는 5월 중순부터 연 3회 정도 살포하는데, 4~5월에는 깡충좀벌 등 유력한 천적의 기생률이 높고 피해가 아주 일부 잎에만 국한되므로 이 시기에는 약제를 살포하지 않는 것이 좋다.
○ 6월 이후 성페로몬 트랩에 5일에 1,000마리 정도로 유살 수가 많고 피해가 자주 눈에 띄는 경우 심식충류나 잎말이나방과 동시 방제하는 것이 합리적이다.
○ 사과굴나방 약제로는 합성 제충국제가 많다. 최근 탈피저해제가 개발되었는데 가급적 저독성인 탈피저해제를 사용하는 것이 바람직하다.
○ 5~6월에 합성 제충국제인 사과굴나방약을 살포하면 응애류의 다발생을 야기하는 문제도 신중히 생각해야 한다.

복숭아순나방

잎말이나방과	Tortricidae
학명	*Grapholita molesta*(Busck)
영명	Oriental fruit moth
일명	ナシヒメシンクイガ

가. 형태
○ 성충의 머리와 배는 암회색이고 가슴은 암색이다. 성충 수컷은 몸길이가 6~7mm이고 날개를 편 길이는 12~13mm이다.
○ 알은 납작한 원형으로 유백색이고 산란 초기는 진주 광택을 띠지만 점차 광택을 잃고 홍색이 된다.
○ 부화한 유충은 머리가 크고 흑갈색이며, 가슴과 배는 유백색이다. 노숙유충은 황색이며 머리는 담갈색이다. 몸 주변에는 암갈색 얼룩무늬가 일렬로 나 있다.

○ 번데기는 겹눈과 날개 부분이 진한 적갈색이고 배 끝에 7~8개의 가시털이 나 있다.

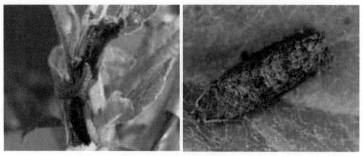

(그림 4-15) 복숭아순나방 유충(왼쪽)과 성충(오른쪽)

나. 피해 증상

○ 유충이 신초의 선단부를 먹어 피해 받은 신초는 꺾여 말라 죽으며 진과 똥을 배출하므로 쉽게 발견할 수 있다.

○ 신초뿐만 아니라 과실도 뚫고 들어가는데 어린 과실의 경우 보통 꽃받침 부분으로 침입해 과심부를 식해하고, 다 큰 과실에서는 꽃받침이나 과경 부근으로 접근해 과피 바로 아래 과육을 식해하는 경우가 많다. 겉으로 똥을 배출하는 점에서 복숭아심식나방과 구별된다.

(그림 4-16) 복숭아순나방의 신초 피해(왼쪽)와 초기 과실 피해(오른쪽)

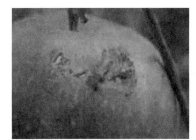
(그림 4-17) 복숭아순나방의 후기 과실 피해

다. 발생 생태
○ 사과, 배, 복숭아, 자두, 모과 등을 가해하고 연 4~5회 발생한다. 노숙유충으로
조피 틈이나 남아 있는 봉지 등에 고치를 짓고 월동하며, 봄에 번데기가 된다.
○ 제1회 성충은 4월 중순~5월에 나타나며, 제2회는 6월 중하순, 제3회는 7월 하
순~8월 상순, 제4회는 8월 하순~9월 상순에 많이 발생하고 일부는 9월 중순경
에 제5회 성충으로 나타난다. 7월 이후는 세대가 중복돼 구분이 어렵다.
○ 월동세대의 유충은 주로 사과와 배 등의 과실을 9~10월까지 가해하고 과실에
서 나와 적당한 월동장소로 이동해 고치를 짓는다.

라. 방제
○ 매년 피해가 많은 사과원은 봄철 나무줄기의 거친 껍질을 벗겨서 월동 유충의
밀도를 줄인다.
○ 봄에 피해 신초를 초기에 잘라서 유충을 죽인다.
○ 과실에 산란하는 시기인 6월 이후 2~3회 전문 약제를 살포한다. 복숭아심식나
방과 동시방제도 가능하다. 9~10월까지 사과, 배의 과실을 가해하는 경우가
있으므로 8월 하순~9월 중순에는 성페로몬 트랩으로 발생 여부를 잘 예찰해
방제 대책을 세워야 한다.
○ 이 해충은 사과 외에도 배, 복숭아, 자두, 살구 등을 많이 가해한다. 이들이 근처
에 관리가 소홀한 채로 있으면 성충이 날아와 문제가 될 수 있으므로 주의한다.

복숭아심식나방

심식나방과	Carposinidae
학명	*Carposina sasakii* Matsumura
영명	Peach fruit moth
일명	モモシンクイガ

가. 형태

○ 성충은 팬텀기 모양에 회황색 또는 암갈색이며, 앞쪽 가장자리에 구름 모양의 남흑갈색 무늬가 있으며 중앙보다 약간 아래에 광택 나는 삼각형 무늬가 있다. 몸길이는 7~8mm이고, 날개를 편 길이는 12~15mm이다.

○ 알은 빨갛고 납작하면서 둥글다.

○ 유충은 몸통 가운데가 볼록한 편이며, 과실 속에 있을 때는 황백색이지만 자라서 탈출할 때는 빨간색이 많아진다. 노숙유충은 12~15mm이다.

○ 번데기는 방추형 고치 속에 들어 있는데 길이가 8mm 정도이다. 처음에는 옅은 황색이지만 시간이 지날수록 검은색이 점차 짙어진다.

(그림 4-18) 복숭아심식나방 성충

나. 피해 증상

○ 부화한 유충이 뚫고 들어간 과실의 구멍은 바늘로 찌른 정도로 작다. 거기서 즙이 나와 이슬방울처럼 맺혔다가 시간이 지나면 말라붙어 흰 가루처럼 보이며, 피해 구멍은 약간 부푼다.

○ 피해는 두 가지 형태로 구분할 수 있다. 첫째, 과육 안으로 파고든 유충이 과심부까지 들어가 종자부를 먹고 그 주위 내부를 종횡무진으로 다니므로 피해를 받은 과실이 생식에 적합하지 않게 된 경우다. 둘째는 유충이 과피의 비교적 얇은 부분을 먹어 그 흔적이 선상으로 착색되고 약간 기형과가 되며 점차 과심부까지 도달하는 경우이다.

○ 노숙유충이 되면 겉에 1~2mm의 구멍을 내고 나오며 이때 겉으로 똥을 배출하지 않는다.

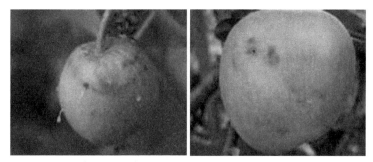

(그림 4-19) 복숭아심식나방의 초기 과실 피해

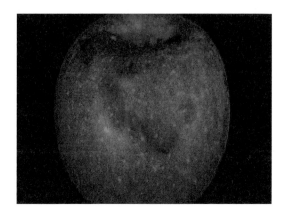

(그림 4-20) 복숭아심식나방의 후기 과실 피해

다. 발생 생태

○ 사과, 복숭아, 자두, 모과 등을 가해한다. 대부분 연 2회 발생하나 일부는 1회 또는 3회 발생하는 등 발생 횟수가 일정하지 않다.

○ 노숙유충으로 땅속 2~4cm에서 편원형의 단단한 겨울고치를 짓고 그 속에서 월동한다. 5~7월에 겨울고치에서 나온 유충은 방추형의 엉성한 여름고치를 짓고 번데기가 된다.

○ 제1회 성충은 빠르면 6월 상순에, 늦으면 8월 상순까지 발생한다. 7월부터 8월 중순 이전에 과실에서 탈출한 개체는 대부분 여름고치를 짓고 번데기가 되어 제2회 성충이 되지만, 이 중 일부는 겨울고치를 짓고 월동에 들어간다.

○ 제2회 성충은 7월 하순~9월 상순에 발생하며 최성기는 8월 중순경이다. 극히 일부가 제3회 성충으로 8월 말~9월 중순에 발생한다. 따라서 대부분은 10월 중순 이전에 과실에서 나와 지면에 떨어져 겨울고치를 만들고 월동에 들어간다.

○ 알은 사과의 꽃받침 부분에 70~80%를, 나머지는 주로 과경부에 산란한다. 복숭아는 전면에 고루 산란한다.

○ 부화유충은 실을 내며 과피를 기어 다니다가 식입한다. 그러다 20일 정도 지나면 노숙한 상태로 과실에서 탈출해 지면으로 떨어지고, 지표를 기어 다니면서 적당한 장소에 고치를 짓는다.

라. 방제

○ 사과원 근처에 관리 소홀 과원이 있으면 많이 발생하므로 주의한다.

○ 방제 대책은 복숭아순나방과 동일하지만 월동장소가 다르므로 휴면기 중에 월동 유충의 방제나 월동충의 유살 등이 불가능하다.

○ 피해 과실은 보이는 대로 따서 물에 담가 과실 속의 유충을 죽인다.

○ 제1회 성충 발생이 대체로 6월 상중순이므로 산란 후 알이 부화해 과실에 침입하기 전인 6월 중하순부터 10일 간격으로 2~3회 전문 약제를 살포한다. 제2회 때는 8월 중순부터 10일 간격으로 1~2회 약제를 살포하는 것이 효과적이다.

○ 성페로몬 트랩을 이용하여 발생 예찰을 할 경우, 성충 발생 최성기에서 7~10일 후 약제를 살포하는 것이 효과적이다.

○ 복숭아순나방과 달리 봉지 씌우기에 의한 방제적 효과가 높다.

○ 미국과 캐나다에 수출하는 재배 농가에서는 검역대상 경계 해충이므로 6월 상순 이전에 봉지 씌우기를 해 사전 예방한다. 10월 중순 이전에 사과를 수확하면 일부는 유충이 사과 속에 살아남아 있는 경우도 있으므로 최종 수확 시 피해 과실을 철저히 선별해 제거해야만 한다.

사과애모무늬잎말이나방

잎말이나방과	Tortricidae
학명	*Adoxophyes paraorana* (Fischer von Roslerstamm)
영명	Smaller tea tortrix
일명	リンゴコカクモンハマキ

가. 형태

○ 성충은 길이가 7~9mm이고 날개를 편 길이는 18~20mm이다. 등황색 원형 나방으로 앞날개 중앙에 2줄의 선이 외곽 안쪽으로 평행하여 사선으로 나 있다.

○ 알은 황색이고 고기 비늘 모양으로 100여 개를 무더기로 낳는다.

○ 유충은 길이가 17mm 정도이다. 몸은 황록색으로 홑눈과 뺨에 흑갈색의 얼룩무늬가 있다.

○ 번데기는 단방추형이며 황갈색이고 길이는 10mm 내외이다.

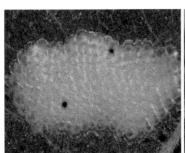

(그림 4-21) 사과애모무늬잎말이나방의 알 덩어리(왼쪽)와 유충(오른쪽)

(그림 4-22) 사과애모무늬잎말이나방의 수컷(왼쪽)과 암컷(오른쪽)

나. 피해 증상

○ 봄철 사과나무의 발아기에 눈으로 파고 들어가서 가해하고 꽃과 화총을 뚫는다.
○ 여름세대는 신초 선단부 잎을 말고 들어가서 식해하며 과실 표면을 핥듯이 가해해 상품성을 떨어뜨린다.

다. 발생 생태

○ 연간 3~4회 발생하고 유충으로 월동한다. 어린 유충으로 나무의 3~5년생 가지의 거친 껍질 틈에서 월동하며 이듬해 사과나무 발아기와 같은 시기에 잠복처에서 나와 눈을 파고 들어간다.
○ 잎이 피면 잎을 세로로 말고 그 속에서 가해한다. 충의 크기는 작지만 식욕이 왕성하여 과실 표면을 얇게 갉아 먹고 상품성을 떨어뜨린다.
○ 제1세대 성충은 5월 중순~6월 상순에 나타나며, 제2회 성충은 6월~7월 중순경, 제3회 성충은 8월 상순~8월 하순경에 나타나며, 제4회 성충은 9월 하순~10월 중순에 나타나나 발생 밀도는 대체로 낮다.

라. 방제

○ 월동 유충의 밀도를 잘 관찰해 발생이 많으면 발아 후 10~15일경 월동 유충이 꽃눈으로 이동하기 시작하는 시기에 전문 약제를 살포한다.
○ 5월 이후는 성페로몬 트랩으로 발생 예찰을 해 약제를 살포한다. 알에서 부화하는 시기가 방제 적기이다.
○ 약제 살포 시 도장지를 제거해 약제가 수관 상부와 내부까지 충분히 묻도록 한다.
○ 잎말이나방류의 발생 밀도를 낮추기 위해서는 2차 생장하는 신초의 신장을 빨리 억제시키는 것이 중요하다.

사과무늬잎말이나방

잎말이나방과	Tortricidae
학명	*Archips breviplicanus*(Walsingham)
영명	Asiatic leafroller
일명	リンゴモンハマキ

가. 형태

○ 성충은 앞날개에 암흑색 선과 무늬가 많으며, 암컷은 길이가 10mm 정도이다. 날개를 편 길이는 28mm 정도이며 앞날개 양쪽 끝이 뾰족하고 앉아 있으면 종 모양이 된다. 암컷의 얼룩무늬는 수컷보다 옅고 뒷날개의 바깥쪽이 등황색인 것이 특징이다.

○ 수컷은 길이가 8mm 정도이고, 날개를 편 길이는 약 20mm이다.

○ 알은 납작하고 담녹색 내지 녹색이며 고기 비늘 모양으로 무더기로 낳는다.

○ 유충은 22~26mm 정도 크기로 머리는 갈색이고 몸은 담황색 내지 담녹색이다. 복부 끝에 8개의 가시가 나 있다. 번데기는 머리에 한 쌍의 가시가 있고 배 끝에 규칙적인 갈고리가 원형으로 나 있다.

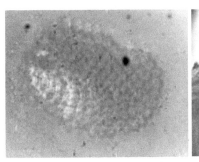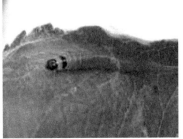

(그림 4-23) 사과무늬잎말이나방의 알 덩어리(왼쪽)와 유충(오른쪽)

(그림 4-24) 사과무늬잎말이나방의 수컷

나. 피해 증상
○ 봄철 사과나무의 발아기에 눈으로 파고 들어가서 가해하고 꽃과 화충을 뚫는다.
○ 여름세대는 신초 선단부 잎을 말고 들어가서 식해하며 과실 표면을 핥듯이 가해해 상품성을 떨어뜨린다.

다. 발생 생태
○ 1년에 2~3회 발생하나 대부분 3회 발생한다.
○ 유충으로 거친 껍질 밑, 분지부 등에서 엉성한 고치를 짓고 월동한다. 월동 후 발아하는 눈이나 꽃 등을 식해한다.
○ 제1회 성충은 5월 중순~6월 중순에, 제2회 성충은 7월 상순~7월 하순에, 제3회 성충은 8월 하순에서 10월 중순까지 발생한다.

라. 방제
○ 월동 유충의 밀도를 잘 관찰해 발생이 많으면 발아 10~15일경 월동 유충이 꽃눈으로 이동하기 시작하는 시기에 전문 약제를 살포한다.
○ 5월 이후는 성페로몬 트랩을 이용해 발생 예찰을 해 약제를 살포한다. 알에서 부화하는 시기가 방제 적기이다.
○ 약제 살포 시 도장지를 제거해 약제가 수관 상부와 내부까지 충분히 묻도록 한다.
○ 잎말이나방류의 발생 밀도를 낮추기 위해서는 2차 생장하는 신초의 신장을 빨리 억제시키는 것이 중요하다.

흡수나방류(으름밤나방, 무궁화밤나방)

① 으름밤나방

학명	*Adris tyrannus amurensis*(Staudinger)
영명	Akebia leaf-like moth

② 무궁화밤나방

학명	*Lagoptera juno*(Dalman)
영명	Rose of sharon leaf-like moth

가. 형태 및 생태

○ 일본에서 과실에 흡수 피해를 주는 나비목으로 14개과 224종이 보고돼 있는데, 밤나방과가 176종으로 가장 많으며 그중 10여 종이 피해를 많이 주는 종이다. 우리나라에서는 으름밤나방, 무궁화밤나방, 우묵밤나방 등이 주요 흡수나방으로 알려져 있다.

○ 흡수나방에는 양호한 과실에 직접 주둥이를 찔러 가해하는 1차 가해종과 다른 병해충에 의해 상처 피해를 받아서 연화되거나 부패한 과실을 가해하는 2차 가해종이 있다. 1차 가해종과 2차 가해종을 명확히 구분하기는 어렵다.

○ 흡수나방은 해가 져 어두워지면 이동해 과실을 흡수하고 교미를 하거나 산란활동을 한다. 해뜨기 전에 활동을 정지하고 주간에는 한 곳에 머물러 있다. 이러한 행동은 어두운 상태가 되면 겹눈이 암반응을 해 촉각과 날개를 움직이게 하는 신경작용에 따른 것이다. 밝은 상태가 되면 겹눈이 명반응을 해 주변 사물을 구분하지 못하게 되어 활동을 정지한다. 대체로 빛의 밝기가 0.3~0.5Lux(보름밤의 밝기가 0.2Lux임) 이하일 때 야간활동을 한다.

○ 여름철은 오후 7~8시 이후 활동을 시작해 밤 12시 전후에 가장 많이 날아오며 새벽 4시 이후에는 활동을 정지한다. 가을철에는 오후 6~7시에 활동을 시작하고 밤 8시경 과수원에 가장 많이 온다. 10시 이후에는 급격히 감소하는데, 이는 야간 온도가 낮기 때문이다.

○ 흡수나방의 하룻밤 이동거리는 보통 100m 정도이고 최대는 500m이다. 이동 거리는 성충의 연령이나 종에 따라 차이가 커서 수일 동안 최대 2km까지 이동한다는 보고도 있다.

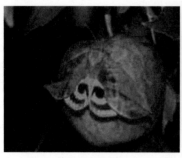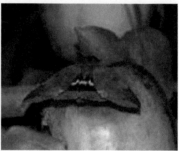

(그림 4-25) 으름밤나방(왼쪽)과 무궁화밤나방(오른쪽)

나. 피해 증상
○ 성충이 밤에 사과원으로 날아와 과실에 주둥이를 찔러 넣고 과즙을 흡즙하므로 언뜻 보면 잘 표시가 나지 않지만 자세히 살펴보면 바늘로 찌른 것 같은 구멍이 과실 표면에 나 있다. 내부의 과육은 변색해 스펀지처럼 되며 시간이 경과하면 부패해 낙과하기도 한다.
○ 밤을 제외한 대부분의 과실을 가해한다. 특히 복숭아, 포도, 배 등에 피해가 많지만 사과도 지역에 따라 피해가 적지 않다. 유충의 먹이가 많은 산림 근처의 독립 과수원에 피해가 많은 편이고 집단화된 과수단지에서는 크게 문제되지 않는다.

다. 방제
○ 흡수나방(으름밤나방)은 과실이 성숙할 때 내는 향기에 유인되는 특성이 있다. 피해를 받은 과실을 사과나무에 그대로 두면 피해 나무로 집중적으로 몰리게 된다. 해가 지기 시작하면 손전등을 켜고 피해 나무 주위를 돌아다니며 나방을 2~3차례 직접 잡아 죽이는 것이 효과적이다.
○ 사과나무보다 복숭아나무를 더 선호하므로 복숭아나무를 산지 쪽에 1~2주 재식하여 유인용 나무로 이용하는 방법도 고려해볼 만하다.

○ 그물망을 과수원 전체에 설치하는데 그물코의 간격이 10mm 정도이면 90% 이상 방제가 가능하고, 30mm 정도이면 50% 정도 방제가 가능하다.

○ 흡수나방 피해가 심한 사과원에 사과나무 재식과 생육 상태에 따라 황색 등을 효율적으로 배치하여 밝기가 1Lux 이상이 되도록 하는 방법도 제시되었으나 방제 효과가 만족할 정도는 아니었다.

나무좀류

① 오리나무좀

학명	*Xylosandrus germanus*(Blandford)
영명	Alnus ambrosia beetle

② 사과둥근나무좀

학명	*Xyleborus apicalis*(Blandford)
영명	Apple round bark beetle

③ 암브로시아나무좀

학명	*Xyleborinus saxeseni*(Ratzeburg)
영명	Ambrosia beetle

④ 붉은목나무좀

학명	*Ambrosiodmus rubricollis*(Eichhoff)
영명	Red-necked bark beetle

가. 형태

○ 사과나무를 가해하는 나무좀은 오리나무좀, 사과둥근나무좀, 암브로시아나무좀, 붉은목나무좀 등 4종이다. 우점종은 암브로시아나무좀과 오리나무좀이다.

○ 성충의 크기는 사과둥근나무좀 3~4mm, 붉은목나무좀이 2~3mm, 오리나무좀 2~3mm, 암브로시아나무좀이 2mm 내외이다.

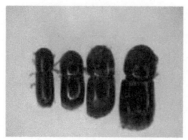

(그림 4-26) 나무좀류(왼쪽부터 암브로시아나무좀, 오리나무좀, 붉은목나무좀, 사과둥근나무좀)

(그림 4-27) 오리나무좀 성충과 알 및 암브로시아균

(그림 4-28) 나무좀 피해 나무

나. 피해 증상

○ 사과나무 유목이 나무좀에 의해 가지가 시들거나 고사하는 피해 사례가 급속히 늘어가고 있다.

○ 암컷이 큰 나무의 줄기나 어린 나무의 주간부에 직경 1~2mm의 구멍을 뚫고 들어가는데, 성충의 침입을 받은 가지의 잎이 시들고 나무의 수세가 급격히 쇠약해지며 심하면 고사한다.

○ 침입 구멍으로 하얀 가루를 내보내고 성충과 유충이 목질부를 식해한다. 이뿐만 아니라 유충의 먹이가 되는 공생균(암브로시아균)을 자라게 하는데, 이 균에 의해서 목질부가 부패되어 수세가 쇠약해지고 나무가 고사할 가능성이 높아진다.

○ 유목의 경우 재식 1년 차는 거의 피해를 받지 않고, 재식 2년 차 봄에 가장 심하게 피해를 받는다. 이후도 수세가 약할 경우 지속적으로 피해를 받을 수 있다.

다. 발생 생태

○ 피해 줄기 속에서 알→유충→번데기→성충(날개 있음)으로 성장하는데 1~2개월이 걸린다.

○ 연 2회 발생하고 제1세대 성충은 6~8월, 제2세대는 9~10월에 나타난다. 대부분 암컷이 되며 수컷은 작고 숫자도 많지 않으며 잘 날지 못하므로 암컷이 새로운 나무로 옮기기 전 형제인 수컷과 교미한 후 암컷만 이동한다.

○ 나무로 침입하는 시기로는 월동 성충의 경우 사과나무 발아기부터 4월 중하순, 제1세대 성충은 7~8월이며 무리를 지어 모여든다. 유목의 경우 초봄에 집중 침입하고, 여름철에는 성목에 주로 침입하는데 비가 많이 와 습도가 높은 경우에 피해가 많이 발생한다.

○ 알을 갱도 내에 무더기로 낳으며, 제2세대 성충이 피해 나무의 갱도 속에서 무리지어 월동한다.

라. 방제

○ 나무좀은 2차 가해성 해충으로 건전한 나무는 가해하지 않고 수세가 약한 나무를 집중 가해한다. 그러므로 비배 및 토양 관리와 수분 관리 등을 철저히 하여야 한다. 특히 M.9 등 왜성 사과나무를 심은 사과원은 토양 관리와 관수를 철저히 하여 사과나무가 스트레스를 받지 않도록 한다.

○ 겨울철 동해 피해(동고병)나 여름철 가뭄 피해 또는 일소 피해 등으로 줄기가 역병에 감염되거나 스트레스를 받은 나무를 집중 가해한다. 폐원 상태로 방치된 사과원을 조기 정비하고 수변에 쌓아 놓은 전정가지 또는 산지의 나무좀 피해 나무를 적기에 소각 또는 분쇄해야 한다.

○ 성충이 침입하기 직전에 유기인제를 주간부에 도포하면 어느 정도 방제할 수 있다.

○ 현재 사과나무 나무좀 방제 약제로 등록된 품목으로 아세타미프리드.뷰프로페진이 있다. 예찰을 통해서 가능한 한 일찍 발견하여 1~2마리가 피해를 줄 때에 방제를 하되, 피해가 심하여 회복이 불가능한 나무는 조기에 뽑아서 태워버리는 것이 좋다.

애무늬고리장님노린재

학명	*Apolygus spinolae*(Meyer-Dur)
영명	Pale green plant bug

가. 형태
○ 성충은 4~6mm이고 타원형이며 담녹색이다. 등쪽 날개 부분에 노린재의 특징인 X자형 무늬가 있고 끝 쪽에 막질의 날개가 나와 있다.

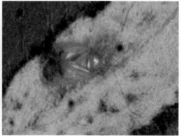

(그림 4-29) 애무늬고리장님노린재의 약충(왼쪽)과 성충(오른쪽)

나. 피해 증상
○ 발아 직후의 눈에 유충이 기생하여 흡즙하며, 어린잎에 흑갈색의 반점을 남긴다.
○ 피해를 받은 잎은 자라면서 여러 개의 구멍이 부정형으로 뚫린다. 어린 과일을 가해하여 검은색 반점을 남기고 과일은 자라면서 표면이 거칠어진다.

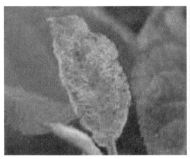

(그림 4-30) 애무늬고리장님노린재의 피해 신초(왼쪽)와 피해 과실(오른쪽)

다. 발생 생태

○ 1년에 1회 발생하고 4월 상순경에 부화한다. 부화 약충은 신초의 선단부를 가해하다가 5월 하순~6월 상순경 1세대 성충이 되어 가지나 감자 등으로 이동하므로 그 이후에는 해충을 발견하기 어렵다.

라. 방제

○ 알로 월동하다가 4월 상중순에 부화하여 사과나무 잎과 과실을 가해하므로, 전년도 피해가 심한 사과원은 개화 전(4월 중순) 약제 살포 시에 유기인제 살충제를 살포하는 것이 효과적이다. 또한 낙화 후 방제 약제로 살포되는 선택성 약제도 방제 효과가 우수하다.

과실 가해 노린재류

① 썩덩나무노린재

학명	*Halyomorpha halys*(Stal)
영명	Brown marmorated stink bug

② 갈색날개노린재

학명	*Plautia stali* Scott
영명	Brown winged green bug

③ 알락수염노린재

학명	*Dolycoris baccarum*(Linne)
영명	Sloe bug

④ 풀색노린재

학명	*Nezara antennata* Scott
영명	Green stink bug

⑤ 톱다리개미허리노린재

학명	*Riptortus pedestris* Fabricius
영명	Bean bug

가. 형태

○ 사과원에서 피해를 주는 노린재는 썩덩나무노린재, 갈색날개노린재, 톱다리개미허리노린재, 풀색노린재, 알락수염노린재 등이 있으며 크기는 종류에 따라 다양하다.

○ 갈색날개노린재 성충의 몸길이는 10~12mm이고 머리와 가슴 부분은 진한 녹색이며 등판은 연한 녹색이다. 복부와 등 쪽 양옆으로 갈색의 막질 날개가 나와 있다.

○ 썩덩나무노린재 성충은 몸길이가 12~17mm로 얼룩무늬가 있으며, 촉각 마지막 두 마디에 백색의 띠무늬가 있다. 작은 방패판의 기부 양끝에는 1개의 황갈색 점무늬가 있다.

(그림 4-31) 노린재류(왼쪽부터 시계방향으로 썩덩나무노린재, 갈색날개노린재, 알락수염노린재, 풀색노린재)

(그림 4-32) 톱다리개미허리노린재

나. 피해 증상
○ 과실이 피해를 받으면 과실 겉면에 고두병과 같이 약간 움푹 들어가는 피해 증상이 나타난다.

○ 고두병은 과실의 아래쪽 꽃받침 부위에 나타나며 과육이 코르크화된다. 노린재에 의한 과실 피해는 노린재 성충이 과실에 앉아서 구침을 찔러 가해하므로 과실 윗부분이나 옆면에 주로 나타난다. 과육이 코르크화되며 가운데 피해부에서 구침으로 찌른 흔적을 찾을 수 있다.

(그림 4-33) 노린재 피해 과실

다. 발생 생태

○ 갈색날개노린재는 연 1회 발생하고 성충으로 월동한다. 월동을 위하여 종종 산간부의 인가에 다수가 침입하여 악취를 내므로 불결한 곤충으로 인식되어 있다. 성충은 5~6월에 과수원에 날아와서 어린 과실을 가해하고 거기에 산란한다. 성충의 수명이 길어서 산란을 거듭하며 숙기가 다른 여러 가지 과실을 찾아다니는 습성이 있다. 15개 내외의 알을 산란하며 갓 부화한 약충은 집단생활을 하나 성장하면서 분산한다. 10~11월에 성충이 되면 월동 장소로 이동한다.

○ 썩덩나무노린재는 연 1~2회 발생하며 성충으로 월동한다. 알은 25~35개씩 무더기로 낳고 부화한 약충은 집단생활을 한다. 성충이 가을철 과원으로 날아와 피해를 주는 경우가 많다. 날씨가 고온 건조할 시 발생량이 많고, 고온 다습할 시 발생량이 적다. 성충은 한낮에는 그늘에 숨어 있다가 이른 아침이나 저녁에 주로 가해한다.

라. 방제

○ 썩덩나무노린재, 갈색날개노린재, 톱다리개미허리노린재는 사과의 과실을 가해하는 주요 노린재류다. 집합페로몬을 정밀한 발생 예찰과 대량 포획을 통한 밀도관리에 이용할 수 있다.

○ 톱다리개미허리노린재의 집합페로몬은 2종류이다. 3성분(EZ:EE:MI)과 4성분 (EZ:EE:MI:OI)으로 조성된 것이 있으며, 3성분보다 4성분이 톱다리개미허리 노린재를 유인하는 효과가 높다.

○ 썩덩나무노린재의 집합페로몬이 미국에서 상용화되어 이용성이 증가되고 있으며, 이 페로몬에는 썩덩나무노린재와 갈색날개노린재가 잘 유인된다.

○ 노린재류는 트랩의 종류에 따라 유인 효과 차이가 매우 큰데, 최근 1종류의 트랩으로 여러 종류의 노린재류를 잘 포획할 수 있는 로케트트랩이 개발되어 과수 가해 노린재류의 대량 포획에 적극 이용되고 있다.

○ 집합페로몬 트랩은 로케트트랩에 톱다리개미허리노린재와 썩덩나무노린재의 집합페로몬을 함께 넣어 재배지 가장자리에 약 20m 간격으로 설치한다. 재배지 안에는 썩덩나무노린재의 집합페로몬을 로케트 트랩에 넣어 설치한다. 이는 과실의 피해를 줄이고 노린재류를 효과적으로 포획할 수 있는 방법이다.

○ 집합페로몬에 콩 종실 및 마른 멸치를 넣어주면 노린재 유인 효과가 크게 증가한다.

하늘소류

① 뽕나무하늘소

학명	*Apriona germari*(Hope)
영명	Mulberry longicorn

② 알락하늘소

학명	*Anoplophora malasiaca*(Thompson)
영명	Mulberry white-spotted longicorn

(그림 4-34) 뽕나무하늘소(왼쪽)와 알락하늘소(오른쪽)

가. 형태

○ 뽕나무하늘소 성충은 체장이 35~45mm이며 흑갈색인데 회황색의 가늘고 작은 털로 덮여 있어 황갈색으로 보인다. 날개의 앞부분 양쪽에 흑색돌기가 1쌍 있어서 쉽게 구별된다. 유충은 길이가 60mm 정도이고 다리가 없다. 머리는 흑색이고 몸은 담백색이며 납작한 통형이다.

○ 알락하늘소 성충의 체장은 30~35mm이며, 날개는 광택이 있는 흑색 바탕에 15~16개의 백색 반문이 많이 있다. 유충은 납작한 원통형이며 몸은 담황색이고 머리는 갈색이다. 복부 제1절 등 쪽에 반점 무늬가 있다.

나. 피해 증상

○ 하늘소류는 주간이나 줄기 속으로 뚫고 들어가 중심부를 따라 가해하는 해충이다. 성충이 가지에 이빨로 상처를 내고 산란하며, 부화한 애벌레는 껍질 밑 형성층을 식해한다. 애벌레가 자라면서 목질부에 터널을 만들어 가해하고 10~30cm 간격으로 겉에 구멍을 내고 그곳으로 가해한 톱밥 같은 찌꺼기와 벌레 똥을 배출한다.

○ 피해를 받은 나무는 수세가 현저히 약해지며 심하면 나무 전체가 고사한다. 산지에 인접한 사과원이나 관리가 소홀한 사과원에서 많이 발생한다.

○ 뽕나무하늘소는 사과나무 외에 무화과나무, 뽕나무, 버드나무 등의 주간이나 줄기를 가해한다. 알락하늘소는 사과나무 외에 귤나무, 무화과나무, 밤나무, 배나무, 뽕나무, 버드나무, 아카시아나무, 플라타너스 등을 가해하는 광식성 종이며 성충은 잎과 신초, 유충은 줄기나 뿌리 부위를 가해한다.

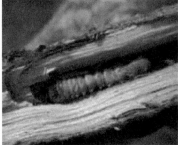

(그림 4-35) 하늘소 피해 줄기(왼쪽)와 피해 줄기 속 유충(오른쪽)

다. 발생 생태

○ 뽕나무하늘소는 7~9월에 성충이 되어 2~3년생 가지를 물어뜯어 상처를 내고 산란한다. 애벌레로 겨울을 나며, 2년에 1회 발생한다. 산란 당년은 산란 부위 근처에서 아주 작은 유충으로 월동한다. 2년째는 줄기 속에서 큰 유충으로 월동한다.

○ 알락하늘소는 6~8월에 성충이 되며, 유충으로 월동하고, 연 1회 발생하는데, 일부 개체는 2년에 1회 발생하기도 한다.

라. 방제

○ 하늘소류의 피해가 우려되는 사과원은 매년 9월부터 산란 부위를 찾아 제거하는 것이 좋다. 봄철에 하늘소류의 피해 상황을 자주 관찰하여 줄기 속에서 가해하는 애벌레를 적용 살충제를 이용하여 방제한다.

왕풍뎅이

학명	*Melolontha incana*(Motschulsky)

가. 형태

○ 30mm에서 40mm의 대형 풍뎅이로 적갈색을 띠며, 몸이 투구를 쓴 것 같이 단단해 보인다.

○ 유충은 전형적인 굼벵이 모양으로 구부러져 있으며 머리는 갈색이나 몸은 유백색이다.

(그림 4-36) 왕풍뎅이의 유충(왼쪽)과 성충(오른쪽)

나. 피해 증상

○ '가루풍뎅이'라고도 하며, 성충은 인근의 밤나무 등 활엽수 잎을 식해하나 피해는 크지 않다.

○ 유충은 땅속에서 서식하며 사과나무 등의 뿌리를 가해하므로 수세를 약화시키고 신초 신장을 나쁘게 하며 과실 비대도 불량하게 한다. 심하면 나무의 일부 또는 전체가 고사한다.

○ 'M.26 후지' 품종 8년생의 경우 주당 20마리 정도가 가해하면 육안으로 구분할 수 있을 정도로 수세가 약해졌다. 30마리 이상이 가해하면 일부 가지가 고사하였으며, 50마리 이상 가해하는 경우도 있었다. 하천변 모래땅 사과원이 피해를 받기 쉽다.

다. 발생 생태

○ 2년에 1회 발생한다. 성충의 발생 시기를 유아등으로 조사한 결과, 7월 상순부터 발생하기 시작하여 8월 상순이 최성기였고 9월 상순까지 발생했다.

○ 야간에 교미하고 땅속에 유백색 타원형의 알을 낱개로 낳으며, 수분을 흡수한 알은 수배로 커져서 부화한다.

○ 부화한 당년에는 어린 유충으로, 그다음 해에는 노숙유충으로 월동하며, 다음 해 6월경 지표 근처에 흙집을 짓고 번데기가 된다.

○ 하천변 모래땅 사과원에서 조사한 결과, 4월 중순부터 11월 중순까지는 주로 땅속 10~40cm 깊이에 분포하며 뿌리를 식해한다. 겨울에는 50~100cm 깊이에서 월동하는데 최고 150cm 깊이까지도 분포한다. 알은 주로 8월에 발견되었으며, 유충은 8월부터 익년 5월경까지 발육하고, 번데기는 6월~7월 중순에 발견되었다.

라. 방제

○ 천적으로는 기생벌인 배벌류 1종이 발견되었으며, 기생률이 15.5% 정도였으나, 밀도억제 역할은 기대하기 어렵다.

○ 하천변의 청경재배하는 사과원에서 피해가 문제되었다. 짚을 유기물로 공급하는 경우에 피해를 받기 쉬우므로 이때는 성충 발생 시기에 잘 관찰하여 산란이 많으면 적절한 대책을 세우는 것이 좋다.

○ 알에서 부화해 나오는 어린 유충을 대상으로 토양살충제를 8월경에 토양 전면에 혼화처리하고 가급적 충분히 관수하는 것이 방제 효과가 높다.

사과유리나방

학명	*Synanthedon haitangvora* Yong
영명	Apple clearwing moth

가. 형태

○ 유충의 몸길이는 25mm이고, 몸색은 담황색이며 머리는 갈색이다. 번데기는 황갈색으로 길이가 15~17mm이다.

○ 성충의 몸길이는 14~17mm이고, 날개를 편 길이는 25~32mm이다. 날개는 가늘고 투명하며, 몸과 날개의 가장자리는 흑색이고 복부에 2개의 황색선이 있어서 언뜻 보기에 벌처럼 보일 수도 있다.

(그림 4-37) 사과유리나방의 유충(왼쪽)과 성충(오른쪽)

나. 피해 증상
○ 유충이 사과나무 지제부 나무줄기의 형성층을 가해하여 수세를 약화시키고, 피해가 심한 경우 나무를 고사시킨다.

다. 발생 생태
○ 사과유리나방은 유충으로 월동하고 나무의 주간부에서 82%, 주지에서 18%가 월동한다.
○ 성충은 5월부터 9월까지 지속적으로 발생한다. 수원 지방의 경우 성충의 발생 최성기는 1세대 6월 중순, 2세대 8월 중순이고 알 기간은 10여 일이다.

라. 방제
○ 성충 발생에 따른 방제 적기는 6월 하순과 8월 하순이다.
○ 월동 유충이 섭식을 시작하는 생육 초기 가해부에 적용 약제를 살포하는 것이 효과적이며, 현재까지는 농약살포보다 월동 기간 피해부를 관찰하여 월동하는 유충을 포살하는 것이 보다 효과적인 것으로 보인다.

2. 배 해충

배나무에 발생하는 해충 종류로 300여 종이 알려져 있지만 최근에 조사된 결과에 따르면 실제 과수원에서 자주 발견되는 해충은 40종 내외이다. 이 중에서도 해충 개체군의 발생 밀도와 경제적 중요성을 기준으로 볼 때 반드시 살충제를 살포해야 하는 해충은 점박이응애, 꼬마배나무이, 조팝나무진딧물, 가루깍지벌레류, 잎말이나방류, 복숭아순나방 등 10여 종이다.

그동안 주요 해충은 시기에 따라 달라졌다. 꼬마배나무이는 1990년대 중반 이후 문제가 되었던 해충이고, 응애류는 문제 해충이었지만 과수원 지표면의 잡초를 비롯한 풀 관리가 정착된 이후로 더 이상 문제가 되지 않게 되었다. 과실을 가해하는 심식나방류(복숭아순나방, 복숭아심식나방, 복숭아명나방 등) 중 배병나방과 복숭아심식나방에 의한 피해 과실의 발생 비율은 10% 이하로 적은 편이지만, 이들 심식나방류 중에는 우리나라가 배를 수출하는 대상국이 요구한 조건에 따라 예찰과 방제 등의 관리가 필요한 종류가 있다.

과실에 직접 피해를 주지 않으면서 배나무 생육에도 큰 지장을 초래하지 않는 진딧물류와 응애류의 방제를 위한 지나친 살충제 사용을 자제하며 살균제 살포 시 관행적으로 살충제를 혼합해 살포하는 것을 피한다. 이와 같이 해충 종류의 중요도를 정확히 인식하고 중요한 해충에 대한 발생 생태와 방제 방법에 대한 지식을 토대로 합리적이고 종합적인 대처 방안을 강구해 방제 효과 증진과 함께 경영비 절감을 달성해야 한다.

〈표 4-1〉 최근 배 과수원에서 발견되는 해충의 종류

처리명	이병도
응애목	점박이응애, 차응애, 사과응애 등(3종 이상)
총채벌레목	꽃노랑총채벌레(1종)
노린재목	알락수염노린재(1종) 털매미, 말매미, 꼬마배나무이, 콩가루벌레, 배나무면충, 배나무방패벌레, 조팝나무진딧물, 복숭아혹진딧물, 목화진딧물, 배나무털관동글밑진딧물, 가루깍지벌레, 온실가루깍지벌레, 버들가루깍지벌레, 산호제깍지벌레, 거북밀깍지벌레 등(15종 이상)
딱정벌레목	왕풍뎅이, 참검정풍뎅이, 다색풍뎅이, 흰점박이꽃무지, 모자무늬주홍하늘소, 뽕나무하늘소 등(6종 이상)
나비목	복숭아순나방, 애모무늬잎말이나방, 사과무늬잎말이나방, 사과잎말이나방, 사과유리나방, 노랑쐐기나방, 복숭아명나방, 조명나방, 담배거세미나방, 왕담배나방, 사과칼무늬나방, 배칼무늬나방, 배혹나방 등(13종 이상)
벌목	배나무줄기벌, 말벌(2종)

점박이응애

학명	*Tetranychus urticae* Koch
영명	Two-spotted spider mite

가. 형태

○ 알은 둥근 모양이며 크기는 0.14mm 정도이다. 처음에 산란했을 때의 색깔은 반투명한 유백색이지만 부화 시기가 가까워지면 점차 광택이 없는 담황색으로 바뀐다. 부화 직전이 되면 알 속에 있는 빨간색 눈을 볼 수 있다.

○ 알에서 막 부화한 애벌레는 둥근 모양으로 알 크기와 비슷하며 3쌍의 다리를 가지고 있다. 처음에는 반투명하지만 배나무 잎을 먹기 시작하면서 점차 녹색으로 바뀌며 등 쪽에 검은 점이 생긴다. 전약충(前若蟲)으로 자라면서 다리는 4쌍이 되며 등에 있는 검은색의 두 점은 더욱 뚜렷해진다. 후약충(後若蟲)은 전약충

보다 약간 크다. 이 시기가 되면 수컷과 암컷의 구별이 쉬워지는데 수컷은 암컷보다 크기가 작고 배 끝부분의 모양이 더 뾰족하다.

○ 수컷 성충은 암컷보다 작고 배 부분이 뾰족한 것이 특징이며 활동력이 왕성하다. 암컷은 크기가 0.42mm 정도로 수컷보다 더 크고 달걀 모양이다. 몸 색깔은 다양한데 가장 일반적인 색은 엷은 녹색이며 노란색과 갈색이 조금 섞여 있다. 이름에서 나타난 것과 같이 등의 앞쪽 절반 부위에 두 개의 뚜렷한 점이 있다. 월동 중인 암컷은 보통 진한 오렌지색이며 등에 있던 점은 없어진다.

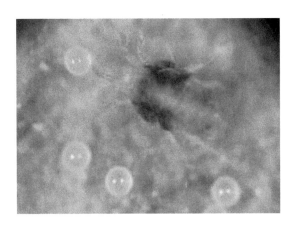

(그림 4-38) 점박이응애 성충과 알

나. 피해 증상

○ 배나무 잎을 가해하는 응애 종류는 점박이응애, 사과응애, 차응애, 귤응애, 벚나무응애 등이 있는데 이 중에서 점박이응애의 발생이 가장 많다. 애벌레와 어른벌레는 배나무 잎에 주둥이를 삽입해 세포 속의 내용물을 빨아 먹는데 잎이 엽록소를 빼앗겨 표면에 하얀 점이 생긴다.

○ 피해가 심해지면 잎은 옅은 갈색으로 변하고, 더 심해지면 낙엽이 된다. 점박이응애의 피해를 받은 배나무 잎은 광합성 능력이 떨어지므로 과실의 생장과 착색이 불량해지며, 이듬해 착과량에도 영향을 미친다.

(그림 4-39) 점박이응애 피해

다. 발생 생태

○ 점박이응애는 오렌지색을 띠는 암컷 성충으로 배나무 거친 껍질 밑이나 잡초 또는 낙엽 더미 속에서 월동한다. 겨울을 난 어른벌레는 봄이 되면 월동 장소에서 나와 활동하기 시작하는데, 4월에는 주로 잡초에서 생활하다가 5월부터 본격적으로 배나무 잎을 먹기 시작한다.

○ 겨울을 난 어른벌레는 잎을 빨아 먹음에 따라 오렌지색이 점차 녹색으로 변하며, 등 쪽에 점이 나타난다. 약 25일 후 알을 낳기 시작하는데, 새롭게 전개된 잎의 아래 부위에 먼저 낳는다. 겨울을 난 어른벌레 한 마리는 20여 일 동안 살면서 평균 40개의 알을 낳는데, 여름에 낳는 것보다는 적다. 이 알은 온도 조건에 따라 다르지만 보통 3주 후 부화한다. 이 시점으로부터 세대가 중복되기 시작한다.

○ 여름형 암컷은 30일 동안 약 100개의 알을 낳는다. 알은 따뜻한 지역에서는 1~2일이면 부화하며 전체 세대 기간(산란부터 성충까지)은 10일 정도에 불과하다. 연중 다발생 시기는 7~8월이고 발생최성기는 8월 상순이다. 온도가 낮아지고 낮의 길이가 짧아지는 가을철이 되면 오렌지색 월동 성충이 나타나기 시작한다.

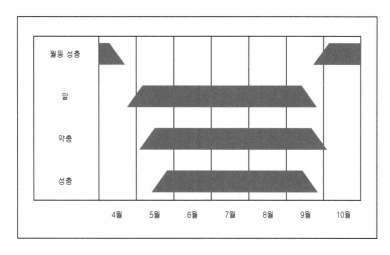

(그림 4-40) 점박이응애 생활사

라. 방제

○ 이른 봄에 배나무 가지의 거친 껍질을 긁어서 불에 태우고 기계유 유제를 뿌려 준다.

○ 응애가 잎당 2~3마리씩 보이기 시작하면 급속하게 늘어날 가능성이 있으므로 즉시 약제를 뿌려주는 초기 중점 방제를 실시한다.

○ 여름철에는 응애의 발생이 급속히 늘어나며, 한 세대를 거치는 기간도 짧아지 므로 약제에 대한 저항성을 가진 응애의 출현을 고려해 성분이 다른 약제를 교 대로 뿌려준다.

○ 고온 건조기에 토양 수분이 부족하거나 물 빠짐이 불량한 과수원에서 피해가 급격히 증가하기 때문에 배나무의 수분관리를 철저히 한다.

○ 질소를 너무 많이 주어 먹이 조건이 좋아지면 피해를 받기 쉽기 때문에 비료를 알맞게 시용해 너무 무성하게 자라지 않도록 한다.

○ 포식성응애, 무당벌레, 포식성노린재, 풀잠자리 등의 천적에 독성이 낮은 약제 를 선택해 이용한다.

꼬마배나무이

학명	*Cacopsylla pyricola*(Foerster)
영명	Pear sucker(psylla)

가. 형태

○ 겨울형과 여름형 두 가지 형태가 있다. 겨울형 성충의 크기는 2.5mm 정도인 반면 여름형은 2mm이다. 두 가지 형태 모두 날개로 배 부분을 지붕 모양으로 덮고 있다. 여름형은 녹색이며 겨울형은 흑갈색을 띤다.

○ 알은 쌀 알맹이 같은 모양이며 배나무 눈 주위의 주름이나 껍질눈(피목)처럼 표면에 융기된 부분에 부착되어 있다. 알은 산란 당시에는 유백색이지만 부화시기가 다가오면 점차 노란색으로 바뀐다.

○ 약충은 다섯 번에 걸쳐 탈피한다. 알에서 막 부화한 약충은 우윳빛을 띠는 노란색이며 알의 크기와 비슷하다. 약충은 성장할수록 녹색을 띠는데 다 자란 약충이 되면 어두운 녹색 내지 옅은 갈색이 된다.

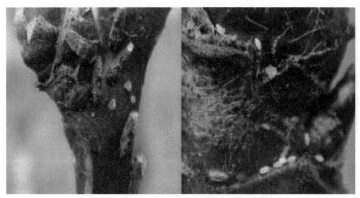

(그림 4-41) 꼬마배나무이 월동형 성충과 알

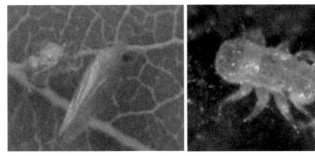

(그림 4-42) 꼬마배나무이 여름형 성충(왼쪽)과 부화 약충(오른쪽)

나. 피해 증상

○ 약충과 성충은 주로 잎을 가해하지만 심한 경우 봉지 속으로 침입해 과실의 즙을 빨아 먹기도 한다. 즙을 빨아 먹으면서 감로라고 하는 물방울을 분비하는데, 그 부분에 그을음병균이 2차로 기생하기 때문에 잎과 가지가 검게 그을린 것처럼 보이게 된다.

○ 과실에 피해를 받으면 그을음으로 상품 가치가 떨어지고 저장력도 저하된다. 또한 약충이 즙을 빨아 먹을 때 배나무 속으로 주입한 타액의 독성으로 인해 나무 자람새가 약화되며, 타액에 의해 마이크로플라스마 병원체가 전염되면 사관부 속 체관에 피해를 주어 합성된 영양분이 아래로 이동하는 것을 방해하기도 한다.

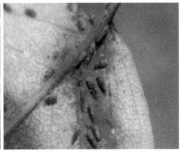

과총엽을 가해하는 꼬마배나무이   꼬마배나무이 피해에 따른 그을음 증상

(그림 4-43) 꼬마배나무이 피해

다. 발생 생태

○ 꼬마배나무이는 월동형 성충으로 겨울을 지낸다. 성충은 배나무의 눈이 부풀어 오르기 시작하는 3월 상순경에 알을 낳으며 알은 주로 눈의 아랫부분이나 작은 가지 위에 낳는다. 눈이 열린 이후에는 잎맥 중앙 또는 잎자루에 알을 낳고 줄기나 꽃받침에도 낳는다. 성충은 꽃잎이 떨어질 때까지 계속해서 알을 낳는다.

○ 이와 같이 월동 성충의 산란 기간이 길기 때문에 첫 세대 약충의 발생 기간도 길다. 여름형 성충은 약충이 먹었던 잎 끝부분과 새로 자란 줄기와 잎 위에 알을 낳고 3~4세대를 보낸 후, 9월 하순 이후 겨울형 성충이 나타나면 월동에 들어간다.

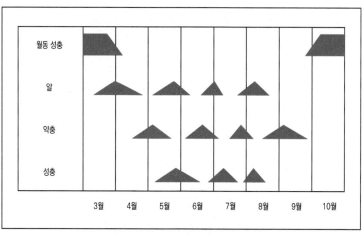

(그림 4-44) 꼬마배나무이 생활사

라. 방제

○ 이른 봄에 기계유 유제를 뿌려주면 월동형 성충을 죽일 수 있을 뿐만 아니라 살아남은 어른벌레가 배나무 가지에 산란을 못하게 하는 효과가 있다. 기계유 유제 살포 시기 결정은 매년 기상 자료를 확인해 내리는데, 꼬마배나무이 월동형 성충은 2월 1일부터 하루 중 최고 온도가 6℃ 이상 되는 날이 12일 넘으면 나무 위로 80% 이상이 이동하고, 약 25일이 되면 산란을 시작한다. 기계유 유제 최적 방제 시기는 최고 온도 6℃ 이상이며 출현일수가 16~21회 되는 기간이다.

○ 개화기 직전이 되면 월동형 어른벌레가 낳은 알이 부화하기 시작하기 때문에 이 시기에 약제를 뿌려줘야 하며 꽃잎이 떨어진 후에도 다른 해충과 동시에 방제한다. 꼬마배나무이의 어른벌레는 활동영역이 넓기 때문에 주위 과수원과 공동으로 방제하는 것이 재감염을 막는 데 효과적이다.

○ 꽃이 떨어진 후 생육기의 약제 살포는 약충의 밀도가 잎당 0.5마리 이상일 때 해야 하며 노령 약충보다 어린 약충일 때 살포하는 것이 더욱 효과적이다.

○ 꼬마배나무이 개체군은 웃자란 나무에서 빠르게 증가하기 때문에 나무의 생장을 지나치게 자극하는 방식을 피한다. 과실 생산에 충분할 정도로만 질소를 시비한다.

○ 배나무 골격가지에서 자란 새순이나 뿌리 순을 제거하면 배나무이의 피해를 받은 어린잎을 제거할 수 있을 뿐만 아니라 뿌린 약제가 더 효과적으로 침투하게 해준다.

○ 천적으로는 풀잠자리, 무당벌레, 포식성 응애류, 노린재, 많은 종류의 거미가 있는데 가급적 이들 천적에 영향이 적은 작물보호제를 살포한다.

콩가루벌레

학명	*Aphanostigma iakusuiense* Kishida
영명	Pear phylloxera

가. 형태

○ 알은 타원형이며 산란 당시는 엷은 황색으로 껍질 표면이 끈끈한 물질에 덮여 있다. 며칠을 경과하면 껍질이 딱딱해지고 색깔이 점점 진해져 진한 황색으로 변한다. 부화 직전이 되면 알의 앞쪽 부분에서 2개의 빨간색 눈을 확인할 수 있다.

○ 약충은 엷은 황색으로 타원형이다. 부화 당시에는 더듬이, 주둥이, 다리 등의 구분이 어렵지만 1~2회 탈피하면 명확해진다. 몸이 가벼워 운동이 비교적 자유롭기 때문에 주로 이 시기에 이동한다.

○ 성충은 날개가 없고 엷은 황색이며 간모(幹母), 보통형(普通型), 산성형(産性型), 유성형(有性型) 등의 네 가지 형이 있다. 간모, 보통형, 산성형의 몸길이는

0.7~0.8mm이며, 유성형은 0.35~0.4mm이다. 머리는 작고 양쪽에 빨간색 눈을 한 개씩 가지고 있다. 더듬이는 검은색으로 짧고 크며 세 마디로 구성되어 있다. 주둥이는 길고 9마디로 이루어져 있다. 복부는 7마디이며, 끝부분으로 갈수록 뾰족하다. 3쌍의 다리는 크기와 모양이 비슷하며 검은색이고 4마디로 구성된다.

(그림 4-45) 콩가루벌레 성충과 알

나. 피해 증상

○ 콩가루벌레는 우리나라와 만주가 원산으로 오래전부터 배 과실에 피해를 줘왔던 대표적인 해충이다. 햇빛을 싫어하기 때문에 주로 봉지를 씌운 배 과실에만 발생한다. 약충과 성충이 배 과실 표면을 가해하면 그 부분에 균열이 생기고 가해 부위로 흑반병균 등이 침입해 검은색으로 변한다. 더 심해지면 과실이 거북이 등같이 찢어지고 결국 떨어진다. 심할 때에는 햇가지도 가해하며 발육을 저해하고 일찍 낙엽이 들게 한다.

(그림 4-46) 콩가루벌레 피해(껍질 속에 부착한 콩가루벌레)

다. 발생 생태

○ 가을에 출현한 유성형이 산란한 월동 알은 거친 껍질 밑에서 월동하다가 이듬해 봄에 부화한다. 부화한 간모는 그늘진 곳에서 증식해 보통형이 되고 6월 중하순부터 봉지 씌운 과실의 줄기를 따라 봉지 속으로 들어가 과실에서 계속 번식한다.

○ 과실이 성숙함에 따라 점점 번식이 왕성해져 알은 5~6일이면 부화하고 약충은 일주일 정도 지나면 성충이 된다.

○ 성충의 생존 기간은 3주일이다. 이 시기에 왕성하게 과실 표면의 즙을 빨아 먹으며 교미하지 않고 번식한다. 9월 중순 이후에는 산성형이 출현해 크고 작은 알을 낳는데, 큰 알이 부화해 암컷이 되고 작은 알은 수컷이 된다.

○ 10월 중하순이 되면 유성형 암컷과 수컷이 교미하고 월동장소로 이동해 월동 알을 낳는다.

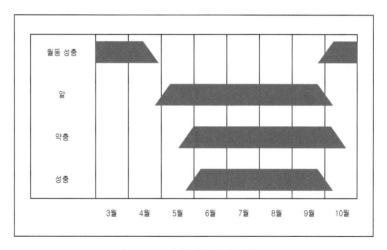

(그림 4-47) 콩가루벌레 생활사

라. 방제

○ 월동 직후 봄철에 배나무의 거친 껍질을 제거하고 기계유 유제와 석회유황합제를 살포한다.

○ 봉지 씌우기 직전에 살충제를 반드시 뿌려주고 피해가 심한 과수원에서는 약충이 봉지 속으로 이동하는 시기인 6월 중순에 추가로 뿌려준다.

○ 가급적 포식성 응애, 무당벌레 등의 천적에 영향이 적은 살충제를 뿌려준다.

○ 방제 약제는 진딧물과 깍지벌레 방제용으로 배나무에 고시된 약제를 이용한다.

조팝나무진딧물

학명	*Aphis citricola* van der Goot
영명	Apple aphid

가. 형태

○ 알은 윤기가 있는 검은색으로 쌀알 모양이며 크기는 0.5mm 정도이다.

○ 약충은 노란색을 띠는 녹색 또는 어두운 녹색으로 크기는 1.5mm 정도이다.

○ 성충은 날개가 없는 것과 있는 것이 있는데, 날개가 있는 성충으로 이동한다.

나. 피해 증상

○ 약충과 성충이 배나무의 잎과 가지에서 즙을 빨아 먹는데, 즙이 많은 어린 조직을 더 좋아한다. 주로 잎 뒷면, 햇가지 끝부분과 줄기에서 즙을 빨아 먹는다. 개체군 밀도가 높을 때에는 잎 표면도 섭식한다. 배나무털관동글밑진딧물과 달리 피해를 받은 잎은 말리지 않는다.

○ 발생 초기 밀도가 높은 경우에는 발육 중인 과실을 흡즙하기도 한다. 보통 햇가지 부위에 발생하기 때문에 큰 나무인 경우 수확량과 과실 품질에 미치는 영향은 적다. 그러나 어린나무에 많이 발생하는 경우에는 생장이 크게 위축되기 때문에 주의한다.

다. 발생 생태

○ 주로 조팝나무에서 월동하는 것으로 알려져 있지만 배나무의 가지나 눈에서도 알로 월동한다. 배나무에서 월동한 알은 4월에 부화하기 시작해 발아하는 눈에서 증식한다.

○ 조팝나무 등 다른 곳에서 월동한 것은 5월에 날개가 있는 성충으로 배나무로 이동해온다. 이때부터 암컷은 교미하지 않고 번식하며 새끼를 직접 낳는 태생이기 때문에 밀도가 급격하게 증가한다.

○ 발생 초기에는 적당한 먹이를 찾기 위해 날개가 있는 성충이 많지만 일단 정착한 후에는 날개가 없는 성충이 대부분을 차지한다.

○ 5월부터 7월에 걸쳐 주로 발생하지만 가장 많이 발생하는 시기는 5월 하순~6월 중순경이다. 조팝나무진딧물은 어린잎과 가지에서만 거의 생활하기 때문에 신초 생장이 멈추는 고온기가 되면 밀도가 급격히 저하했다가 가을철에 다시 햇가지가 발생하면 밀도가 증가한다. 가을철에 암컷과 수컷이 발생해 교미한 후 월동 알을 낳는다.

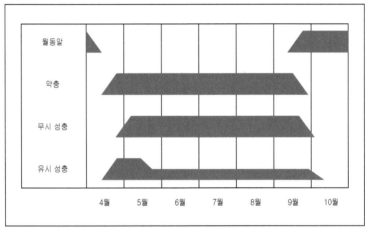

(그림 4-48) 조팝나무진딧물 생활사

라. 방제

○ 큰 나무인 경우 피해를 받지 않기 때문에 햇가지당 20~30마리일 때 약제를 살포하는 것이 바람직하며, 가급적 다른 해충과 동시 방제가 가능한 시기를 택해 살포한다. 그러나 어린나무인 경우 밀도가 낮을 때 뿌려줘야 한다.

○ 고온기에는 밀도가 급격히 감소하기 때문에 약제를 뿌릴 필요가 없으며, 9월 이후에 다시 발생하지만 조팝나무진딧물을 주목적으로 방제할 필요는 없고 다른 해충의 방제 시기에 맞춰 동시에 방제한다.

○ 살충제에 의한 방제가 다른 해충에 비해 비교적 쉽지만 번식력이 왕성하기 때문에 같은 약제를 계속 사용하면 저항성이 유발되므로 주의한다.

○ 배나무의 햇가지 생장을 억제시킴과 동시에 꽃눈형성을 촉진시킬 수 있는 질소질의 적정 시비와 수분 관리에 신경을 써야 한다.
○ 무당벌레, 혹파리, 풀잠자리, 포식성노린재, 기생벌 등의 천적에 저독성인 약제를 선택해 살포한다.

가루깍지벌레

학명	Pseudococcus comstocki(Kuwana)
영명	Comstock mealybug

가. 형태
○ 알은 핑크색이며 가늘고 긴 달걀 모양으로 크기는 0.5mm 정도이다. 알은 하얀 섬유질 밀랍 속에 덩어리 상태로 존재한다.
○ 부화 약충은 핑크색 내지 진홍색이며 잘 발달된 다리를 가지고 있고 하얀 밀랍가루를 얇게 뒤집어쓰고 있다. 약충은 탈피함에 따라 이동성이 적어진다. 몸 색깔은 핑크색 내지 진홍색이지만 더 많은 밀랍가루를 뒤집어쓰므로 하얗게 보인다.
○ 암컷 성충은 날개가 없으며 크기는 5mm 정도이다. 약충과 마찬가지로 하얀 가루로 덮여 있다. 수컷 성충은 암컷보다 더 작고 투명한 날개를 가지고 있다.

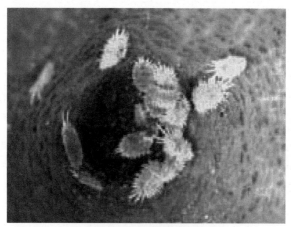

(그림 4-49) 가루깍지벌레 성충

나. 피해 증상

○ 과수원에서 다른 과수원으로 퍼지는 속도는 느리지만 한번 감염된 과수원에서 깨끗이 제거하는 것은 어렵다. 어린나무에서보다는 큰 나무에서 문제가 심각한데, 은신처가 많아 약제를 살포해도 방제가 어렵기 때문이다.

○ 배나무 가지와 과실에서 즙을 빨아 먹는데 심하게 피해를 받은 과실은 기형이 된다. 당분이 많이 함유된 배설물로 인해 그을음병을 유발하며 피해 부위에 하얀 물질을 분비하기 때문에 과실의 상품 가치를 떨어뜨린다.

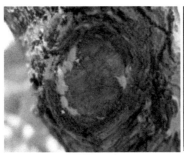 

전정 상처부에 부착한 가루깍지벌레   가루깍지벌레 피해로 오염된 과실

(그림 4-50) 가루깍지벌레 피해

다. 발생 생태

○ 골격가지의 나무껍질 밑이나 원줄기 부근의 낙엽 속 느슨한 섬유성 주머니에서 알 또는 부화 약충으로 월동한다.

○ 월동 알은 4월 중하순부터 부화해 잎자루나 꽃자루 틈, 가지의 절단 부분 등에서 서식하다가 6월 중하순에 1세대 성충이 된다.

○ 6월 하순~7월 상순경 발생하는 2세대 약충부터 과실 줄기를 통해 봉지 속으로 들어가 과실 표면에서 즙을 빨아 먹기 시작한다. 2세대 성충의 발생 시기는 7월 하순~8월 상순이며, 9월 하순부터 발생하는 3세대 성충이 월동 알을 낳는다.

라. 방제

○ 월동 직후 봄철에 가지의 거친 껍질을 긁어내고 기계유 유제를 살포하는 것이 좋다. 거친 껍질 제거 작업은 겨울철 정지·전정을 마치고 꼬마배나무이 월동

성충 방제를 위한 기계유 유제 살포기 전에 해주면 나무껍질 틈에 있는 해충까지 방제가 가능하다.

○ 거친 껍질 제거 작업(조피 작업)은 고압(20bar 이상의 압력)이 가능한 살수기를 이용해 물로만 방제하기도 한다. 방제는 2~3년에 1회 실시하고, 이후 배나무가 생육하는 동안 줄기에 피해를 주는 해충(사과유리나방과 나무좀류)을 잘 관찰해 피해를 빨리 파악하고 대처하는 것이 좋다.

○ 배나무에서 열매가 맺히는 가지(결과지)를 유인 시 가지가 찢기거나 톱으로 가지의 일부분을 자르는 경우, 상처에 분무용 접착제나 도포용 접착제를 처리하면 깍지벌레류의 서식처를 줄여 주는 효과가 있으며, 가지에서 과실로 깍지벌레가 이동하는 것을 막아 과실 피해를 줄일 수 있다. 분무형 접착제 처리는 잎이 나오기 전에 해야 유인 시 상처 부위 확인과 접착제 처리가 쉽다(4월 중순 이전). 접착제를 구하기 어려운 경우 일반 접착용 테이프(너비 5cm)나 고무끈 등을 이용해 유인 상처 부위를 틈이 없도록 감아주면 깍지벌레류가 서식하는 장소를 줄여 줄 수 있다.

○ 약충 발생 초기인 4월 하순~5월 상순, 6월 중순~7월 상순, 8월 중하순에 적용약제를 살포한다.

○ 웃자란 가지가 많은 나무는 먹이 조건이 좋고 살충제 침투 효과가 떨어져 방제가 어렵기 때문에 시비 관리와 전정 방법 등에 주의를 기울인다.

○ 풀잠자리, 무당벌레, 포식성노린재, 기생벌 등의 천적이 다수 존재하기 때문에 이들 천적에 저독성인 작물보호제를 사용한다.

(그림 4-51) 거친 껍질을 제거하는 작업

애모무늬잎말이나방

학명	*Adoxophyes orana* (Fisher von Roeslerstmm)
영명	Smaller tea tortrix

가. 형태

○ 성충은 잎의 표면에 50~100개의 알 덩어리를 낳는다. 각각의 알은 편평한 타원형이며 길이는 0.7mm 정도이다. 알 덩어리는 짧은 황록색이며 부화 직전이 되면 유충의 검은색 머리를 알에서 볼 수 있다.

○ 유충 단계에서는 다른 잎말이나방과 구분하기 힘들지만 유충이 자랄수록 구별하기 쉬워진다. 머리색깔 차이로 쉽게 구분할 수 있는데 사과무늬잎말이나방과 사과잎말이나방의 머리는 검은색이지만 애모무늬잎말이나방은 황갈색을 띠고 있다. 다 자란 유충의 크기는 20mm 내외이다. 유충은 동작이 매우 활발해 놀라면 재빨리 몸을 꿈틀거리며 뒤로 움직여 피해 잎이나 과실 바깥으로 실을 토하며 도망간다.

○ 피해 잎이나 과실에서 가느다란 실을 토해 엉성한 고치를 짓고 그 속에서 번데기가 된다. 번데기는 처음에 엷은 녹색을 띤 갈색이지만 시간이 지남에 따라 색깔이 진해진다. 모양은 방추형이고 크기는 8mm 내외이다.

○ 어른벌레는 담황색 또는 황갈색으로 길이는 8mm 정도이다. 앞날개 중앙에 2줄의 갈색 선이 날개의 가운데에서 연결되는 모습을 하며 같은 빛깔로 된 다수의 가는 선이 그물 모양으로 배치되어 있다. 뒷날개는 엷은 갈색을 띤다.

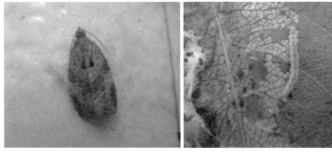

(그림 4-52) 애모무늬잎말이나방 성충(왼쪽)과 유충(오른쪽)

나. 피해 증상

○ 배 과수원에서 발견되는 잎말이나방 종류는 애모무늬잎말이나방, 사과잎말이나방, 사과무늬잎말이나방, 갈색잎말이나방, 매실애기잎말이나방 등이며, 이 중 애모무늬잎말이나방이 전체 발생의 80% 이상을 차지하고 있어 피해가 크다.

○ 유충은 잎을 1차적으로 가해하지만 과실에도 피해를 준다. 봄에는 어린잎과 꽃을 함께 묶고 그 속에서 조직을 먹는다.

○ 유충이 성숙함에 따라 신초로 이동하여 새로 난 잎을 묶어 은신처를 만들고 그 속에서 먹는다. 봉지를 씌우기 이전에 어린 과실을 가해하는데 주로 잎과 과실을 묶어 동시에 피해를 준다. 이 시기에 피해를 받은 과실은 매우 큰 상처가 남아 기형과가 된다.

○ 봉지를 씌운 이후에는 유충이 과실꼭지를 통하여 봉지 속으로 들어가 과실 표면을 얇게 갉아 먹는다. 이때 피해를 받은 과실의 피해 부위에는 갈색의 녹이 생기게 되고 표면이 거칠어져 상품 가치가 떨어진다.

○ 애모무늬잎말이나방의 유충은 접촉 자극이 있는 공간에 숨어서 가해하는 습성 때문에 봉지를 씌운 배 과실에서도 피해가 큰 편이다.

(그림 4-53) 애모무늬잎말이나방 피해 잎(왼쪽)과 과실(오른쪽)

다. 발생 생태

○ 애벌레로 가지 틈이나 거친 껍질 밑 등에서 하얀색 얇은 고치를 짓고 그 속에서 겨울을 난다. 배나무의 발아 시기에 월동 장소에서 나와 눈, 꽃, 어린잎 등을 가해한 후 번데기가 된다.

○ 1회 성충의 발생 시기는 6월 중하순이다. 성충은 동작이 활발하고 주로 잎의 표면에 알을 덩어리로 낳는다. 성충은 보통 1년에 3회 발생하는데 2회 성충은 7월 하순~8월 상순에, 3회 성충은 9월 상중순에 나타난다.

○ 3회 성충이 낳은 알에서 부화한 유충은 잎과 과실을 짧은 시간 동안 가해한 후 10월경 월동 장소로 이동한다.

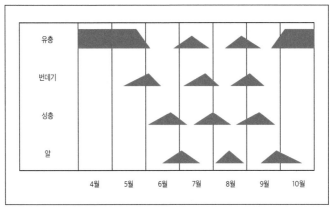

(그림 4-54) 애모무늬잎말이나방 생활사

라. 방제

○ 눈의 인편이 탈락하는 시기부터 월동 유충이 활동하기 때문에 개화 직전에 적용 약제를 뿌리며 낙화 후에는 다른 해충과 동시 방제한다.

○ 잎말이나방류를 효과적으로 방제하기 위해서는 우점종인 애모무늬잎말이나방의 방제 적기인 6월 상순, 7월 중순 및 9월 중순에 약제를 살포해야 한다. 사과 잎말이나방은 7월 상순에 가루깍지벌레와 동시 방제하는 것이 바람직하다.

○ 기생벌, 기생파리 같은 천적에 저독성인 약제를 살포한다.

○ 배 과원에 발생하는 애모무늬잎말이나방은 재배 지역에 따라 성페로몬 조성에 차이가 있으므로 성페로몬 트랩 구입 시 판매처에서 지역에 맞는 성분의 페로몬을 구입해 예찰한다.

○ 현재 판매되는 교미교란제(교신교란제)는 나무에 걸어두는 형태와 치약처럼 나무에 바르는 형태가 있는데, 단위 면적당 추천하는 용량을 사용한다. 걸어두는 형태의 교미교란제는 100개/10a로, 지상 1.5m 정도 높이에 월동 해충이 본격

적으로 활동하기 전 설치한다. 전량을 설치할 경우 3월 하순~4월 상순에, 2회로 나누어 설치 시에는 봄에 전체 설치량의 70%를 설치하고 7월 하순에 나머지 30%를 설치한다. 과원 가장자리에는 과수원 중심보다 20% 이상 더 많이 설치하고, 교미교란 튜브가 지상에 떨어지지 않게 한다. 교미교란제 도입 초기에는 나방류 살충제를 함께 사용하고 수확이 늦어지는 해에는 수확 전 나방류 방제를 고려해야 한다. 적용 대상이 아닌 해충에는 효과가 없으므로 예찰 후에 방제해야 한다.

○ 치약처럼 나무에 바르는 형태의 교미교란제(Paste형 교미교란제)도 월동 해충이 활동하기 전과 8월 상순(2회)으로 나누어 배나무 1주당 약 3g씩 지상 1.5m 정도 높이의 그늘진 곳에 도포한다. 과원 가장자리에는 주당 2배의 양을, 과원 내부에는 골고루 배분한다.

복숭아순나방

학명	*Grapholita molesta*(Busck)
영명	Oriental fruit moth

가. 형태
○ 알은 납작한 원형이며 처음에는 유백색이지만 부화 직전에는 황갈색으로 변하며 유충이 비쳐 보인다. 길이는 0.3mm 정도이며 낱개로 잎 또는 과실 위에 낳는데 발견하기가 매우 어렵다.

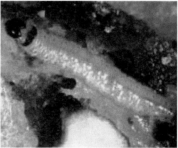

(그림 4-55) 복숭아순나방 성충(왼쪽)과 유충(오른쪽)

○ 알에서 막 부화한 유충은 1mm 정도로 머리가 크고 검은색이며 가슴과 배는 유백색이다. 유충이 다섯 번에 걸쳐 탈피해 다 자라면 10~13mm 정도가 되며 머리가 어두운 갈색으로 변하고 몸 색깔은 붉은색이 가미된 황색을 띤다.

○ 거친 껍질 밑이나 틈 사이에 실을 토해 긴 타원형의 고치를 짓고 그 속에서 번데기가 된다. 번데기 크기는 5~7mm로 방추형이다. 처음에는 갈색이지만 성충이 되기 직전이 되면 어두운 회갈색으로 변한다.

○ 성충은 길이가 5~7mm로 전체적으로 흑갈색을 띠는 작은 나방이다. 앞날개는 흑갈색이고 앞날개 바깥쪽으로 7개의 하얀 선이 있다. 뒷날개는 암갈색이며 배는 암회색이다.

나. 피해 증상

○ 복숭아순나방은 중국이 원산으로, 우리나라 배 과수원에 발생하는 심식충류 중에서 가장 발생량이 많고 피해도 크다. 유충이 과수의 신초와 과실에 구멍을 뚫고 들어가 조직을 먹는다.

○ 배나무 생육 초기에 알에서 부화한 어린 유충은 새 가지 끝부분에 구멍을 뚫고 들어가면서 먹기 시작한다. 피해를 받은 새 가지 끝부분의 잎이 시들고 피해 부위 주변에서 배설물을 확인할 수 있다. 이 시기에 일부 유충은 어린 배 과실 속으로도 뚫고 들어가 피해를 준다.

(그림 4-56) 복숭아순나방 피해 과실(왼쪽)과 신초(오른쪽)

○ 배 과실의 본격적인 피해는 7월 이후 발생하는 3~4세대 유충에 의해 생기는데, 과실이 성숙해 과즙이 많아지면 유충은 열매꼭지를 통해 과실 속으로 들어간다. 일부 유충은 과실과 봉지가 접촉하는 부분으로 직접 뚫고 들어가 피해를 준다.
○ 과실의 피해 부분은 주변이 까맣게 변하며 썩고 결국 떨어진다. 수확기에 접어들어 과실의 크기가 커져 봉지가 찢어지면 그 부분으로 유충이 쉽게 침입할 수 있기 때문에 주의를 기울여야 한다.

다. 발생 생태
○ 배나무의 갈라진 틈, 거친 껍질 밑 그리고 남아 있는 봉지 잔재물 등에 고치를 짓고 다 자란 유충으로 그 속에서 월동한다. 월동 유충은 3월에 번데기가 되고 4월 상순부터 성충으로 나타나기 시작해 새 가지 끝부분에 있는 잎의 뒷면에 알을 낳는다.
○ 암컷 한 마리가 알을 200개 정도 낳으며 난 기간은 3~7일이다. 유충 기간은 9~17일이며 용(번데기) 기간은 7~13일인데, 온도가 높을수록 발육 기간은 짧아진다.
○ 1년에 4회 발생한다. 각 세대의 성충 발생최성기는 4월 하순~5월 상순, 6월 상중순, 7월 하순~8월 상순, 8월 하순~9월 상순경이다. 유충은 과실과 신초를 가해하다가 9월 중순 이후 다 자란 유충이 되면 피해 부위에서 나와 월동 장소로 이동하기 시작한다.

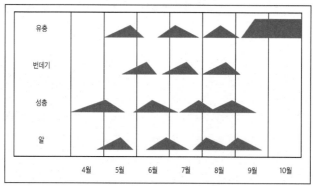

(그림 4-57) 복숭아순나방 생활사

라. 방제

○ 교미교란제(교신교란제)는 나무에 걸어두는 형태와 치약처럼 나무에 바르는 형태가 있는데, 단위 면적당 추천하는 용량을 사용한다. 걸어두는 형태의 교미교란제는 100개/10a로 지상 1.5m 정도 높이에 월동 해충이 본격적으로 활동하기 전 설치한다. 전량 설치할 경우 3월 하순~4월 상순에, 2회 나누어 설치 시에는 봄에 전체 설치량의 70%를 설치하고 7월 하순에 나머지 30%를 설치한다. 과원 가장자리에는 과수원 중심보다 20% 이상 더 많이 설치하고, 교미교란 튜브가 지상에 떨어지지 않게 한다. 교미교란제 도입 초기에는 나방류 살충제를 함께 사용하고 수확이 늦어지는 해에는 수확 전 나방류 방제를 고려해야 한다. 적용 대상이 아닌 해충에는 효과가 없으므로 예찰 후 방제해야 한다.

○ 배에서는 8월 중하순에 피해가 급격히 증가할 수 있으므로 조생종의 수확 등 작업 일정과 안전사용기준을 고려하여 2회 정도 작물보호제를 살포한다.

3. 포도 해충

포도호랑하늘소

학명	*Xylotrechus pyrrhoderus* Bates
영명	Grape tiger longicorn
일명	ブドウトラカミキリ

가. 형태
○ 성충이 11~15mm인 작은 하늘소로 몸 색깔은 검은색이고 머리는 적갈색이다. 날개에 3개의 노란 띠가 있다.
○ 유충은 13~17mm로 머리 부분이 뭉뚝하며 황백색이다.

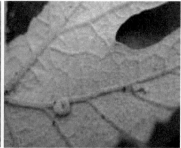

(그림 4-58) 포도호랑하늘소 성충(왼쪽)과 유충(오른쪽)

나. 피해 증상
○ 유충이 줄기에 있는 눈 부분으로 뚫고 들어가 목질부를 가해하기 때문에 피해 받은 줄기 윗부분이 말라 죽는다. 5월경 가해 부위에서 수액이 흘러나와 초기 발생을 확인할 수 있다.
○ 피해가 진전되면 바람이나 작업 중에 가해진 물리적인 힘에 의해 피해 부위가 꺾인다. 피해가 심한 경우 거의 수확을 못할 정도로 손실을 입힌다.

(그림 4-59) 포도호랑하늘소 피해 가지

다. 발생 생태

○ 연 1회 발생하고 피해 가지 속에서 유충으로 월동한다. 4월 상순부터 월동 유충이 활동하며 줄기의 내부를 먹어 들어간다. 줄기 내부에서 번데기가 되며 7월 하순경부터 성충이 발생하기 시작하여 9월 중순까지 계속된다.

○ 성충은 비늘(딱지)의 틈새 같은 데 많이 산란하나 눈과 잎자루 사이에도 알을 낳는다. 알은 약 5일이면 부화하여 눈을 통하여 표피 밑 목질부를 얕게 먹어 들어가 형성층을 먹다가 3mm 정도 크기의 유충으로 월동에 들어간다.

○ 이 해충은 다른 하늘소 해충과는 달리 똥을 밖으로 배출하지 않고 구멍에 그대로 두기 때문에 외관상 발견하기 어렵다. 잎이 떨어진 뒤 주의해 살펴보면 피해를 입은 가지의 껍질이 검은색으로 변색되어 있다.

라. 방제

○ 가장 효과적인 방제는 전정할 때 피해 가지를 제거하여 태워 버리는 방법이다.

○ 발생이 많은 경우는 포도 수확 후 성충 발생최성기인 8월 하순~9월 상순에 전문 약제를 살포한다. 가지 속으로 침입하여 피해를 받은 후에야 발생이 확인되기 때문에 발생이 적은 농가에서도 수의를 기울일 필요가 있다.

포도유리나방

학명	*Nokona regalis* (Butler)
영명	Grape clearwing regalis
일명	ブドウスカシバ

가. 형태
○ 성충은 언뜻 보기에 벌과 비슷하다. 몸은 검은색이고 머리, 목, 가슴의 양쪽에 노란 반점이 있으며 배 끝 몇 마디에 노란 띠가 있다.
○ 유충은 엷은 노란색 내지 붉은 자주색이며 온몸에 가는 털이 드문드문 나 있다.
○ 번데기는 18mm가량이다. 배마디의 등 쪽에 가시털이 있고 갈색이다.

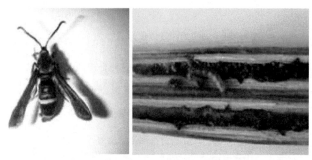

(그림 4-60) 포도유리나방 성충(왼쪽)과 유충(오른쪽)

나. 피해 증상
○ 유충이 새 가지 속을 파먹어 들어가 유충이 들어 있는 부분은 줄기가 볼록하게 부풀어 있다. 유충이 파먹어 들어가면 새로 나온 가지 끝이 시들시들해지면서 말라 죽는다.

(그림 4-61) 포도유리나방 피해 신초

다. 발생 생태

○ 연 1회 발생하고 피해 가지 속에서 유충으로 월동한다. 4월 하순에서 5월 상순에 번데기가 되고 5월 중순~6월 상순에 성충이 나타난다.

○ 성충은 밤에 활동하면서 신초의 잎맥에 하나씩 산란하며 부화유충은 신초 속으로 파고들어 간다. 유충이 들어간 구멍은 자주색으로 변하고 말라버린다. 들어간 구멍으로 똥을 배출하며 성장함에 따라 점차 아래쪽으로 먹어 내려가는데, 처음 피해 가지는 건전한 가지와 별 차이가 없으나 점차 방추형의 혹으로 변하기 때문에 전정할 때 쉽게 발견할 수 있다.

라. 방제

○ 전정할 때 유충이 들어 있어 혹이 생긴 가지를 찾아서 처분한다. 또한 5~6월에 잎이 말라 죽은 신초, 똥이 배출된 신초를 찾아 잘라 버린다.

○ 유충이 줄기 속으로 들어가면 방제가 되지 않으므로 성충 발생기에 약제를 살포한다.

○ 줄기 속의 유충은 철사나 송곳 등으로 찔러 포살한다.

○ 현재 고시된 약제는 없으나 포도에 등록된 포도들명나방 약제를 활용한다.

큰유리나방

학명	*Glossosphecia romanovi*(Leech)
영명	Large clearwing moth
일명	クビアカスカシバ

가. 형태
○ 성충은 길이가 45~48mm이며 말벌과 비슷하다. 다 자란 유충은 길이가 38~43mm로 크고 머리는 어두운 갈색이다.
○ 어린 유충은 유백색이나 자라면서 핑크색으로 변한다. 번데기는 20~21mm이며 갈색이다.

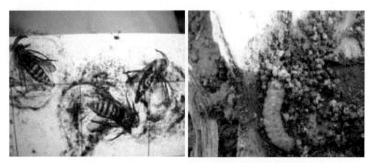

(그림 4-62) 큰유리나방 성충(왼쪽)과 유충(오른쪽)

나. 피해 증상
○ 유충이 포도나무의 주간부와 주지 속으로 들어가 형성층을 갉아 먹어 수세를 크게 떨어뜨리고, 심하면 나무 전체가 말라 죽는다. 피해 양상이 박쥐나방과 비슷하여 오인하기 쉽다.

(그림 4-63) 큰유리나방 피해

다. 발생 생태
○ 연 1회 발생하며 다 자란 유충으로 땅속에서 월동한다. 성충은 6월 상순부터 7월 하순까지 약 2개월 동안 발생하며, 발생최성기는 6월 하순~7월 상순이다.
○ 성충이 포도 줄기에 알을 낳고, 알에서 부화한 유충이 줄기 속으로 들어가 지속적으로 나무를 가해한다. 그 후 가을에 다 자라게 되면 땅속으로 이동하여 아몬드 모양의 고치를 짓고 월동에 들어간다.

라. 방제
○ 성충이 산란한 알이 부화하는 6월 하순~7월 상순에 줄기에 약제가 충분히 묻도록 살포한다.
○ 피해를 받은 줄기에는 다량의 배설물이 배출되어 있으므로 이 부분을 칼, 가위 등으로 파헤쳐 유충을 포살한다.
○ 현재 큰유리나방에 등록된 약제는 없으나 포도에 등록된 나방 방제용 약제를 이용하여 동시 방제한다.

이슬애매미충

학명	*Arboridia kakogawana*(Matsumura)
영명	Grape leafhopper
일명	カコガワフタテンヒメヨコバイ

가. 형태
○ 성충은 몸길이가 3mm 정도이고 연한 노란색이다. 정수리 앞쪽의 양옆에 2개의 검은색 점을 가지고 있다.

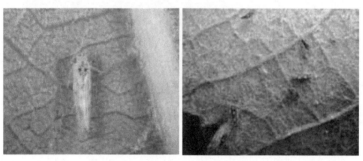

(그림 4-64) 이슬애매미충(왼쪽)과 이마점애매미충(오른쪽) 성충

나. 피해 증상
○ 약충과 성충이 포도나무의 잎과 과실에서 즙을 빨아 먹는다. 잎 뒷면에서 번식 가해하게 되면 잎이 엽록소를 잃어 하얗게 변하고 광합성 능력이 저하되어 과실의 착색과 성숙이 불량해진다.
○ 많이 발생하면 과실에 그을음병을 유발해 상품 가치를 크게 떨어뜨린다.

(그림 4-65) 이슬애매미충 피해

다. 발생 생태

○ 과거에는 포도에 주로 발생하는 애매미충이 두점박이애매미충(포도쌍점애매미충)인 것으로 알려져 있었다. 그러나 최근에 조사된 결과에 따르면 우리나라에서 포도를 가해하는 애매미충은 3가지로 이슬애매미충(Arboridia kakogawana), 이마점애매미충(A. maculifrons), 검은볼애매미충(A. nigrigena)이 있으며, 이 중에서 이슬애매미충이 가장 많이 발생하는 것으로 밝혀졌다.

○ 애매미충은 성충으로 낙엽 속, 잡초 밑, 거친 껍질의 틈 사이에서 월동한다. 1년에 3회 발생하는데 1회 성충은 6월 중순~7월 상순, 2회는 8월 중하순, 3회는 9월 하순~10월 상순에 나타난다.

라. 방제

○ 방제 적기는 월동 성충이 활동하는 발아기(4월 중순)부터 다음 세대의 새로운 성충이 나타나는 6월 중하순 이전까지이므로 이 기간에 발생 여부를 잘 살펴 발생이 확인되면 초기에 약제를 살포한다.

○ 방제 약제로는 에토펜프록스.설폭사플로르 유현탁제, 비펜트린.설폭사플로르 액상수화제, 아세타미프리드.에토펜프록스 분상유제, 아세타미프리드.설폭사플로르 입상수화제, 에토펜프록스 캡슐현탁제, 설폭사플로르 액상수화제 등이 있다.

볼록총채벌레

학명	*Scirtothrips dorsalis* HOOD
영명	Yellow tea thrips
일명	チャノキイロアザミウマ

가. 형태
○ 몸길이는 0.8~0.9mm이고, 몸 색은 노란색이다. 머리는 짧고 촉각은 8마디로 되어 있다. 복부는 3~8마디에 어두운 갈색의 띠가 있다.
○ 날개는 가늘고 좁으며 둘레에 가는 털이 나 있어 말총과 같이 보인다.

(그림 4-66) 볼록총채벌레 성충

나. 피해 증상
○ 잎과 과실을 가해하며 특히 어린 과실에 피해가 크다. 어린잎에는 작은 반점이 생기며 심하면 잎이 오그라든다. 어린 과실에는 회백색 또는 갈색의 부스럼딱지 같은 반점을 형성하여 상품 가치를 떨어뜨린다.
○ 과경을 가해하여 신선함을 떨어뜨린다. 잎이 심하게 피해를 받았을 경우에는 뒷면이 갈변하고 표피가 코르크화된다.

(그림 4-67) 볼록총채벌레 피해 과실(왼쪽)과 잎(오른쪽)

다. 발생 생태

○ 발생 생태는 자세히 알려져 있지 않으나 연 5~6회 발생하며 성충은 거친 껍질 밑이나 눈, 인편 속에서 월동한다. 다음 해 4월경에 활동을 시작하여 5~6월과 8~9월에 많이 발생한다.

○ 주로 약충이 가해한다. 약충은 어린잎을 가해하다 과실에도 피해를 주며, 노지 포도보다 시설 포도에 피해가 심하다. 1세대 기간은 약 15일이고 성충 수명은 7일 정도이다.

라. 방제

○ 방제 적기는 개화 전부터 낙화 후까지 약 1개월간이며, 밀도가 높은 경우에는 7월 중순에 추가로 약제를 살포해야 한다.

○ 방제 약제로는 크레모아, 만장일치골드가 있다.

포도뿌리혹벌레

학명	*Viteus vitifolii* Fitch
영명	Grape leaf louse
일명	ブドウネアブラムシ

가. 형태

○ 뿌리형 : 성충은 난형이고 암황색이며, 때로는 약간의 녹색을 띠는 것도 있다. 몸길이는 0.9~1.1mm이고, 넓이는 0.72~0.76mm이다. 알은 담황색이고 긴 타원형이며 광택이 있다. 애벌레는 알에서 깨어난 당시는 타원형이지만 제2령 약충 이후에는 난원형이 된다. 몸길이가 0.3mm가량이고 늙은 애벌레는 0.7mm가량이다.

○ 날개형(잎에 피해를 주는 형태) : 성충은 난형이고 황색 또는 황갈색이며, 뿌리형과 다르게 가슴과 배의 등 면에 흑색의 융기가 있다. 몸길이는 0.9~1mm이고, 몸넓이는 0.66~0.72mm이다. 알은 뿌리형과 거의 같으나 약간 작다.

(그림 4-68) 포도뿌리혹벌레

나. 피해 증상

○ 약충과 성충 모두 포도의 뿌리와 잎에서 즙을 빨아 먹으므로 생육이 떨어지고 심하면 나무 전체가 말라 죽는다. 품종과 기후에 따라 날개형이 발생하는 수도 있다.

(그림 4-69) 포도뿌리혹벌레 피해 뿌리(왼쪽) 및 피해 잎(오른쪽)

다. 발생 생태

○ 발생 생태는 매우 복잡하여 2가지 형태를 취한다.

- ● 제1형 : 4월 하순경에 월동 알에서 부화된 약충이 새잎으로 가서 날개를 만들며, 성숙한 다음에는 단위생식으로 다수의 알을 낳는다. 알에서 깨어난 약충의 일부는 뿌리로 이동하여 뿌리충이 되고, 단위생식으로 많은 알을 낳는다. 약충은 대부분 날개가 없는 암컷이 되어서 교미 후 나무껍질 틈에 알을 낳는다.
- ● 제2형 : 뿌리에서 월동한 약충은 이듬해 봄에 제1회 성충이 된다. 단위생식으로 알을 낳고 6~9세대를 되풀이한 다음 약충으로 겨울나기를 한다.

라. 방제

○ 저항성 대목에 접목한 묘목을 심는다.

○ 발아기에 입제를 토양에 처리하고, 발생 초기에 살충제를 잎에 살포한다.

○ 방제 약제는 황제카보, 마샬, 후라단, 이비엠물바사리, 큐라텔, 큐라스타, 동방카보, 포수, 쌀지기 등이 있다.

애무늬고리장님노린재

학명	*Apolygus spinolae* Meyer-Dur
영명	Mirid bug
일명	ツマグロアオカスミカメ

가. 형태

○ 성충의 체장이 5mm 내외인 작은 노린재로 성충의 체색은 선녹색이며 촉각은
  담갈색이다. 앞가슴 등 쪽에 흑색의 짧은 선이 세 줄 있으며 앞날개는 선녹색이
  나 막질부는 담흑색이다.

○ 약충도 성충과 비슷한 모양이나 날개만 덜 발달되어 있다.

(그림 4-70) 애무늬고리장님노린재 성충

나. 피해 증상

○ 약충과 성충이 어린잎과 과실을 가해한다. 어린잎이 피해를 받게 되면 즙을 빨
  아 먹은 부위의 조직이 죽어 바늘로 찌른 것처럼 갈색으로 변하고, 나중에 잎이
  자라면서 이 부위에 크게 구멍이 생기고 잎 전체가 너덜너덜해지거나 기형이
  된다.

○ 개화 전후 또는 착립기에 흡즙 피해를 받게 되면 꽃송이가 말라 죽거나 과피흑
  변, 코르크화, 소립과 증상이 나타난다. 또한 피해 과실은 수확기가 되면 열과
  되거나 착색이 불량해진다.

(그림 4-71) 애무늬고리장님노린재 피해 과실(왼쪽)과 잎(오른쪽)

다. 발생 생태

○ 휴면 중인 포도 눈의 인편 틈에서 알로 월동하고 이듬해 봄에 신초가 3cm 정도 자랄 무렵인 3~4엽기에 알에서 부화한다. 부화한 약충은 신초 끝부분에 있는 잎을 가해하다가 꽃송이가 출현하면 과방을 가해하기 시작한다.

○ 1세대 성충은 5월 하순~6월 상순, 2세대 성충은 6월 하순~7월 중순, 3세대 성충은 8월 중순에 나타난다. 8월 중순 이후에 1~2세대가 더 발생하는 것으로 추정된다.

○ 초기의 과실 비대가 끝나면 더 이상 과실을 가해하지 않으며 웃자란 가지의 어린잎을 가해한다. 또한 포도원 주변에 있는 감자, 가지, 잡초 등 다른 식물을 가해한다. 포도원 내부나 과원 주변에서 서식하던 성충은 10월 중순경에 포도나무 가지에 월동 알을 낳는다.

라. 방제법

○ 방제 적기는 발아기(3~4엽기)부터 꽃송이 형성기까지이며, 평소 피해가 심한 포도원의 경우 이 기간에 2회 정도 약제 살포가 필요하다.

○ 현재 등록된 약제로는 프로메트렉스, 조명탄, 비상벨, 만장일치골드, 프라우스, 팡파레에스, 청실홍실, 알칸스, 캡처, 나도야, 쾌속탄, 아나콘다 등이 있다.

꽃매미

학명	*Lycorma delicatula*(White)
영명	Lantern fly

가. 형태
○ 성충은 몸길이가 14~15mm, 날개를 편 길이는 40~50mm이다. 앞날개는 연한 회색빛을 띤 갈색이며, 기부의 2/3 되는 곳까지 검고 둥근 점무늬가 20여 개 있다. 뒷날개는 빨간색이다.
○ 약충은 등에 빨간 줄무늬 4개가 세로로 나 있으며, 흑색 점이 14개 있다.

(그림 4-72) 꽃매미 약충(왼쪽)과 성충(오른쪽)

나. 피해 증상
○ 약충과 성충이 줄기에서 즙을 빨아 먹어 수세를 크게 떨어뜨리고, 배설물에 의해 과실에 그을음병이 생겨 상품 가치가 저하된다.

다. 발생 생태
○ 1년에 1회 발생하며 알 덩어리로 포도나무 줄기나 지주 등에서 월동한다. 월동 알은 4월 하순부터 부화하기 시작하여 6월 상순이면 대부분 부화한다.
○ 약충은 포도 잎과 줄기에서 즙을 빨아 먹으면서 성장하는데, 4회에 걸쳐 탈피한 후 7월 하순부터 성충이 된다. 성충은 나무의 줄기에서 즙을 빨아 먹고 살다가 9월 하순부터 교미한 후 월동 알을 낳는다.

라. 방제

○ 월동 알이 부화하는 5월 중하순에 약제를 살포하여 초기 밀도를 낮춰야 한다.

○ 방제 약제는 판듀, 크레모아, 돌격대, 코르니, 빅스톤, 타스타, 옥토, 캡처, 유토피아, 세시미, 아타라, 스머프, 빗장, 직경탄, 히든키, 팬텀 등이 있다.

포도들명나방

병원균	*Herpetogrmma luctuosalis*(Bremer)
영명	Grape leafroller
일명	モンキクロノメイガ

가. 형태

○ 성충은 짙은 황색으로 크기는 26mm 정도이며 앞날개에는 그물 모양의 선무늬가 규칙적으로 나 있다.

○ 유충은 담녹색으로 행동이 매우 민첩하고 다 자란 유충은 20mm 정도이다.

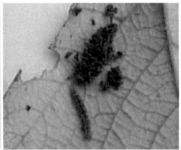

(그림 4-73) 포도들명나방 성충(왼쪽)과 유충(오른쪽)

나. 피해 증상

○ 유충이 잎을 가해한다. 유충은 잎을 단단히 말아서 철하고 그 속에서 서식하면서 잎을 갉아 먹는다.

○ 섭식하면서 배설하기 때문에 말린 잎 속에는 검은 배설물이 남는다.

(그림 4-74) 포도들명나방 피해 잎

다. 발생 생태
○ 연 2~3회 발생하고 피해 낙엽에서 노숙유충으로 월동한다. 성충은 6월부터 9월 까지 발생하는데 1차 발생최성기는 6월 중순경이며, 2차 발생최성기는 9월 중 순경이다.
○ 시설포도원이나 산간지에 조성된 과수원에서 많이 발생하는 경향이 있다.

라. 방제
○ 약제 방제 적기는 1세대 성충이 낳은 알이 부화하는 6월 중하순이다. 피해가 심한 과원에는 수확 후에 약제를 살포하여 월동 유충의 밀도를 떨어뜨린다.
○ 방제 약제는 런너, 그물망, 델리게이트, 부메랑, 알타코아 등이 있다.

가루깍지벌레

병원균	*Pseudococcus comstocki*(Kuwana)
영명	Comstock mealybug

가. 형태

○ 포도를 비롯하여 배, 사과, 감, 귤, 복숭아, 자두, 살구, 매실, 무화과, 호두, 뽕나무 등을 가해한다. 다른 깍지벌레와는 달리 깍지가 없고 약충과 성충이 자유롭게 이동하는 특징이 있다.

○ 암컷 성충은 몸길이가 3~5mm이며 몸 색깔은 황갈색이지만 흰색 가루로 덮여 있고 날개가 없다. 수컷 성충은 한 쌍의 투명한 날개를 가지고 있으며 날개를 편 길이가 2~3mm이다.

(그림 4-75) 가루깍지벌레 성충(왼쪽)과 알 덩어리(오른쪽)

나. 피해 증상

○ 약충과 성충이 잎, 가지, 과실을 가해하며 과방 속으로 들어가 흡즙하면 그들의 배설물로 인해 그을음병이 유발되어 과실의 상품 가치가 떨어진다.

(그림 4-76) 가루깍지벌레 피해

다. 발생 생태
○ 알 덩어리 상태로 거친 껍질 밑에서 월동하며 연 3회 발생한다. 노지에서 월동 알은 4월 하순~5월 상순경에 부화하며 부화한 어린 약충은 줄기 밑이나 잎에서 서식하다가 나중에 과실로 이동한다.
○ 1세대 성충은 6월 하순, 2세대는 8월 상중순, 3세대는 9월 하순경에 발생하고 3세대 성충이 월동 알을 낳는다.

라. 방제
○ 방제 적기는 노지 기준으로 월동 알이 부화하는 5월 상순과 2세대 약충 발생기인 7월 상순 그리고 3세대 약충 발생기인 8월 하순이다.
○ 발생하여 정착한 이후에는 방제가 매우 어렵기 때문에 피해가 확인된 과원에서는 월동기에 거친 껍질을 제거하여 불에 태우고 방제 적기에 전문 약제(백승, 스토네트 등)를 줄기에 충분히 묻도록 살포해야 한다.

응애류(Mites)

가. 형태 및 피해 증상
○ 포도에 발생하는 응애류는 점박이응애, 차응애, 차먼지응애, 녹응애가 있다(구체적인 형태는 타 과수작물의 내용 참고).
○ 포도 잎에 점박이응애와 차응애가 많이 발생하게 되면 엽록소가 파괴됨에 따라 광합성 능력이 떨어져 과실 비대와 착색이 불량해진다.
○ 차먼지응애의 피해 증상은 신초 생육 불량, 잎 뒷면 코르크화, 잎 말림, 잎 기형 등이며 녹응애는 신초와 꽃송이의 생육을 지연시킨다.

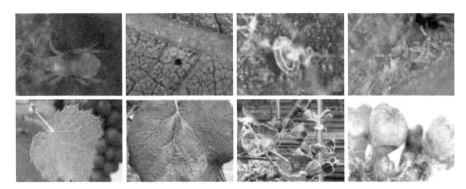

(그림 4-77) 응애류 형태(상) 및 피해 증상(하),
좌측부터 점박이응애, 차응애, 차먼지응애, 녹응애

나. 발생 생태

○ 노지포도에는 발생이 적어 그다지 문제가 되지 않지만 시설포도는 경우에 따라 상당한 문제를 일으킨다.

○ 온풍기 주변 고온 건조한 지역에 심겨진 나무에 많이 발생하며, 방제 시기를 놓치면 점차 다른 지역으로 피해가 확산된다.

다. 방제

○ 응애를 가장 효과적으로 방제하는 방법은 발생 초기에 약제를 살포하는 것이다. 가장 먼저 피해가 나타나는 온풍기 주변의 나무나 잡초 등을 잘 관찰하여 발생이 확인되면 즉시 약제를 살포해야 한다.

○ 응애는 번식 속도가 빠르고 연간 발생 횟수가 많아 약제에 대한 저항성이 쉽게 생기기 때문에 같은 약제를 1년에 1회 이상 살포하지 않도록 해야 한다.

○ 현재 포도에 등록된 응애 약제는 쇼크, 시나위, 가네마이트, 주움, 피라니카, 보라매(응애단, 워나란), 오마이트 등이 있다.

4. 복숭아 해충

복숭아순나방

학명	*Grapholita molesta* Busck
영명	Oriental fruit moth
일명	ナシヒメシンクイガ

가. 형태

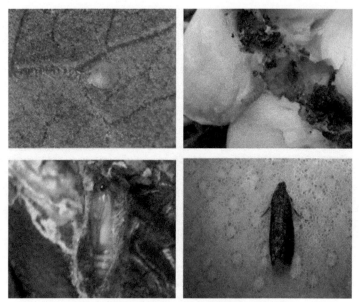

(그림 4-78) 복숭아순나방 알, 유충, 번데기, 성충

○ 성충은 수컷의 길이가 6~7mm이고, 날개를 편 길이가 12~13mm인 작은 나방이다.

○ 머리와 배는 암회색이고 가슴은 암색이다. 더듬이는 암회색으로 채찍 모양이다. 겹눈은 크고 흑색이며 그 주변은 회색이다. 앞날개는 암회갈색이고, 13~14개의 회백색 뱀무늬가 있다.

○ 암컷의 경우 길이가 7mm 정도이고 날개를 편 길이는 13~14mm이다. 수컷에 비해 배가 굵고 배 끝에 털 무더기가 없으며 뾰족하다.

○ 알은 납작한 원형이고 알 껍데기에 점무늬가 빽빽하게 나 있다.

○ 부화 유충은 머리가 크고 흑갈색이며 가슴과 배는 유백색이다.

○ 노숙 유충은 자황색이며 머리는 담갈색이고 몸 주변을 따라 암갈색 얼룩무늬가 일렬로 나 있다.

○ 번데기는 겹눈과 날개 부분이 진한 적갈색이고 배 끝에 7~8개의 가시털이 나 있다.

나. 피해 증상

○ 유충이 새순과 과실 속으로 뚫고 들어가 조직을 갉아 먹는다. 복숭아순나방은 4~5월에 1세대 성충이 발생해 각종 과수의 신초, 잎 뒷면에 알을 낳고 유충이 신초의 선단부를 먹어 들어간다.

○ 피해 받은 신초는 선단부가 말라 죽으며 진과 똥을 배출하므로 쉽게 발견할 수 있다. 어린 과실의 경우 보통 꽃받침 부분으로 침입해 과심부를 식해한다.

○ 다 큰 과실은 꽃받침 부근을 먹어 들어가 과피 바로 아래의 과육을 식해하는 경우가 많다. 겉에 가는 똥을 배출하는 점에서 다른 심식충류와 구별할 수 있다.

(그림 4-79) 복숭아순나방 피해 신초(왼쪽)와 과실(오른쪽)

다. 발생 생태

○ 연간 4회 발생한다. 노숙 유충으로 거친 껍질 틈이나 과수원에 버려진 봉지 등에 고치를 짓고 월동한다.

○ 1회 성충은 4월 중순~5월 상순, 2회는 6월 중하순, 3회는 7월 하순~8월 상순, 4회는 8월 하순~9월 상순에 발생한다. 1~2화기는 주로 복숭아, 자두, 살구 등의 신초나 과실에 발생하며 3~4회 성충이 사과와 배의 과실에 산란해 가해한다.

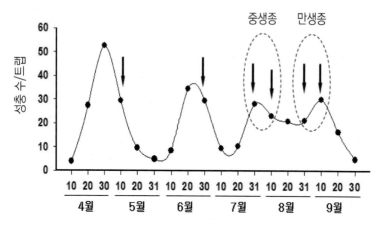

(그림 4-80) 복숭아순나방 성충 발생 소장과 방제 시기

라. 방제

○ 봄에 거친 껍질을 벗겨 월동 유충을 제거한다. 피해를 받은 신초와 과실은 따서 물에 담가 유충을 죽인다.

○ 복숭아순나방 방제용 교미교란제를 설치한다. 교미교란제의 유효 기간이 전체 복숭아 생육 기간보다 짧기 때문에 조생종과 중생종이 식재된 과수원에서는 1세대 성충이 발생하기 전인 3월 하순에 설치하고, 만생종에서는 1세대와 2세대 성충의 발생이 미미한 5월 하순에 설치해야 방제 효과를 높일 수 있다.

○ 성충이 산란한 알이 부화하는 시기인 5월 상순, 6월 중순, 7월 하순 및 8월 하순에 약제를 살포한다.

○ 방제 약제로는 모스피란, 만장일치, 바이킹, 강탄 등이 있다.

복숭아심식나방

학명	*Carposina sasakii* Busck
영명	Peach fruit moth
일명	モモシソクイガ

가. 형태

○ 성충은 체장이 7~8mm이고 앞날개는 회백색이다. 알은 직경 0.3mm 정도의 납작한 원형이고 적색이다.

○ 유충은 방추형이고 몸은 황백색이지만 사과나 배를 먹은 것은 몸 빛깔이 엷고, 복숭아나 대추를 먹은 것은 진한 경향이 있다. 다 자라면 12~15mm가 된다.

○ 번데기는 방추형 고치 속에 들어 있는데 길이가 8mm 정도이고 처음에는 엷은 황색이지만 점차 검은색이 짙어진다.

나. 피해 증상

○ 유충이 과실 내부로 뚫고 들어가 종횡무진 먹고 다닌다. 부화 유충이 뚫고 들어간 구멍은 바늘구멍 크기와 같고 배설물이 없으며 즙액이 나와 이슬방울처럼 맺혔다가 시간이 지나면 말라붙어 흰 가루처럼 보인다.

○ 노숙유충이 뚫고 나온 자리는 송곳으로 뚫은 듯이 보이고 배설물을 배출하지 않는다.

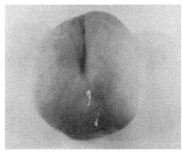 

(그림 4-81) 복숭아심식나방 피해 과실(왼쪽)과 복숭아심식나방 성충(오른쪽)

다. 발생 생태
○ 대부분 연간 2회 발생하지만 일부는 1회 또는 3회 발생하는 등 일정하지 않다.
○ 노숙 유충으로 땅속 2~4cm 깊이에서 원형 고치를 짓고 월동한다. 5~7월 중에 겨울고치에서 나온 유충은 지표면 가까이에서 방추형 여름 고치를 짓고 번데기가 된다.
○ 제1회 성충은 6월 상순에서 8월 상순 사이에 발생하며, 2회 성충은 7월 하순~9월 상순에 발생한다. 8월 중순 이전에 과실에서 탈출한 유충은 지면에 떨어져 여름 고치를 짓고 2화기에 발생하지만 8월 중순 이후 탈출한 개체는 모두 월동에 들어간다.

라. 방제
○ 피해 과실은 보이는 대로 따서 물에 담가 과실 속 유충을 죽인다.
○ 상습 피해 과원에서는 첫 산란 시기인 6월 중순 이전에 봉지를 씌워 재배한다.
○ 제1화기의 성충은 6월 상순경부터 발생하므로 산란 후 알이 부화해 과실에 침입하기 전 6월 중순경부터 10일 간격으로 2~3회 전문 약제를 살포한다. 2화기 때는 8월 중순부터 10일 간격으로 1~2회 약제를 살포하는 것이 효과적이다.
○ 방제 약제로는 디디브이피, 매치, 트레본, 칼립소, 신기록, 더스반, 선발대 등이 있다.

애모무늬잎말이나방

학명	*Adoxophyes orana*
영명	Smaller tea tortrix

가. 형태
○ 성충은 황갈색 원형 나방으로 길이가 7~9mm이고 날개를 편 길이는 18~20mm이다. 앞날개 중앙에 2줄의 선이 외곽 안쪽으로 평행하게 사선으로 나 있다.
○ 알은 담황녹색이고 무더기로 100개 정도를 물고기 비늘 모양으로 낳는다. 유충은 길이가 17mm 정도이고 몸은 황록색으로 홑눈과 뺨에 흑갈색 얼룩무늬가 있다.

(그림 4-82) 애모무늬잎말이나방 유충(왼쪽) 및 성충(오른쪽)

나. 피해 증상

○ 유충이 잎과 과실을 가해한다. 잎을 세로로 말고 그 속에서 가해한다. 벌레의
크기는 작지만 식욕이 왕성하고 과실 표면도 얕게 갉아 먹어 때로는 많은 피해
를 가져오기도 한다.

(그림 4-83) 애모무늬잎말이나방 피해 잎

다. 발생 생태

○ 연간 3회 발생하고 유충으로 월동한다. 수간의 틈에서 월동한 어린 유충이 꽃
봉오리가 피기 시작할 무렵에 잠복처에서 나와 눈을 먹어 들어간다.

○ 1회 성충은 5월 하순~6월 상순, 2회는 7월 중하순, 3회는 9월 상중순에 발생한다.

라. 방제

○ 과수의 거친 껍질 또는 낙엽을 모아 월동 유충을 포살한다.

○ 개화 전에 월동 유충이 가해를 시작하므로 다발생 시 약제를 살포한다.

○ 생육기 중에는 성충이 산란한 알이 부화하는 시기인 6월 상순, 7월 하순 및 9월 중순에 전문 약제를 살포한다.

○ 방제 약제로는 뚝심 등이 있다.

가루깍지벌레

학명	*Pseudococcus comstocki*(Kuwana)
영명	Comstock mealybug
일명	クワコナカイガラムシ

가. 형태

○ 성충은 길이가 3~4.5mm이고 황갈색 타원형으로 백색 가루로 덮여 있다. 수컷에는 한 쌍의 투명한 날개가 있으며 날개를 편 길이는 2~3mm이다.

○ 알은 길이가 0.4mm 정도이고 황색이며 넓은 타원형이다.

○ 다른 깍지벌레와 달리 깍지가 없고 몸이 흰색 가루로 덮여 있으며, 부화 약충기 이후에도 자유로이 운동할 수 있는 특징이 있다.

 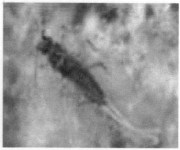

(그림 4-84) 가루깍지벌레 암컷 성충(왼쪽)과 수컷 성충(오른쪽)

나. 피해 증상

○ 피해 과실은 흡즙 부위가 움푹움푹 들어간 기형과가 되고, 배설물로 그을음병이 생겨 과실의 상품 가치를 저하시킨다.

○ 줄기의 경우는 절단면이 잘 아물지 않은 곳이나 거친 껍질 밑 새살이 나온 곳에 서식하면서 납물질과 감로를 배설하므로 그을음병이 발생한다.

(그림 4-85) 가루깍지벌레 피해 과실(왼쪽)과 월동 알(오른쪽)

다. 발생 생태

○ 연간 3회 발생하고 알 덩어리로 거친 껍질 밑에서 주로 월동한다. 월동 알은 보통 4월 하순에서 5월 상순에 부화해 나무의 빈 구멍 속 새살이 있는 곳이나 절단면 새살이 나오는 곳 등에서 서식한다.

○ 봉지 속 과실로의 이동은 2세대 약충이 나타나는 7월 상순부터 시작된다. 1세대 성충은 6월 하순, 2세대는 8월 상중순, 3세대는 9월 하순부터 발생하고 3세대 성충이 월동 알을 낳는다.

라. 방제

○ 월동기에 동공, 절단면 주위 등의 거친 껍질을 긁어내고 기계유 유제를 살포한다.

○ 성충의 경우 납물질로 싸여 있어 약제를 살포하더라도 방제 효과가 떨어지므로 월동 알이 부화하는 5월 상순, 2세대 약충 발생기인 7월 상순 그리고 3세대 약충 발생기인 8월 하순에 전문 약제를 원줄기에 충분히 묻도록 살포한다.

○ 방제 약제로는 나크(세빈, 세단), 히어로 등이 있다.

뽕나무깍지벌레

학명	*Pseudaulacaspis pentagona*(Targionitozzetti)

가. 형태

○ 암컷 성충은 등황색이고 수컷은 등적색이다. 암컷의 깍지는 지름이 1.7~2.0mm이고 원형에 가깝지만 많은 개체가 중첩해서 기생할 때는 그 모양이 일그러져 보인다.

○ 색깔은 백색 내지 회백색이고 중심부가 높고 두껍다. 또한 기주식물의 표피가 깍지 표면에 묻혀 엷은 갈색을 띠기도 한다.

○ 무시충 성충의 몸길이는 1.8~2.5mm로 몸색깔이 연한 황색, 녹황색, 녹색 및 분홍색이지만 때로는 거무스름한 무늬가 있다.

나. 피해 증상

○ 잎, 가지 또는 과실에 기생하여 즙을 빨아 먹고 가지에 무리지어 발생하여 가지를 말라 죽게 하는 경우도 있다.

○ 흰색의 비늘이 빽빽이 붙어 있는 듯이 보여 쉽게 구별된다.

(그림 4-86) 뽕나무깍지벌레 피해 줄기(왼쪽) 및 과실(오른쪽)

다. 발생 생태

○ 연 3회 발생하고 성숙한 암컷으로 가지에서 월동한다. 월동 성충은 5월경 깍지 밑에 40~200개의 알을 낳는다. 5월 상순부터 부화 약충이 출현한다. 정착하면 밀랍을 분비하여 깍지를 만들기 시작하며 3회 탈피한 후 성충이 된다.

○ 1회 성충은 6월 하순, 2회는 8월 중순, 3회는 10월 상순경 발생한다. 갓 부화한 약충은 활발히 기어 다니며 숙주식물로 분산하지만, 1회 탈피 후에는 고착생활을 한다.

○ 수컷 성충은 날개가 있으나 잘 날지 못하며 단명해서 24시간을 넘기지 못하고 죽는다. 반면 암컷은 잎이나 가지에 고착해서 즙을 빨아 먹으며 수명도 길다.

라. 방제

○ 월동기 기계유 유제를 살포한다. 알에서 부화해 나오는 시기와 약충의 활동기에 유기인계 계통의 전문 약제를 살포한다.

○ 깍지를 형성한 뒤에는 방제 효과가 극히 떨어진다. 방제 약제로는 똑소리, 세단 (세빈), 히어로, 더원 등이 있다.

복숭아혹진딧물

학명	*Myzus persicae*(Sulzer)
영명	Green peach aphid
일명	モモアカアブラムシ

가. 형태

○ 성충은 크게 날개가 있는 것(유시충)과 없는 것(무시충)으로 나뉜다. 유시충 성충의 몸길이는 2~2.5mm로 몸 색깔이 황갈색, 연한 황색 또는 녹색이거나 불그스름하다.

○ 무시충 성충의 몸길이는 1.8~2.5mm로 몸 색깔이 연한 황색, 녹황색, 녹색 및 분홍색이다. 때로는 거무스름한 무늬가 있다.

나. 피해 증상

○ 주로 신초나 새로 나온 잎을 흡즙해 잎이 세로로 말리고 위축되며 신초의 신장을 억제한다.

○ 5월 중순 이후에는 여름기주인 담배, 감자, 오이, 고추 등으로 이동해 가해한다.

(그림 4-87) 복숭아혹진딧물 피해 잎(왼쪽)과 성충(오른쪽)

다. 발생 생태

○ 1년에 빠른 것은 23세대, 늦은 것은 9세대를 경과하며 복숭아나무 겨울눈 기부에서 알로 월동한다.

○ 3월 하순~4월 상순에 부화한 간모는 단위생식으로 증식한다. 5월 상중순에 유시충이 생겨 6~18세대를 경과하고, 10월 중하순이 되면 다시 겨울기주인 복숭아나무로 이동해 산란성 암컷이 되며, 교미 후 11월에 월동 알을 낳는다.

라. 방제

○ 월동 알 밀도가 높을 때는 겨울에 기계유 유제를 살포하고 개화 전에 전문 약제를 살포한다.

○ 개화 후에는 진딧물을 대상으로 별도 약제를 살포하지 말고 복숭아순나방, 복숭아굴나방 등 다른 해충과 동시 방제한다.

○ 6월 이후는 여름기주로 이동해 피해가 없으며 각종 천적이 발생하므로 약제를 살포하지 않는 것이 좋다.

복숭아잎혹진딧물

학명	*Tuberocephalus momonis*(Matsumura)
영명	Peach ahpid
일명	モモコブアブラムシ

가. 형태
○ 날개가 없는 성충의 몸은 흑갈색이나 황색을 띠며 눈과 뿔관은 검다. 더듬이 끝은 거무스름한 황갈색이고, 다리는 황갈색이다.
○ 날개가 있는 성충은 이마혹이 짧고 안쪽으로 약간 볼록하다. 체색은 녹갈색에서 황갈색을 띤다.

나. 피해 증상
○ 잎 뒤에 무리 지어 흡즙하면 잎이 세로로 말리고, 말린 부분이 홍색으로 변색되며 잎이 두껍고 단단해진다.
○ 신초를 따라 선단부까지 점차 말리므로 신초 신장이 억제되고 피해 잎은 여름에 일찍 낙엽되어 수세가 약해진다.

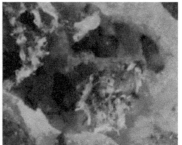

(그림 4-88) 복숭아잎혹진딧물 피해 잎(왼쪽)과 성충(오른쪽)

다. 발생 생태
○ 가지의 눈 기부에서 알로 월동하고, 4월 중순경 부화해 5~6월에 복숭아 잎을 가해한 뒤 6월경 다른 식물로 이주해 여름을 보낸다. 날개 달린 성충으로 가을에 복숭아나무로 다시 돌아와 월동 알을 낳는다.

라. 방제
○ 복숭아혹진딧물의 방제 방법에 준한다.

복숭아가루진딧물

학명	*Hyalopterus pruni*(Geoffroy)
영명	Mealy plum aphid

가. 형태
○ 유시충의 몸길이는 약 1.5mm이며 몸 빛깔은 녹황색이다. 촉각(더듬이)은 6마디고 검은색인데 제3촉각 마디의 밑부는 녹색이다. 머리와 가슴은 검은색, 넓적다리마디 아랫부분과 종아리마디 중앙부는 연한 녹색이며, 뿔관은 검은색이고 길이가 짧다.
○ 무시충의 몸길이 1.75mm로 긴 원형이고, 몸 빛깔은 녹색이며 흰색 밀랍가루로 덮여 있다. 머리는 초록색이고, 이마에 혹은 없다.
○ 뿔관은 중앙부가 볼록한 원기둥 모양으로 되어 있으며 검은색이다.

나. 피해 증상
○ 성충과 유충이 잎 뒷면에 기생하면서 즙을 빨아 먹는다. 몸에 흰색 밀랍가루가 덮여 있기 때문에 피해를 입은 잎은 흰 가루로 덮여 있는 것처럼 보인다.
○ 발생이 심할 경우 감로를 분비하기 때문에 그을음병을 일으킨다.

(그림 4-89) 복숭아가루진딧물 피해 잎(왼쪽)과 성충(오른쪽)

다. 발생 생태

○ 복숭아나무, 자두나무, 매실나무 등의 가지나 줄기에 난 울퉁불퉁한 틈에서 알로 월동한다.

○ 알에서 깨어난 간모(幹母)는 늦가을까지 단위생식을 계속하며 연 10여 차례 발생한다. 유충은 연한 초록색이며 밀랍가루로 덮여 있다.

라. 방제

○ 복숭아혹진딧물의 방제 방법에 준한다. 방제 약제로는 바람탄, 만장일치, 모스피란, 세베로, 쾌속탄, 강탄, 은장도, 똑소리, 아타라 등이 있다.

복숭아굴나방

학명	*Lyonetia clerkella*(Linnaeus)
영명	Peach leaf miner
일명	モモハモグリガ

가. 형태

○ 성충의 몸길이는 3mm가량이고 가는 날개를 가지고 있는 은백색의 작은 나방이다. 유충의 몸길이는 5~6mm이고 엷은 녹색을 띠고 있다.

○ 번데기는 그물 모양의 백색 고치 속에 들어 있다.

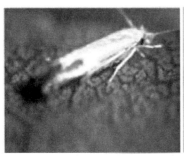

(그림 4-90) 복숭아굴나방 성충(왼쪽)과 번데기(오른쪽)

나. 피해 증상

○ 유충이 잎의 잎살 속에 들어가 표피만 남기고 식해하며 식해한 굴의 중앙 부분에 있는 똥은 검은 줄무늬가 되어 남는다.

○ 한 개의 잎에 여러 마리가 가해하면 조기에 낙엽이 된다.

(그림 4-91) 복숭아굴나방 피해 잎

다. 발생 생태

○ 연간 5~7회 발생하며 성충으로 건물의 벽과 나무 껍질 틈 등에서 월동한다. 4월 중순경부터 교미해 산란하며 5~6일 후 알에서 부화한다.

○ 부화한 유충은 잎 조직을 가해하다가 다 자라면 잎을 찢고 나와 잎 뒷면에 그네 침대 모양의 고치를 짓고 번데기가 된다.

○ 번데기 기간은 5~6일이고 성충의 수명은 짧아서 3~5일 동안 교미와 산란을 마친다. 세대 수는 많이 경과하나 성충의 발생 시기가 비교적 일정한 편이다.

라. 방제

○ 봄철 피해 낙엽을 긁어모아 태우거나 땅속 깊이 묻는다.

○ 1화기에는 대목 부위의 어린잎에서 생활하므로 대목 순을 제거한다.

○ 1화기와 2화기 성충의 발생기인 5월 상순과 6월 하순에 약제를 중점 살포해 생육 후기의 발생 밀도를 낮춘다.

○ 방제 약제로는 라이몹, 가이던스, 앰풀리고 등이 있다.

복숭아유리나방

학명	*Synanthedon bicingulata*(Standinger)
영명	Peach clearing moth
일명	モモハモグリガ

가. 형태

○ 성충의 몸길이는 15mm 정도이며 몸색은 푸른 기를 띤 흑갈색이다. 날개가 투명해 벌과 비슷한 나방으로 복부에는 2개의 황색 띠가 있다.

○ 알은 다갈색의 타원형이며 크기는 0.5mm 정도이고 다 자란 유충의 몸길이는 25mm 정도다. 원통형이며 머리 부위는 갈색, 몸통은 유백색, 등은 약간 적색을 띤다.

○ 번데기의 몸길이는 18mm 정도이고 다갈색의 방추형이며 꼬리 끝에 원추 모양의 돌기가 있다.

나. 피해 증상

○ 유충이 수간부 조피 밑을 가해해 껍질과 목질부 사이(형성층)를 먹고 다닌다. 가해 부위는 적갈색의 굵은 배설물과 함께 수액이 흘러나와 쉽게 눈에 띈다.

○ 유충이 가해 시 수액 분비가 적고 가는 똥이 배출되므로 잎말이나방류 피해로 오인하기 쉽다.

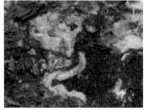

(그림 4-92) 복숭아유리나방 피해 모습(왼쪽)과 성충(가운데) 및 유충(오른쪽)

다. 발생 생태

○ 연 1회 발생하고 유충으로 월동하나 월동 유충은 어린 유충에서 노숙 유충까지 다양하다. 월동태가 노숙 유충일 경우 6월에 성충이 발생하고, 어린 유충일 경

우 8월 하순에 발생하므로 연 2회 발생하는 것처럼 보인다.

○ 월동 유충은 보통 3월 중순에 활동을 시작하는데, 이때 어린 유충은 껍질 바로 밑에 있어 방제하기 쉬우나 성장할수록 껍질 밑 깊숙이 들어가기 때문에 방제가 곤란해진다.

라. 방제

○ 월동 유충이 활동하는 시기인 3월 중하순에 침투성 살충제를 굵은 가지와 주지를 중심으로 흘러내리도록 충분히 살포한다.

○ 생육기에는 성충 발생기인 5월 하순~6월 상순, 8월 하순~9월 상순에 유기인계나 합성피레스로이드계 살충제를 살포한다. 복숭아 수확이 끝나는 8월 이후 약제 살포로 알과 유충을 구제하는 것이 효과적이다.

○ 벌레 똥이 나오는 곳을 찾아서 철사, 칼, 망치로 유충을 잡아준다.

점박이응애

학명	*Tetranychus urticae* Koch
영명	Two-spotted spider mite
일명	ナミハダニ

가. 형태

○ 암컷은 길이가 0.4~0.6mm, 너비가 0.3~0.4mm로 난형이며 황록색 또는 적색이다. 몸의 등 양쪽에 담흑색 얼룩무늬가 있다.

○ 수컷은 길이가 0.3~0.4mm, 너비가 0.2mm 내외이며 암컷보다 작고 납작하다.

나. 피해 증상

○ 약충과 성충이 주로 잎의 뒷면에 서식하면서 흡즙한다.

○ 가해 초기에는 하부 잎 뒷면에 거미줄이나 흰색 점무늬 피해가 나타나지만 피해가 심한 경우 복숭아나무의 신초 잎과 상부 잎 뒷면이 적갈색으로 변해 멀리서 보아도 피해 받은 것을 구분할 수 있다. 이런 경우 잎의 광합성 능력을 떨어져 과실 비대 성장과 착색, 이듬해 착과량 등에 영향을 미친다.

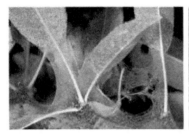

(그림 4-93) 점박이응애 피해 잎(왼쪽)과 성충(오른쪽)

다. 발생 생태

○ 연간 8~10세대 발생하는 것으로 알려져 있다. 성충 형태로 대부분이 나무의 거친 껍질 밑에서 월동하지만 일부는 지면 잡초나 낙엽에서도 월동한다. 월동 중인 성충은 3월 중순경 기온이 따뜻해지면 활동하기 시작해 4~5월에는 주로 잡초나 과수나무 대목에서 발생한 흡지에서 증식한다.

○ 복숭아나무 위로 이동해 기생하기 시작하는 시기는 5월 중순경이다. 연중 다발 생 시기는 7~8월이고 발생최성기는 8월 상순인 경우가 많다. 보통 고온 건조 한 해에 많이 발생하며 나무가 한발 또는 침수 피해를 받았을 때 발생이 급증하 는 경우가 있다.

라. 방제

○ 봄철 거친 껍질 밑에서 월동하는 점박이응애를 방제하기 위해 거친 껍질을 제 거하고 기계유 유제를 살포한다.

○ 6월에는 잎당 1~2마리, 7월 이후에는 잎당 2~3마리 도달 시 약제 살포를 실시 한다. 약제 살포 시에는 천적에 독성이 낮은 약제를 선택한다.

○ 생육기 약제 살포 시 동일 약제 또는 같은 계통의 약제를 연속해서 살포하면 약 제 저항성이 쉽게 유발되므로 계통이 다른 약제를 번갈아 살포한다.

○ 점박이응애는 잎 뒷면에서 서식하므로 뒷면에 약제가 잘 묻도록 약제를 충분히 살포한다.

○ 방제 약제로는 가네마이트, 시나위, 아크라마이트, 정벌대 등이 있다.

사과응애

학명	*Panonychus ulmi*(Koch)
영명	European red mite
일명	リンゴハダニ

가. 형태

○ 암컷은 길이가 0.3~0.4mm이고, 몸의 넓이가 0.3mm 정도이다. 체형은 계란
형이며 몸 색깔은 암적색 또는 적갈색이다. 몸의 등 쪽에 나 있는 센털이 다른
응애보다 더 길다.

○ 수컷은 길이가 0.3mm 정도이고 몸의 넓이가 0.2mm 내외이다. 암컷보다 몸
이 작고 납작하며 배 끝쪽으로 갈수록 가늘어진다.

나. 피해 증상

○ 점박이응애와는 달리 잎의 앞면에서 흡즙하는 경우가 많아 피해 잎 표면에 흰
색 반점이 생긴다.

(그림 4-94) 사과응애 성충(왼쪽)과 피해 잎(오른쪽)

다. 발생 생태

○ 연간 7~8회 발생한다. 1~2년생 가지의 기부나 겨울눈 밑에서 알로 월동한다.
월동 밀도가 높은 경우 전정 시 장갑이 빨갛게 물들기 때문에 월동 알을 쉽게
발견할 수 있다.

○ 월동 알은 개화기 무렵부터 부화하기 시작하여 어린잎을 가해하고 2~3주 후에 성충이 되며 6월부터 많이 발생한다.

라. 방제
○ 월동 밀도가 높은 경우 기계유 유제를 살포한다. 개화 전이나 낙화 후부터 잎 당 1~2마리가 보이면 응애 방제용 약제를 살포한다.

갈색날개매미충

학명	*Ricania shantungensis*
영명	Ricaniid planthopper

가. 형태
○ 성충의 몸길이는 암컷은 8.5~9mm, 수컷은 8~8.3mm이다. 수컷은 배 끝이 뾰족하고 암컷은 둥글다.
○ 알은 유백색의 밥알 형태이며 길이는 1mm 이하이다.
○ 가지 속에 알을 난괴 형태로 낳는데, 길이는 1.5~2.3cm이고 하나의 난괴에 15~30개의 알이 두 줄로 있다.
○ 약충은 5령까지 있는데 각 영기별 크기는 1.0, 2.1, 3.2, 6.5, 7.1mm이다.
○ 3령과 4령의 크기는 차이가 많이 나지만 4령과 5령은 크기가 비슷하다. 일반적으로 4령은 노란색, 5령은 흰색을 띠며, 4령과 5령은 가슴 뒷부분에 3쌍의 검은색 반점이 있다.

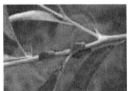

(그림 4-95) 길색날개매미충 성충과 약충

(그림 4-96) 가지에 산란된 난괴(왼쪽)와 난괴 속의 알(오른쪽)

나. 피해 증상

○ 약충과 성충이 식물로부터 양분을 흡즙하여 생육을 저해한다.

○ 1년생 가지 속에 난괴 형태로 알을 낳아 가지에 1.5~2.5cm 정도 크기의 상처
  가 생긴다. 이러면 양수분의 공급이 원활하지 못하게 되어 가지가 마르며 심하
  면 말라 죽기도 한다.

○ 흡즙에 의한 직접적인 피해보다는 산란에 의한 간접 피해가 더 문제되고 있다.

○ 산란특성

 - 1년생 가지를 산란관으로 파고 그 속에 길이 1.24mm, 폭 0.55mm 크기의 알
   을 45°로 두 줄로 낳는다. 그 후 가지를 파낸 톱밥과 흰색의 밀랍 물질을 혼합
   하여 난괴 윗부분을 덮어 놓는다.

 - 난괴 길이는 기주 및 가지마다 차이가 있으나 보통 15.2~18.0mm이며 난괴
   하나에 들어 있는 알 수는 25~31개이다.

 - 가지 굵기가 작은 1년생 가지에 산란하는 특성이 있으며 가지 굵기의
   30~50%가 상처를 입는다. 양수분의 이동이 불량해져서 가지가 마르게 되며
   심할 경우 죽게 된다. 또한 상처로 인해 가지가 약해졌을 때 산란 가지에 과실
   이 달린 경우 과실의 무게에 의해 가지가 부러져 생산성을 저하시키는 원인이
   되기도 한다.

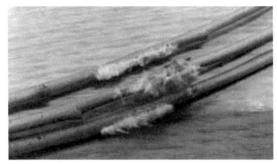

(그림 4-97) 가지에 산란된 난괴(왼쪽: 산란 당년도, 오른쪽: 이듬해 산란가지에 착과된 과실)

다. 발생 생태

○ 우리나라에서는 1년에 1세대 발생한다.

○ 가지 속에서 알 상태로 월동하며 이듬해 4월 하순~5월 상순에 부화한다.

　*봄철 기온에 따라 약충 발생 시기가 1~2주 차이가 남

○ 부화한 약충은 4번 탈피(1령~5령 약충)한 후 7월 중순~8월 상순에 성충이 된다.

○ 우화한 성충은 1개월 정도 영양을 보충한 후 8월 상순부터 1년생 기주식물의 가지 속에 알을 낳는다.

○ 발육 영점 온도는 9.3℃, 유효 적산 온도는 693.3℃이다.

○ 우리나라에서 조사된 기주식물은 사과나무, 감나무, 블루베리, 두릅나무, 때죽나무, 갯버들, 자귀나무, 밤나무, 아까시나무, 산수유 등 140종이 넘는다.

라. 방제

○ 난괴 : 산란 가지에 과실이 착과될 경우 가지가 부러질 수 있으므로 결과모지에 문제가 없다면 난괴가 붙은 가지는 제거한다.

　*단, 난괴가 붙은 가지를 전정(12월~3월)할 경우 가지가 말라서 부화가 안 되거나 발생률이 0.8% 이하로 낮아지므로 가지를 태우거나 땅에 묻을 필요는 없음

○ 약충 : 약충 발생이 가장 많은 시기인 5월 하순~6월 상순에 2주 간격으로 약제를 살포한다.

○ 성충 : 성충이 산란을 위해 과수원으로 날아오는 시기인 8월 하순~9월 중순에 약제를 살포한다.

노린재류(썩덩나무노린재, 갈색날개노린재)

① 썩덩나무노린재

학명	*Halyomorpha halys* (Stal)
영명	Brown marmorated stink bug

② 갈색날개노린재

학명	*Plautia stali* Scott
영명	Brown winged green bug

가. 형태
○ 썩덩나무노린재 성충은 몸길이가 12~17mm로, 얼룩무늬가 있다. 촉각 마지막 두 마디에 백색의 띠무늬가 있고, 작은 방패판의 기부 양끝에는 1개의 황갈색 점무늬가 있다.

○ 갈색날개노린재 성충의 몸길이는 10~12mm이고 머리와 가슴 부분은 진한 녹색이며 등판은 연한 녹색이다. 복부 등 쪽 양옆으로 갈색의 막질 날개가 나와 있다.

나. 피해 증상
○ 과실이 피해를 받으면 표면이 움푹 들어가고 즙액이 흘러나온다.
○ 피해 과실은 기형이 되고 착색이 불량해져 상품 가치가 떨어진다.

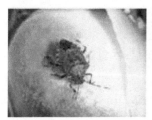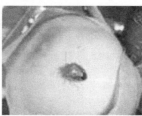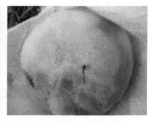

(그림 4-98) 썩덩나무노린재(왼쪽), 갈색날개노린재(가운데), 노린재 피해 과실(오른쪽)

다. 발생 생태

○ 썩덩나무노린재와 갈색날개노린재는 연 1~2회 발생하며 성충으로 월동한다.

○ 성충은 4월부터 과수원에 날아와서 어린 과실을 가해하고 수확기까지 지속적으로 흡즙한다. 성충 수명이 길어서 몇 번씩 산란을 거듭하며 숙기가 다른 여러 가지 과실을 찾아다니는 습성이 있다.

○ 약충은 5월 하순부터 발생하며 갓 부화한 약충은 집단생활을 하나 성장하면서 분산한다.

○ 성충은 복숭아 전체 생육기에 걸쳐 발생하며 갈색날개노린재는 7월에 발생이 가장 많고 썩덩나무노린재는 한여름과 10월 상중순에 발생이 많다.

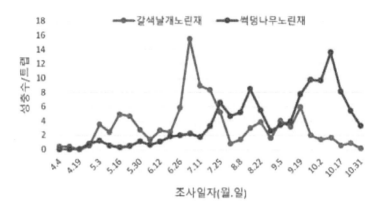

(그림 4-99) 복숭아원에서 갈색날개노린재와 썩덩나무노린재 성충의 발생 소장

라. 방제법

○ 과수원 인근(5m)에 집합페로몬 트랩을 설치하여 노린재의 발생이 다수 확인되면 진딧물, 깍지벌레 등 다른 복숭아 해충과 동시 방제를 실시한다.

　※ 집합페로몬 설치 비용 : 연 45,000원(트랩 1개 25,000원 + 루어 2개 20,000원)

○ 집합페로몬 트랩을 설치하여 성충을 유살한다. 트랩에는 암컷 성충도 많이 유살되므로 산란을 예방하는 효과도 있다.

5. 감귤 해충

귤응애

학명	*Panonychus citri*(McGregor)
영명	Citrus red mite
일명	ミカンハダニ

가. 형태

○ 알은 구형으로 크기는 0.13~0.15mm이며 홍색이다. 약충은 0.2mm의 크기로 담홍색이고 3쌍의 다리를 가지며 전약충은 0.3mm 전후로 유충과 비슷하지만 다리가 4쌍이다. 후약충은 체장이 0.3~0.45mm로 전약충과 거의 비슷하다.

○ 암컷 성충은 체장이 0.45~0.56mm이다. 수컷보다 폭이 약간 넓고 각진 장원형이며 체색은 암선홍색이다. 원추형의 굵고 긴 강모가 육질돌기 위에 나 있다.

○ 수컷 성충은 0.3~0.4mm 크기로 암컷보다 작고 마름모형을 하고 있다. 미단이 다소 뾰족한 편이고 다리가 몸보다 길다.

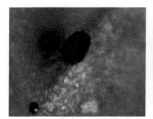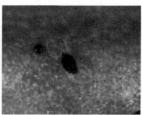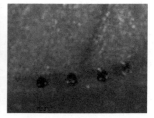

(그림 4-100) 귤응애 암컷 성충(왼쪽), 수컷 성충(가운데), 알(오른쪽)

나. 피해 증상

○ 약충과 성충이 잎과 과실에 기생해 조직 내의 세포액이나 엽록소를 흡수한다. 피해 받은 잎은 표면에 바늘로 찔린 듯한 하얀 반점이 나타난다.

○ 피해 잎은 엽록소가 파괴되어 동화작용이 저하되고 흡즙한 상처 부위부터 수분이 증산되어 생리기능이 현저히 떨어진다. 피해가 심한 경우 잎이 백화되면서 조기 낙엽을 초래하기도 한다.

○ 과실에 피해를 받으면 표면에 미세한 흰색 반점이 생겨 착색이 불량해진다. 한라봉의 경우 피해 부분이 착색되지 않고 녹색으로 오랫동안 남아 있다.

(그림 4-101) 귤응애 피해 잎

다. 발생 생태
○ 연간 8~13세대 발생하며 알-유충-전약충-후약충-성충 순으로 발육한다. 월동은 모든 태로 한다. 발육은 10~11℃에서 시작하며 30℃까지는 온도가 증가할수록 발육 기간이 짧아지지만 그 이상 온도가 높아지면 둔감해진다.
○ 알의 부화적온은 21.5~28.5℃(최적 25~28℃)이고, 습도는 45~90%(최적 60~70%)이다. 알에서 성충까지의 발육 기간은 21℃에서 20.7일, 24℃에서 14.2일, 27℃에서 11.0일, 30℃에서 9.1일이 소요된다.
○ 노지감귤원에서 귤응애는 4월경부터 밀도가 증가하기 시작해 5~6월에 1차 최다 발생 피크를 보이다가 7~8월 고온기에 밀도가 감소한다. 8월 하순~9월 상순에 다시 밀도가 증가하기 시작해 9~10월에 2차 최다 발생 피크를 나타낸다. 그 후 11월 말부터는 온도가 낮아짐에 따라 밀도가 점차 감소한다.

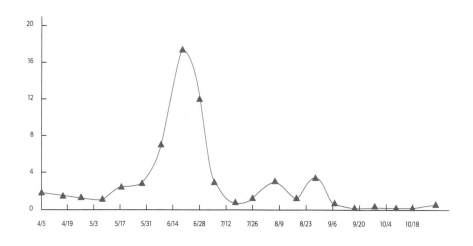

(그림 4-102) 귤응애 발생 소장(2007)

라. 방제

○ 귤응애의 경우 노지감귤과원에서는 농약을 사용하지 않으면 거의 문제가 되지 않는다. 농약을 사용치 않을 경우 2~3년간 응애가 많이 발생해 어려움이 있을 수 있지만 궁극적으로는 천적에 영향을 주는 농약을 사용하지 않을 경우 오히려 응애가 크게 발생하지 않고 낮은 밀도를 1년 내내 유지한다. 따라서 노지감귤의 경우 귤응애 약제를 사용하지 않는 것이 바람직하며 사용하더라도 봄철에 기계유 유제 1회 살포로 그해 응애 방제를 완료하는 것이 좋다. 봄철 기계유 유제는 4월 하순에 더뎅이병 약제와 혼용 살포하거나 5월 중하순에 궤양병 약제와 혼용 살포하면 효율적이다.

○ 귤응애 발생과 초생의 관계는 아직 연구된 자료가 없지만 초생재배는 귤응애 방제에 유리한 것으로 알려져 있다. 감귤원에 초생, 특히 꽃가루가 풍성한 잡초가 많을 경우 이들은 귤응애 천적인 이리응애에 먹이가 되고 이리응애의 밀도를 유지시켜 귤응애 방제에 도움을 줄 수 있다.

○ 약제를 살포하는 경우 응애 발생 상황에 따라 살포 여부를 판단한다. 잎당 2~3마리 또는 약 75% 잎에서 응애가 발견되면 약제를 살포한다. 약제의 경우 천적을 유지시키기 위해 합성피레스로이드 같은 고독성 약제의 사용을 지양하고 IGR 계통이나 기계유 유제 등 저독성 약제를 선택해 방제하는 것이 바람직하다.

※ 방제 효율 증진을 위해 유념해야 할 사항들

○ 약제의 효과를 높이기 위해서는 적기 방제가 중요하므로 반드시 예찰을 통해 잎당 2마리가 넘지 않을 때 약제를 살포한다.

○ 연간 세대 수가 많아서 약제에 대한 저항성이 유발되기 쉬우므로 이에 유의해 관리한다. 즉 동일 계통의 유기 합성 농약은 연간 1회 이상 살포하지 않는 것을 원칙으로 하고 약제 살포 시 되도록 혼용을 피한다.

○ 잎 뒷면에 약이 골고루 묻을 수 있도록 물량을 충분히 살포한다. 저온기에는 귤응애가 잎의 뒷면에서 활동하고 산란하므로 특히 주의한다.

○ 6월 말부터 7월 말까지는 장마기여서 일반적으로 6월의 귤응애 밀도와 관계없이 귤응애 밀도가 감소하므로 약제를 살포할 필요가 없다.

○ 감귤 해충의 천적인 깨알반날개, 마름응애, 무당벌레류, 풀잠자리류 등의 천적을 보호해 귤응애의 밀도를 억제하기 위해서는 과원에서 서식하는 천적에 영향이 적은 농약인 IGR 계통이나 기계유 유제 등을 선택해 사용하고 귤응애의 밀도를 증가시키는 피레스로이드 계통의 농약 사용은 가급적 피한다.

귤녹응애

학명	*Aculops petekassi* Keifer
영명	Pink citrus rust mite
일명	ミカンサビダニ

가. 형태
○ 알은 반구형으로 직경이 0.04mm 정도이며 황녹색을 띠고 투명하다. 아주 미소하기 때문에 육안으로는 볼 수 없다.

○ 부화하면 4개의 다리를 가진 담황색의 쐐기형 유충이 된다. 성충은 약충과 같은 모양으로 크기는 체장 0.12mm, 폭 0.04mm 정도이다.

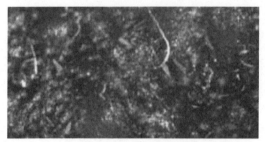

(그림 4-103) 귤녹응애 성충

나. 피해 증상

○ 잎과 과실을 가해하는데 주로 과실 피해가 심하다. 어린잎을 가해하면 잎의 생장이 저해되어 흑갈색 주름이 생기고 심하며 잎이 기형이 된다.

○ 과실의 경우 유과일 때 피해를 심하게 받으면 과피가 회백색이 되고 비대가 불량해진다. 과실이 충분히 비대한 후 피해를 입으면 표피가 적갈색이 돼 상품성이 없어진다.

(그림 4-104) 귤녹응애 피해 과실

다. 발생 생태

○ 귤녹응애는 교미한 암컷 성충 상태로 눈의 인편 간극에 숨어서 월동하다가 다음 해 봄 4월 하순에 활동을 시작한다. 개화 전에는 주로 과경과 엽병 등에서 발견되고 서서히 신엽에 정착하기 시작한다. 과실이 콩알 크기 정도로 커지면 과실로 이동해 정착하기 시작한다. 과실 피해는 7~8월에 확인되지만 그 피해는 이미 훨씬 이전에 시작된 것이다.

○ 주로 잎의 뒷면이나 수관 내부와 아래 부분에 많이 발생하고, 과일이나 잎의 움푹한 곳에 알을 낳는다. 일반적으로 고온 다습(습도 70% 이상)한 조건에서 발생이 많다. 잎에서는 6월 중하순~7월 하순에 많이 발생하고, 과실에서는 6월

상순경 정착을 시작해 8월 중순경에 발생최성기를 보인다. 연 15세대 정도가 발생하는 것으로 알려져 있다.

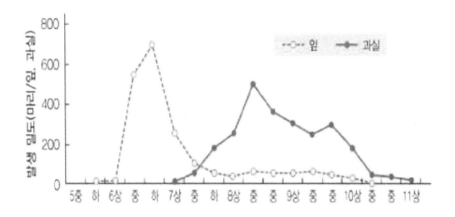

(그림 4-105) 귤녹응애 발생 소장

○ 주로 단위생식을 하지만 드물게 수컷이 발견된다. 수컷은 자루가 달린 정포 (Spermatophore)를 잎 표면에 붙여 놓는다. 암컷은 정포 위로 넘어가면서 정자를 수정낭에 저장한다.
○ 성충은 두 가지 형태가 있는데 Deutogyne은 월동형, Protogyne은 생육기에 나타나는 성충(여름형)으로 생식형(번식)이다.

라. 방제
○ 크기가 작아 육안으로 관찰이 안 되기 때문에 예찰이 쉽지 않아 방제 여부 결정에 어려움이 따른다. 또한 특성상 과경지의 잎자루나 배꼽 등 약제가 잘 들어가지 않는 부위에서 주로 서식하기 때문에 더욱 방제가 어렵다. 하지만 일단 약제에 노출되면 귤응애보다 훨씬 약제에 민감한 것으로 알려져 방제 효과는 높을 것으로 생각된다.
○ 따라서 방제 약제를 실포할 경우 구석구석 골고루 충분한 양을 살포하는 것이 중요하다. 예찰에 의해 발생이 확인된 후 방제 약제를 살포하는 것이 가장 이상적이지만 예찰이 힘들 경우 일단 발생이 우려되는 과원(전년도 발생이 심했던

과원)에서 장마 끝 무렵(통상 7월 상중순)과 8월 중순에, 2회 정도 살비제를 살 포해주는 것이 좋다.

○ 발생이 크게 우려되지 않는 과원의 경우 검은점무늬병 방제에 사용되는 만코지 수화제로도 어느 정도 방제가 가능하기 때문에 따로 살비제를 살포할 필요는 없다. 다만 발생이 우려되면 7월 중하순에 1회 정도 살비제를 살포할 수도 있 다. 기계유 유제나 석회유황합제도 방제 효과가 있다.

차먼지응애

학명	*Polyphagotarsonemus latus*(Banks)
영명	Broad mite
일명	チャノホコリダニ

가. 형태
○ 암컷 성충은 0.2~0.25mm의 크기로 모양은 계란형이다. 갓 부화한 암컷은 보 통 무색 또는 흰색을 띠며 노숙함에 따라 미색 또는 담황색으로 변한다.

○ 수컷은 암컷보다 작으며 마름모꼴이다. 알은 타원형으로 표면에 작은 돌기가 많다.

(그림 4-106) 차먼지응애 알과 성충

나. 피해 증상

○ 잎, 가지, 과실에 발생하는데 주로 어릴 때 피해를 주며 가해 후 한 달 정도가 지나야 피해 증상이 나타난다. 과실 피해 증상은 과실이 회색의 미세한 그물망으로 덮인 것처럼 보이는 것이다.

○ 밀도가 높을 경우 잎에 회갈색 상처가 생기며, 심할 경우 기형 잎이 되고 잎 말림 증상이 나타난다.

(그림 4-107) 차먼지응애 피해 과실(왼쪽, 가운데)과 부지화 잎(오른쪽)

다. 발생 생태

○ 열대 및 아열대성 과수와 정원수, 채소류, 광엽잡초 등 기주식물이 다양하고 연간 15~20세대 발생한다. 발육 단계는 알-유충(다리 3쌍)-정지기-성충(다리 4쌍)을 경과하는데 약충기는 없다. 월동 형태는 명확하지 않으나 차나무에서는 액아 속에서 자성충으로 월동한다. 발육 기간은 25℃에서 약 7일이 소요된다.

○ 차먼지응애는 다소 습한 환경을 좋아해 노지에서는 여름철에 발생이 많으며 8월 이후 피해가 나타난다. 시설 내에서는 가온 직후 발생하기 시작해 낙화 후 유과기부터 과경이 20mm 정도 되는 시기에 주로 가해한다.

라. 방제

○ 크기가 작아 육안으로 관찰이 안 되기 때문에 예찰이 쉽지 않고 방제 여부 결정에 어려움이 따른다. 또한 특성상 과경지의 잎자루나 배꼽 등 약제가 잘 들어가지 않는 부위에 주로 서식하기 때문에 더욱 방제가 어렵다. 하지만 일단 약제에 노출되면 귤응애보다 훨씬 약제에 민감한 것으로 알려져 방제 효과는 높을 것으로 생각된나.

○ 방제 약제를 살포할 경우 구석구석 골고루 충분한 양을 살포하는 것이 중요하다. 예찰에 의해 발생이 확인된 후 방제 약제를 살포하는 것이 가장 이상적이지만 예찰이 힘들 경우 일단 발생이 우려되는 과원(전년도 발생이 심했던 과원)에서 장마 끝 무렵(통상 7월 상중순)과 8월 중순경에, 2회 정도 살비제를 살포해 주는 것이 좋다.

○ 발생이 우려되면 7월 중하순에 1회 정도 살비제를 살포할 수도 있다. 기계유유제나 석회유황합제도 방제 효과가 있다. 하우스감귤의 경우 주로 피해가 발생하는 시기는 낙화 후 유과기부터 과경이 20mm 이내일 때이므로 꽃이 모두진 다음에 약제를 살포한다.

꽃노랑총채벌레

학명	*Frankliniella occidentalis* Pergande
영명	Western flower thrips
일명	ミカンギイロアザミウマ

가. 형태

○ 암컷 성충의 크기는 1.4~1.7mm이며 몸색은 황색에서 갈색으로 다양하다. 더듬이 첫마디는 황색, 둘째 마디는 갈색, 3~5번째 마디는 황갈색이고 나머지는 갈색이다. 알은 타원형으로 반투명한 백색이다.

○ 수컷 성충의 크기는 1.0~1.2mm이며 황색이다. 성충의 날개는 2쌍이지만 잘 발달하지 못했고, 총채 모양을 하고 있어서 잘 날지 못하므로 톡톡 튀듯 이동한다.

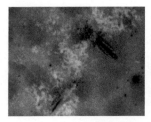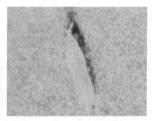

(그림 4-108) 꽃노랑총채벌레 성충(왼쪽, 가운데)과 약충(오른쪽)

나. 피해 증상

○ 개화기의 자방과 유과 그리고 착색기의 과실을 주로 흡즙해 가해한다. 하우스밀감에서는 개화기에 총채벌레가 발생하지만 주로 착색기에 피해를 받고, 노지감귤에서는 개화기부터 유과기까지 피해를 받는다.

○ 하우스밀감에서는 수관 하부보다 중앙부 이상의 과실에서 피해가 많다. 과실이 피해를 받으면 초기에는 가해 받은 부분에 구름 모양의 백색 반점이 형성되고, 시간이 경과함에 따라 피해 부위가 갈변해 상품 가치가 떨어진다.

○ 노지감귤의 경우 개화기의 자방이나 유과기에 피해를 받는다. 주로 과경부나 과정부를 중심으로 둥글게 은회색 띠가 형성되며, 발생 밀도가 높으면 과실의 가로 중심부까지도 피해 증상이 나타난다.

하우스재배 온주밀감 피해

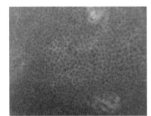 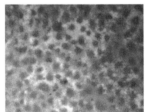 

하우스재배 만감류 피해

(그림 4-109) 꽃노랑총채벌레 피해 과실

다. 발생 생태

○ 꽃노랑총채벌레는 외래유입 해충으로 1993년 9월 제주도의 시설감귤에서 처음으로 발견됐으며 1995년 말까지 제주도, 경기도, 강원도, 충청남북도, 전라남북도, 경상남북도 등 총 23개 시·군에서 발생한 것으로 확인됐다.

○ 가해 작물은 감귤을 비롯해 시설재배지 내 화훼류와 채소류인 거베라, 국화, 카네이션, 백합, 오이, 고추, 토마토, 딸기 등이다. 기온이 높고 건조할 경우 발생이 많고, 고온 다습할 경우 발생량이 적다. 주로 식물체의 과경, 꽃받침, 엽맥, 엽병, 엽육 등의 조직 내에 한 개씩 낱개로 산란하며 성충은 30~45일을 살면서 한 마리가 150~300개의 알을 낳는다.

○ 부화한 유충은 2령을 경과해 노숙 유충이 되면 지면으로 떨어져서 제1, 제2 번데기를 거친 후 성충이 된다. 25℃에서 발육 단계별 발육 일수는 알은 약 3.5일, 유충은 약 8일, 번데기는 약 4일이다. 알에서 성충까지의 발육 일수는 15일 정도이고, 성충 수명은 30~45일이다.

○ 노지감귤원에서는 4월 상순부터 발생하나 발생량은 적고, 6월 중순에 가장 높은 밀도를 보이며, 7~8월에 접어들면 밀도가 떨어진다.

○ 하우스감귤에서는 극조기가온에서는 거의 발생하지 않아 피해가 없고, 후기가온에서도 발생은 하지만 조기가온에서 피해가 심하게 나타난다. 개화기에도 총채벌레가 발생은 하지만 문제가 될 만큼 피해가 나타나지는 않으며, 주로 착색기에 피해를 받는다.

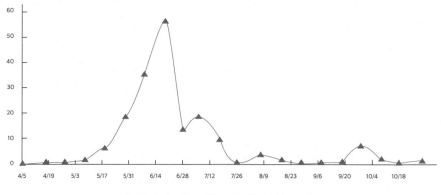

(그림 4-110) 총채벌레 발생 소장(2007)

라. 방제

○ 총채벌레는 크기가 매우 작고 날아다니기 때문에 수관 내에서 육안으로 직접 관찰하기가 용이하지 않다. 잎이나 꽃, 열매 밑에 흰색 종이를 대고 털거나 백색 또는 황색 끈끈이 트랩을 수관 중앙부에 매달아 개화기부터 낙화기, 그리고 착색이 시작되기 전부터 수확기에 예찰해 방제 여부를 결정하는 것이 좋다.

○ 세대가 짧아서 어느 정도 밀도가 되면 알, 유충, 번데기, 성충이 함께 발생한다. 땅속 번데기나 조직 속의 알은 상대적으로 생존율이 높기 때문에 발생 초기에 방제해야 효율을 높일 수 있다.

○ 시설감귤에서는 외부에서 서식하는 총채벌레가 내부로 유입되는 것을 막는 것이 매우 중요하므로 총채벌레 발생 시기에 출입구와 창문에 촘촘한 망사를 설치하는 것도 좋은 방법이다.

○ 약제는 식물 조직 속에서 부화한 유충이나 땅에서 우화한 성충을 잡기 위해 7일 간격으로 2~3회 연속 살포하는 것이 좋고, 약제 저항성이 쉽게 생기므로 다른 약제를 계획적으로 교호 살포한다. 약제에 대한 감수성이 총채벌레 간에 차이가 있으므로 약제 선택 시 반드시 꽃노랑총채벌레에 고시된 적용 약제를 선택한다.

볼록총채벌레

학명	_Scirtothrips dorsalis_ Hood
영명	Scirtothrips
일명	ミカンギイロアザミウマ

가. 형태

○ 상대적으로 크기가 작고 길쭉하며 보통 오렌지색에서 노란색을 띠며 길이는 약 1.5mm이다. 긴 털들과 톱니처럼 째진 어두운 색의 날개를 2쌍 가지고 있다.

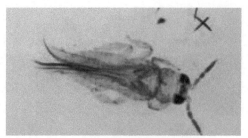

(그림 4-111) 볼록총채벌레 성충

나. 피해 증상
○ 일찍 가해된 과실의 경우 유과기에 과피가 검붉은 딱지 모양으로 괴사하는 경우가 있으며 대부분은 배꼽이나 햇빛에 노출된 부위가 회색 또는 검붉은색으로 변한다.
○ 착색된 후에는 햇빛에 검붉게 그을린 듯한 검은점무늬병 후기 증상이나 녹응애 피해 증상과 매우 유사한 증상을 보인다. 과피가 가해된 과실은 수확 후 얼마 되지 않아 쉽게 말라버린다.

다. 발생 생태
○ 볼록총채벌레는 주로 지표면 위 죽은 식물체(감귤의 죽은 가지·잎, 죽은 잡초 등)에서 월동하다가 통상 3월 하순에서 4월 중순경에 1차 발생 피크를 보인다. 이 월동 개체들이 잡초, 관목 등의 기주에서 번식하고 5월 하순에 감귤원으로 들어오기 시작한다.
○ 감귤원에서는 5월 중순부터 꽃노랑총채벌레가 발생하기 시작해 우점하다가 7월 상중순부터는 볼록총채벌레가 우점하기 시작해 10월 상순까지 이어진다. 볼록총채벌레는 주로 8월 하순부터 10월 상순까지 최대 발생을 보인다.
○ 2012년의 경우 월동 개체들의 밀도는 2011년과 비슷한 수준이었지만 여름 이후 발생량은 높지 않았다.

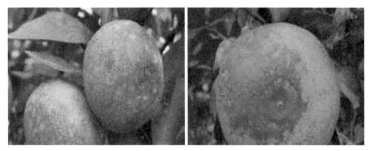

수확기 피해(왼쪽 : 온주밀감, 오른쪽 : 세토카)

7월 말 유과기 피해

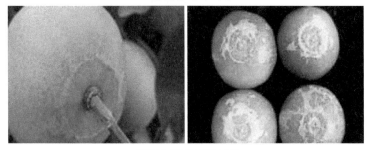

개화기 및 유과기 피해

(그림 4-112) 볼록총채벌레 피해 과실

라. 방제

○ 과실 피해 여부는 실제 과실 표면의 약충 밀도와 매우 밀접한 관계가 있다. 약충은 통상 6월 하순~7월 상순경 발생하여 10월 상순까지 이어지는데 주로 7월 상순, 8월 상중순, 9월 중순경에 피크를 이룬다. 따라서 방제 시기는 통상 6월 하순에서 7월 상순, 8월 상중순(여름순이 자라 굳기 전), 9월 중순경이다.

○ 최근에는 '세토카', '부지화' 등의 하우스재배 감귤에 발생해 피해를 주는 경우가 많다. 하우스감귤의 경우 끈끈이 트랩으로 예찰해 방제하는 것이 가장 바람

직하며, 그렇지 못할 경우 발생이 우려되는 하우스는 개화기에서 만개기 사이에 방제해주는 것이 좋다.

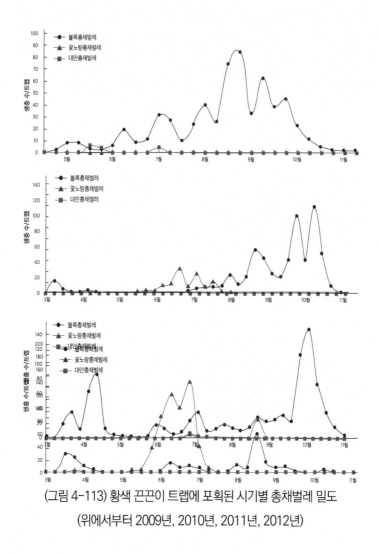

(그림 4-113) 황색 끈끈이 트랩에 포획된 시기별 총채벌레 밀도

(위에서부터 2009년, 2010년, 2011년, 2012년)

화살깍지벌레

학명	*Unaspis yanonensis* Kuwana
영명	Arrowhead scale
일명	ヤノネカイガラムシ

가. 형태

○ 다 자란 암컷 성충의 깍지는 길이 2.8~3.6mm에 폭 1.4~1.9mm이고 암갈색이며 화살촉과 유사한 모양이다.

○ 깍지는 중앙부가 융기되어 있고 양쪽으로 경사를 이루어 지붕 모양을 하고 있다. 깍지 밑에 있는 암컷 성충은 어두운 황색으로 길이 2.5mm 폭 1.0mm로 긴 모양이고 몸은 마디로 나누어져 있다.

○ 머리 부분은 깍지의 뾰족한 쪽을 향하고 있고, 그곳으로부터 구침을 식물체 내부에 박고 있다. 수컷 성충은 애벌레 시기와는 완전히 다른 모습으로 변하며 날개가 있는 작은 날파리 형태를 하고 있다. 몸길이는 0.5mm이고 날개를 편 길이는 1.8mm이다. 몸은 밝은 오렌지색이고 촉각과 다리는 어두운 황색이다.

○ 암컷 성충은 깍지 밑에 등황색의 장타원형 알을 낳는데 알 길이는 0.18mm, 폭은 0.09mm 정도이다. 알에서 부화한 약충(1령 약충)은 몸길이 0.23mm, 폭 0.14mm 정도이고 납작한 계란 모양이다. 부화 직후 약충은 담황색을 띠는데 암컷은 수컷에 비해 약간 더 진한 색이고 옅은 홍색을 띤다. 부화 약충은 다리가 있어 활발히 움직이다가 적당한 장소에 정착한 다음에는 다리가 소실되며 평생 고착생활을 한다.

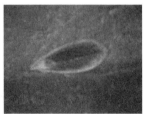

(그림 4-114) 화살깍지벌레 암컷(왼쪽 : 유충, 가운데 : 성충)과 수컷(오른쪽)

나. 피해 증상

○ 잎이나 가지에 기생하면 즙을 흡수해 나무가 고사하고, 과실에 기생하면 기생 부위는 착색이 덜 되고 방제를 소홀히 할 경우 비대가 나빠져서 상품 가치를 떨어뜨린다.

○ 현재 감귤원에 발생하는 깍지벌레 중 화살깍지벌레가 가장 늦게 발생하기는 하지만 일단 발생하면 매우 급속하게 확산된다. 이후 고밀도로 기생해 나무를 말라 죽게 하는 큰 원인이 되며, 약제를 살포하지 않고 2~3년 방치하면 폐원에 가까울 정도로 피해가 심각해진다.

○ 잎 또는 줄기에 하얗게 비늘(흰 자루)처럼 보이는 것은 수컷이 집단적으로 발생해 나타나는 증상이다.

(그림 4-115) 화살깍지벌레 피해 과실

다. 발생 생태

○ 화살깍지벌레 암컷은 알→약충(1령 및 2령)→미성숙 성충→성숙 성충의 발육 단계를 거치며 주로 암컷 성숙 성충 및 미성숙 성충 형태로 잎 또는 줄기에 붙어서 월동한다. 2령 약충도 월동이 가능하고 수컷은 2령 유충 상태로 월동하는 것으로 알려져 있다.

○ 월동 성충의 경우 크게 두 번 발생최성기가 나타나지만 폭넓게 약충이 발생하기 때문에 방제 적기를 맞추기 힘들다. 알에서 부화한 약충은 수컷의 경우 거의 대부분 자기가 태어난 잎에서 정착하는데, 바둑판 모양으로 서로 일정한 간격을 유지하면서 무리를 지어 자리를 잡는다. 암컷은 새로운 잎으로 일부 분산하기도 하고 잎맥 주변, 잎자루, 잎 가장자리 등 다양한 장소에 독립적으로 정착하기도 한다. 종종 서로 근접하거나 겹쳐서 자리를 잡기도 한다.

○ 우리나라에서 화살깍지벌레는 연 2~3회 발생하는데, 3회째 발생은 해마다 기상조건에 따라 발생 여부가 결정되고 부차적이다. 월동 성충(월동세대)은 길게는 7월 하순까지 생존해 약충(알)을 생산하는데 뚜렷이 구분된 두 시기에 걸쳐서 약충 발생최성기가 나타난다. 첫째 약충 발생기는 5월 중순~6월 중순이며 5월 하순이 최성기이다. 둘째 발생 시기는 6월 상순 시작해 7월 중순까지 지속되는데 6월 하순~7월 상순이 최성기이다. 이들 약충(1세대 약충)이 자라서 1세대 성충이 되는데 1세대 성충은 7월 중순이면 나타나기 시작해 8월이 발생최성기가 된다. 2세대 약충 발생 시기는 월동 성충으로부터 나오는 약충 발생기와 같이 뚜렷하게 2회로 구분되지는 않지만 첫째 최성기는 8월 상순, 둘째 최성기는 9월 중순이다. 이 약충들이 자라서 2세대 성충이 되는데 대부분 월동으로 들어가서 다음 해 봄에 산란을 시작한다. 간혹 가을철 평균 온도가 24℃ 이상인 경우 3세대 약충을 낳는 경우도 있다.

○ 화살깍지벌레 발육에 필요한 소요 일수는 아직 정확히 밝혀져 있지 않지만 발표된 자료를 토대로 추정하면 25℃에서 1령 기간은 12.2일, 2령 기간 16.9일로 약충 기간은 약 29일이 된다. 2령 탈피가 끝난 뒤에는 자라서 성충이 되는데, 탈피 직후부터 산란을 시작하는 날까지의 기간인 산란 전기는 25℃에서 약 29.7일이다. 알에서 부화한 약충이 다시 산란을 시작하는 데까지 걸리는 기간은 15℃에서 약 174일로 매우 길고 20℃에서 약 88일, 25℃에서 59일, 27℃에서는 약 52일로 추정된다(신과수 병해충도감, 2008).

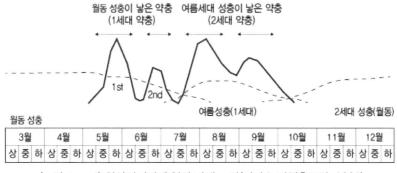

(그림 4-116) 화살깍지벌레 연간 발생 소장(신과수 병해충도감, 2008)

라. 방제

(1) 재배적 방제
○ 화살깍지벌레가 심하게 발생한 가지는 전정 시 제거한다.

(2) 화학적 방제
○ 성충은 깍지로 덮여 있어 방제 효율이 높지 않기 때문에 화학적 방제 효과를 높이는 가장 중요한 방법은 유충기에 약제를 살포하는 것이다.
○ 유기합성농약의 경우 약제의 잔류성 및 침투성이 비교적 좋기 때문에 살포 적기에서 조금 벗어나도 방제 효과를 얻을 수 있다. 그러나 잔류성과 침투성이 부족한 친환경 방제 약제를 사용하는 경우는 적기 살포가 매우 중요하다. 연간 생활사에서 방제 적기는 5월 하순에서 6월 상순, 7월 상순이다. 월동기에 고농도(50~60배) 기계유 유제를 살포할 수 있지만 효과가 그리 크지 않기 때문에 밀도가 높아 나무들이 고사하는 경우가 아니면 가급적 사용하지 않는 것이 좋다.

(3) 생물적 방제
○ 일본의 경우 중국에서 Coccobius fulvus 및 Aphytis yanonensis 등 두 기생봉을 도입·방사해 화살깍지벌레의 발생을 경제적 피해수준 이하로 낮추는 데 성공을 거두었지만 우리나라는 아직 이 같은 생물적 방제가 검토되지 않고 있다. 화살깍지벌레 발생이 많은 곳에 포식성 천적인 애홍점박이무당벌레가 자주 발견된다. 애홍점박이무당벌레는 성충과 유충이 모두 화살깍지벌레를 공격하는데 화살깍지벌레의 어린 약충뿐만 아니라 성충도 포식한다. 화살깍지벌레 성충을 공격하는 경우 등을 파먹기 때문에 등에 작은 구멍이 뚫린다. 이외에 아주 작은 무당벌레 종류인 꼬마무당벌레류 1~2종이 화살깍지벌레 천적으로 유력하다. 풀잠자리류도 화살깍지벌레의 어린 약충을 포식한다.

이세리아깍지벌레

학명	*Icerya purchasi* (Maskell)
영명	Cottonycution scale
일명	イセリアカイガラムシ

가. 형태

○ 암컷 성충은 몸 크기가 5mm 정도로 적갈색이고 몸 표면의 일부분 또는 전체가 백색 내지 황색의 왁스물질(납물질)로 덮여 있다. 몸 주변에 광택이 나는 은색 털이 나 있으며, 몸 끝에 백색의 긴 털로 덮인 알주머니를 가지고 있다. 알은 1mm 정도 크기의 등적색이고, 부화 직후의 유충은 암홍색이다. 즙액 흡수 후 황백색이 되고 3령기를 거쳐 성충이 된다.

○ 알주머니는 흰색 왁스물질로 구성되어 있으며, 그 안에 600~1,000개의 등적색 장타원형 알을 낳는다. 알에서 갓 부화한 1령 약충은 몸길이 0.6~0.7mm, 너비 0.3~0.4mm이다. 전체적으로 밝은 적색이고 다리와 안테나는 검은색을 띤다.

○ 부화 후 10여 일이 지나면 등 쪽에 밝은 황색의 부풀부풀한 왁스물질이 형성되기 시작한다. 1령 약충은 껍질을 벗고 2령 약충이 되는데 2령 약충은 몸길이 2.2mm, 너비 1.3mm이고 3령 약충은 몸길이 3.0mm, 너비 1.6mm 정도이다.

(그림 4-117) 이세리아깍지벌레 약충(왼쪽)과 성충(오른쪽)

나. 피해 증상

○ 식물체에 달라붙어서 구침을 찔러 넣고 수액을 빨아 먹기 때문에 피해 받은 나무는 수세가 쇠약해지며, 배설물에 의해 그을음병이 유발되어 동화작용을 저해하고 과실의 상품 가치를 떨어뜨린다.

○ 피해가 심한 경우에는 나무가 고사하기도 한다.

다. 발생 생태

○ 1세대의 산란 수는 500~900개, 2세대는 200~400개로 매우 많으며 알집에서 부화 유충이 밖으로 모두 나오는 데까지 약 25일이 소요된다. 부화 유충은 잠시 기어 다니다가 잎의 주맥을 따라 정착하며, 2~3령이 되면 주로 가지로 이동한다. 암컷 성충은 알집이 생기기 전까지 움직이다가 알집이 생기면 주로 굵은 가지에 정착한다.

○ 3령 약충 또는 성충으로 월동한 이세리아깍지벌레(월동세대)는 다음 해 봄 날씨가 따뜻해지면 알주머니를 만들기 시작해 5월 중하순이 되면 대부분 산란을 완료하고, 알주머니 속에 있는 알은 5월 하순경에 부화하기 시작한다.

○ 알주머니에 있는 알은 6월 상순에서 7월 하순까지 약 2개월의 긴 기간을 거쳐 부화하며 발생최성기는 6월 하순에서 7월 상순이다(1령충). 그 뒤 2령, 3령을 경과해 8월 중하순부터 1세대 성충이 출현하며 이 성충은 10월 중순까지 산란을 계속한다.

○ 9월 상순경부터 1세대 성충이 낳은 알에서 부화 약충(2세대)이 발생하며 10월 하순까지 계속 발생한다. 2세대 2령충은 9월 중순경부터 나타나며 10월 중순경에는 3령충이 보이고, 일부는 성충(3세대 성충)까지 성장해 월동에 들어간다.

○ 알 상태에서 시작해 부화한 약충이 다 자라 성충이 된 후 알을 낳을 때까지의 기간인 1세대 소요 일수는 온도에 따라 차이가 크다. 오래된 자료이기 때문에 재검토가 필요하나 대략 20℃에서는 104일, 25℃에서 83일, 30℃에서 69일이다. 발육단계별 발육 기간(7월 노지상태)은 알 35일, 1령 12~17일, 2령 16~18일, 3령 11~24일, 산란전기간 11~17일이다.

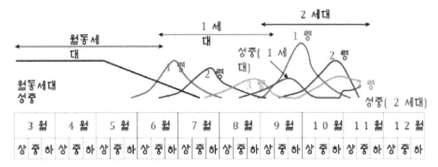

(그림 4-118) 이세리아깍지벌레 발생 소장(2012년)

라. 방제

○ 성충은 약제를 살포해도 방제가 잘 되지 않으므로 반드시 정확한 예찰을 통해 1, 2령 유충이 가장 많은 시기에 방제를 해야 한다. 예찰은 1세대 유충이 발생하는 5월 하순부터 전년에 발생했던 나무를 대상으로 유충이 발생하는 것을 확인해야 한다.

○ 이세리아깍지벌레 1령 유충이 성충의 몸 밖으로 모두 나오는 데는 한 달 이상이 소요되므로 발생 후 한 달 이전에 약제를 살포하면 아직 발생하지 않은 유충에 대해서는 약효가 없다. 따라서 5월 하순부터 과원을 잘 관찰해 1령 유충의 발생을 확인하고 1령과 2령이 혼재하는 시기인 5~6주 후에 1차 살포하며, 2주 뒤에 다시 과원을 관찰해 살아 있는 유충이 있을 경우 2차 살포하면 높은 방제 효과를 거둘 수 있다. 이때 주의해야 할 사항은 다음과 같다. 첫째, 깍지벌레의 발생은 해에 따라 발생 시기가 다르므로 어렵더라도 반드시 과원을 관찰한 후 방제 시기를 결정한다. 둘째, 물량을 충분히 해 수관 전체에 약이 골고루 묻도록 한다. 발생량이 많은 과원에서는 수확 후 월동 전이나 전정 후에 기계유 유제를 살포해 유충이 발생하기 전에 밀도를 낮추어주는 것이 좋다.

○ 이세리아깍지벌레의 매우 유력한 천적인 베달리아무당벌레가 제주도에 자생하고 있기 때문에 경우에 따라서는 천적에 의해 이세리아깍지벌레의 밀도가 자연 억제되기도 한다.

귤애가루깍지벌레

학명	*Planococcus cryptus*(Hempel)
영명	Citrus mealybug
일명	ミカンヒメコナカイガラムシ

가. 형태

○ 귤애가루깍지벌레 암컷 성충은 타원형으로 몸길이 2.0~2.7mm이며 몸색은 녹 갈색을 띠지만 표면이 흰색 가루로 덮여 있다. 촉각은 8마디이고, 몸의 가장자 리에 흰색 가시털융기부(실 모양의 돌기)가 17쌍이 나와 있으며, 그중 꼬리 부 분의 한 쌍은 길이가 몸의 절반 정도로 길다. 이는 가루깍지벌레와 유사한데 몸 표면을 덮고 있는 백색 왁스의 모양으로 구분할 수 있다. 가루깍지벌레는 가로 의 복부선과 함께 중앙부에 세로선이 있지만 귤애가루깍지벌레는 가로의 복부 선만 보이고 세로선이 보이지 않는 것이 특징이다.

○ 알은 솜털 같은 왁스물질을 분비하고 그 안에 무더기(난괴)로 낳는다. 한 개의 난괴에는 보통 100~300개 내외의 알이 들어 있다.

○ 유충은 성충과 비슷하지만 몸이 작고 표면의 흰색 가루가 적어 몸이 옅은 황 색으로 보인다. 영기별 몸길이는 부화한 1령 약충은 0.6~0.7mm, 2령 약충은 0.8~0.9mm, 암컷 3령 약충은 1.2~1.5mm이다. 발육단계별 촉각 마디 수는 1~2령 약충은 6마디, 3령 약충은 7마디, 성충은 8마디이다.

○ 육안으로 외관을 관찰하는 경우 1령 약충은 꼬리 부분 한 쌍의 가시털융기부를 제외하고는 돌기부가 보이지 않지만, 2령 약충에서는 짧고 가는 융기부가 보인 다. 3령 약충과 암컷 성충은 모두 융기부가 크고 길어 외관상으로 구분하기는 어렵다. 그러나 탈피 직후에는 등 쪽의 왁스가 엷고 얽혀 있다. 몸길이로 구별하 기 힘든 경우에는 등 쪽의 왁스무늬가 뚜렷하지 않으면 3령 약충으로 구분한다.

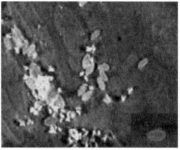

(그림 4-119) 귤애가루깍지벌레 성충(왼쪽)과 약충(오른쪽)

나. 피해 증상
○ 귤애가루깍지벌레는 잎, 가지, 과실에 군집을 형성해 기생하면서 식물체로부터 즙을 흡수한다. 피해를 받으면 수세가 약해지며, 잎은 누렇게 되거나 말려서 오그라든다. 또 배설물에 의한 그을음 증상이 심하게 발생해 동화작용을 저해한다. 과실의 상품 가치를 떨어뜨리는 것이 가장 문제가 된다.

다. 발생 생태
○ 귤애가루깍지벌레 암컷은 알-약충-성충의 발육과정을 거치며 약충은 3회 탈피해 성충으로 된다. 수컷의 경우는 3령 약충기 후 번데기 형태가 되고 날개가 달린 성충으로 발육한다.
○ 일반적으로 깍지벌레는 알에서 부화한 약충이 일정 지점에 정착한 후 다리가 퇴화되어 고착생활을 하지만 가루깍지벌레는 다리가 퇴화되지 않고 남아 있어 어느 시기에나 능동적으로 이동한다. 움직임(분산)이 가장 활발한 시기는 부화 약충 시기이며 알주머니에서 부화한 유충은 햇빛이 닿지 않는 신초나 엽병, 잎 뒷면 등에 모여 있다. 하나의 무리는 5~100마리이다. 깍지벌레는 밀식되거나 통풍이 좋지 않은 감귤원에 많이 발생하며, 특히 하우스 감귤에 많다.
○ 월동은 가지나 줄기가 나뉘는 부분이나 잎과 잎이 겹쳐지는 곳에서 이루어진다. 알, 약충, 성충의 발육 단계별로 월동에 들어가지만 월동을 할 수 있는 것은 1~3령 약충과 암컷 성충이며 주로 2령 약충이다. 온도가 높은 경우에는 겨울철에도 발육한다.

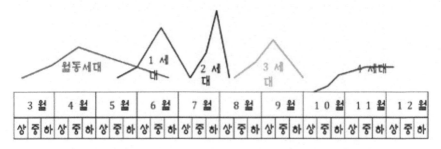

(그림 4-120) 귤애가루깍지벌레 발생 세대별 발생 시기(신과수 병해충도감, 2008)

○ 월동한 깍지벌레는 3월에 발육하기 시작하며, 4월이 되면 3령 약충과 성충이 많아진다. 제1세대 약충은 5월 중순부터 7월 상순까지 발생하며, 발생최성기는 6월 중순이다. 제2세대 약충은 7월 중순부터 8월 상순까지 발생하며, 발생최성기는 7월 하순이다. 제3세대 약충은 8월 상순부터 9월 하순까지 발생하며, 발생최성기는 9월 중순이다. 제4세대는 10월 상순부터 이듬해 4월까지 발생하지만 발생 수는 적다. 약충 발생이 가장 많은 시기는 6월부터 8월이다(신과수 병해충 도감, 2008).

라. 방제

○ 주로 집단으로 뭉쳐서 서식하는데 밀도가 높아지면 약제 침투가 어려워 약제를 살포해도 방제 효과가 낮으므로 발생 초기에 방제해야 한다. 방제 적기는 이세리아깍지벌레와 마찬가지로 유충이 가장 많은 시기이면서 1세대 유충이 성충이 되기 전이다.

○ 밀집해 발생하므로 약제 침투가 어려워 1회 방제로는 높은 효과를 얻을 수 없고, 2주 간격으로 2회 정도 살포해야 완전히 방제할 수 있다. 주로 시설 감귤원에서 발생하는데, 시설 내 환경으로 인해 과실이 달려 있는 시기에는 약해가 발생할 우려가 높고 새순으로 인해 수관이 우거져 있어서 골고루 약제를 살포하기가 매우 곤란하다. 따라서 시설에서는 수확한 이후에 전정을 마치고 나서 약제를 살포하는 것이 가장 효율적이다.

노린재류

① 썩덩나무노린재

학명	*Halyomorpha halys* stal
영명	Brown marmorated stink bug
일명	クサギカメムシ

② 기름빛풀색노린재

학명	*Galucias subpunctatus* Walker
영명	Shield bug
일명	ツヤアオカメムシ

③ 갈색날개노린재

학명	*Plautia stali* Scott
영명	Brown-winged green bug
일명	チャバネアオカメムシ

가. 피해 증상

○ 과실의 착색이 시작될 무렵에 극조생의 경우 9월 초부터, 조생 '온주밀감'은 9월 말부터 피해가 나타난다. 특히 제초가 안 되어 잡초가 많은 과원의 경우 발생이 더 심하다.

○ 구침으로 흡즙해 가해하는데, 가해 받은 과실은 초기에 외관상 별 이상이 없어 보이지만 며칠 있다가 과경부부터 노랗게 변하면서 낙과한다. 과피를 벗겨보면 흑갈색 반점이 생겨 있고, 과육은 스펀지 모양이 되고 착색이 나빠진다. 낙과하지 않은 피해과는 저장 중에 부패하기 쉽다.

(그림 4-121) 노린재 흡즙 피해 과실 및 낙과된 과실

나. 방제

○ 썩덩나무노린재, 갈색날개노린재, 톱다리개미허리노린재는 사과의 과실을 가해하는 주요 노린재류로 집합페로몬을 이용하여 정밀한 발생 예찰 및 대량 포획에 의한 밀도 관리에 이용할 수 있다.

○ 톱다리개미허리노린재의 집합페로몬은 두 종류로 3성분(EZ:EE:MI)과 4성분(EZ:EE:MI:OI)으로 조성된 것이 있으며, 3성분보다 4성분이 톱다리개미허리노린재의 유인 효과가 높다.

○ 썩덩나무노린재의 집합페로몬이 최근 미국에서 상용화되어 이용이 증가되고 있으며, 이 페로몬에는 썩덩나무노린재와 갈색날개노린재가 잘 유인된다.

○ 노린재류는 트랩의 종류에 따라 유인 효과 차이가 매우 큰데, 최근 하나의 트랩으로 여러 종류의 노린재류를 잘 포획할 수 있는 로케트 트랩이 개발되어 과수 가해 노린재류 대량 포획에 적극 이용되고 있다.

○ 재배지에서 집합페로몬 트랩을 설치하는 방법은 로케트 트랩에 톱다리개미허리노린재와 썩덩나무노린재의 집합페로몬을 함께 넣어 재배지 가장자리에 약 20m 간격으로 설치하고 재배지 안에는 썩덩나무노린재의 집합페로몬을 로케트 트랩에 넣어 설치하는 것이다. 이를 통해 집합페로몬 트랩으로 과실의 피해를 줄이고 노린재류를 효과적으로 포획할 수 있다.

○ 집합페로몬에 콩 종실 및 마른 멸치를 넣어주면 노린재의 유인 효과가 크게 증가한다.

방화곤충류

애넓적밑빠진벌레

학명	*Epuraea domina* Reitter
영명	Sap beetle
일명	ヒメヒラタケキスイ

가. 피해
○ 개화기에 성충이 꽃에 날아와 꿀을 섭취하면서 자방의 표면에 상처를 주고 수확기 과실에 긁힌 자국이 그대로 남아 있어 외관상 상품의 질을 떨어뜨린다.

(그림 4-122) 애넓적밑빠진벌레 성충(왼쪽)과 피해 과실(오른쪽)

나. 발생 생태
○ 주로 생산량이 적은 해에 피해가 많다. 알, 유충 번데기, 성충의 발육 과정을 거치며 부패한 과실 내부나 녹나무 등의 껍질에서 성충으로 월동한다.
○ 개화기 외의 다른 시기에는 주로 부패물 아래나 내부에 생활하는 것으로 알려져 있다. 그 외의 생태에 관한 것은 알려져 있지 않다.

다. 방제
○ 전체 꽃 중 50% 정도 개화 시 진딧물, 총채벌레와 동시 방제가 가능한 약제를 선정해 오전에 살포하는 것이 약제 방제에 있어 가장 효율적이다.

6. 감 해충

썩덩나무노린재

학명	*Halyomorpha halys* Stal
영명	Yellow-brown stink bug

가. 형태
○ 썩덩나무노린재는 성충 길이가 10~12mm이며, 흑갈색이며 날개가 복부를 덮고 남은 가장자리에 두 쌍으로 된 흑색 띠가 있다.

(그림 4-123) 썩덩나무노린재 알과 부화 약충(왼쪽), 약충(가운데), 성충(오른쪽)

나. 피해 증상
○ 썩덩나무노린재의 피해를 받은 단감은 심한 경우는 낙과하고 보통의 경우는 감 꼭지 주변이 심하게 변색된 형태로 나타난다. 피해율이 1~10%에 이르는 해충으로 과수원 관리자들이 지속적인 관심을 가지고 방제를 요하는 해충이다.

(그림 4-124) 썩덩나무노린재 피해 과실

다. 발생 생태

○ 갓 부화한 약충은 약 30개의 알로 구성된 난괴 근처에서 집단서식하는 경향이 강하다. 2령충 이후 분산하며 활발한 섭식활동과 움직임을 보인다. 1령충인 경우에는 적갈색으로 보이나 그 이후는 대체적으로 흑색에 가깝다.

○ 성충은 야행성으로 낮에는 주로 과실과 잎 사이에 숨어 지내지만, 가을철이 되면 낮에 섭식활동을 하기도 한다.

○ 썩덩나무노린재의 생태에 대해서는 잘 알려져 있지 않다. 미국 등에서는 월동 시 늦은 가을에 목조주택 안으로 모이는 습성을 보였으나 국내에서는 확인된 바 없다.

○ 월동 성충은 나무딸기의 수확 시기에 관찰되는 것으로 보아 5월 하순부터 활동하는 것으로 추정된다. 썩덩나무노린재는 연 1회 발생한다. 월동 후 다양한 과실을 섭식하는 것으로 보인다.

○ 단감원으로 성충이 비래해 오는 시기는 8월 상중순에 최성기에 도달하고 이 시기 이후에 성충의 BLB 등 유인 수가 급격하게 감소한다. 10월 말 늦은 가을, 수확이 임박한 시기에 피해가 때때로 심각한 수준까지 이르는 것으로 보아 단감원 인근 칡 등에서 월동하는 것으로 추정된다.

라. 방제

○ 썩덩나무노린재는 8월 상중순부터 1~2회 노린재용 방제 약제를 살포하는 것으로 피해를 줄일 수 있다.

갈색날개노린재

학명	*Plautia stali* Scott
영명	Brown-winged green bug

가. 형태

○ 성충 길이는 10~12mm이고 머리와 가슴 부분은 진한 녹색이며, 등판은 연한 녹색을 띤다. 복부 양옆으로 갈색의 막질 날개가 나와 있다.

○ 약충은 가슴, 머리, 다리가 흑색이며 복부와 등 쪽은 진한 황색이고 여기에 흑색 반점이 나란히 3개 나 있다. 얇은 뚜껑이 있는 밥그릇 모양이며 마름모 꼴로 질서 정연하게 무더기로 되어 있다.

나. 피해 증상
○ 7~8월에 피해를 받은 과실은 흡즙 후 1주일 정도면 낙과하지만 9월 이후에 흡즙한 과실은 낙과하지 않고 흡즙 부위가 오목하게 들어가 갈색을 띤다.
○ 피해가 심하면 과실이 기형으로 되고 과육은 스펀지 모양으로 변해 상품성이 낮아진다.

(그림 4-125) 갈색날개노린재 성충과 피해 과실

다. 발생 생태
○ 과수원 주위의 집이나 상록수에서 성충으로 월동한다. 노린재는 종에 따라서 연 1~2회 발생하는데 성충의 수명이 길어 산란을 거듭하며, 산란 시기가 달라 숙기가 다른 여러 작물을 찾아다니는 습성이 있다.
○ 갈색날개노린재는 15개 내외의 알을 산란한다.

라. 방제
○ 피해가 심한 곳에서는 7월 하순~9월까지 적용 약제를 10일 간격으로 살포한다.
○ 약제 살포 시 과원 주변의 작물뿐만 아니라 주변의 참깨, 콩, 칡, 아카시아, 상록수, 아카시아, 칡덩굴도 월동 장소가 되거나 대체 먹이가 되므로 적절하게 제거하거나 약제 방제를 한다. 방제 약제는 노린재류 방제 약제에 준하여 살포한다.

톱다리개미허리노린재

학명	*Riptortus pedestris*(Fabricius)
영명	Bean bug

가. 형태
○ 성충 길이는 12~15mm이며 흑갈색을 띤다. 몸통이 가늘고 길쭉하며 허리 부분이 개미처럼 잘록하다.
○ 약충도 성충과 같은 모양으로 개미와 아주 유사하나 더듬이 길이가 개미에 비하여 현저하게 길고, 배 부위의 각진 형태가 다르다.

나. 피해 증상
○ 썩덩나무노린재나 갈색날개노린재에 비하여 피해 부위가 비교적 적다. 움푹 파인 정도도 위 두 가지 주요 해충에 비하여 심각하지 않다.

(그림 4-126) 톱다리개미허리노린재 성충과 피해 과실

다. 발생 생태
○ 연중 수회 발생하는 것으로 생각되고 특히 인근에 콩밭이 있는 경우 피해가 심하다. 주광성으로 낮에 주로 활동하고 섭식시간도 비교적 짧으며 자주 이동하는 습성이 있다.

라. 방제
○ 방제는 일반 노린재 약제를 적용하여 방제하거나 대량 유살 페로몬 트랩을 활용한 방법이 적극 고려되고 있다.

식나무깍지벌레

학명	*Pseudaulacaspis cockerelli*(Cooley)
영명	False oleander scale; Magnolia white scale; Mango scale; Oleander sacle; Oyster scale

가. 형태
○ 식나무깍지벌레의 형태는 암컷은 조개모양의 상단에 적갈색의 길쭉한 반점이 있다.
○ 월동 성충인 경우 겨울 월동 기간 중에는 적색의 성충이 깍지 아래에 있다. 5월 초순에는 알을 포란하여 타원형의 노란색 알이나 부화한 유백색의 유충을 볼 수 있다.
○ 수컷은 막대모양을 하고 주로 9월 중하순에 잎 뒷면에 집단으로 모여서 서식하고 있는 것을 관찰할 수 있다. 이때 관찰되는 수컷은 적갈색에 몸체에 투명한 날개를 가지고 있다.
○ 11월에 대부분의 수컷 성충이 우화하고 나면 빈 껍질만 관찰된다. 암컷과 수컷은 비교적 일찍 형태나 깍지가 다른 모습을 가진다.

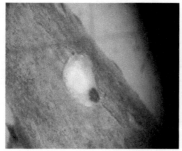 

(그림 4-127) 식나무깍지벌레 암컷 성충(왼쪽)과 월동 모습(오른쪽)

나. 생태
○ 식나무깍지벌레는 나뭇가지에서 월동하여 4월 중순경부터 깍지 아래에서 산란을 개시한다.
○ 산란최성기는 5월 상순쯤이고 유충이 부화하여 깍지 밖 새순으로 이동하면 점차 줄어든다.

○ 5월 하순부터 6월 상순 사이에 유충으로 있다가 7월 하순에서 8월 상순 사이에 1세대 성충으로부터 부화한 유충의 발생최성기가 나타난다. 그 이후 암컷 성충은 잎에서 가지로 점차 이동하여 월동 준비에 들어가고 수컷은 잎에서 9월 중순에 우화하여 암컷과 교미하고 죽는다.

다. 피해 증상

○ 과수원을 관리하는 데 있어서 과수를 고사시키거나 하는 정도의 피해를 주지는 않는다. 그러나 줄기나 잎에 깍지가 밀생하게 되면 방제 약제를 처리하더라도 깍지가 2~3년간 줄기에 계속 남아 있기 때문에 방제의 실효성이 낮아지며 매우 불편한 상태에 처하게 된다. 과실인 경우 대개 벌레 오염과라는 이유로 상품성을 상실하며 기계적으로 깍지를 제거하는 것이 사실상 불가능하다.

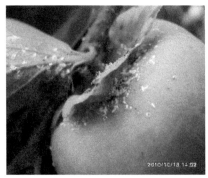

(그림 4-128) 식나무깍지벌레 피해

라. 방제

○ 월동 성충이 낳은 알에서 부화한 유충이 깍지를 쓰고 고착 생활로 접어들기 이전에 방제하는 것이 중요하다.
○ 5월 중하순부터 6월 상순에는 밤 온도가 낮기 때문에 충의 발육에 있어서 여러 단계가 있다. 따라서 방제 시기도 매우 폭넓다.
○ 7월 하순에서 8월 상순에 방제 적기에 노달하게 되면 밤낮의 기온이 높아 충의 발육이 신속하게 일어나고 방제 적기도 매우 짧다. 방제 약제로는 뷰프로페진.디노테퓨란 수화제가 효과적이다.

거북밀깍지벌레

학명	*Ceroplastes japonicus* Green
영명	Florida wax scale

가. 형태 및 생태

○ 거북밀깍지벌레의 월동 성충은 주로 월동기 전정 작업 중에 감나무 수분수 줄기에 분포하는 것을 관찰할 수 있다.

○ 성충의 형태는 외관상 깍지의 등 부분이 거북등과 같이 6개의 큰 구획으로 나누어져 있다.

○ 5월 하순에 깍지를 가지에서 분리하여 관찰하면 깍지 아래에 많은 알을 낳고 있다. 알은 6월 중순경 부화하여 서서히 새순으로 이동하고 8월 중하순이 되면 암수 깍지의 모양이 다르게 나타난다.

○ 수컷 깍지벌레는 별모양의 돌기가 있고 그 아래에서 수컷 성충이 우화하여 나온다. 암컷 깍지는 월동 깍지에 비하여 현저하게 작아지고 깍지의 중앙 부분이 약간 돌출된다. 이 시기에 교미가 일어나고 그 이후 암컷은 가지로 서서히 이동한다.

 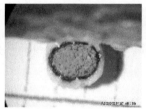 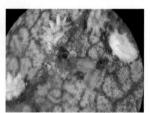

월동	산란	성충 우화

(그림 4-129) 거북밀깍지벌레 생태

나. 피해 증상

○ 수분수나 일반 단감에 다량 발생 시 신초의 길이가 짧아지거나 작은 가지들이 영양실조로 죽어 나간다.

○ 잎에 이들이 많이 발생하면 배설하는 감로로 인해 그을음병이 만연하기도 한다. 그러나 과실에 발생하는 경우는 거의 없다.

다. 방제

○ 방제법은 6월 중순 전후로 부화 약충이 이동하는 시기에 2~3회 정도 방제하는 것을 추천한다.

○ 그러나 깍지가 보이기 시작하는 8월 초중순경에 하는 방제는 효과가 낮다. 식나무깍지벌레와 마찬가지로 깍지벌레는 방제되더라도 빈 깍지가 나무줄기에 그대로 남아 떨어지지 않기 때문에 일반농가에서 방제 효과를 측정하는 것이 어렵다. 방제는 일반 깍지벌레에 등록된 약제를 추천하지만 구체적인 시험이 국내에서 수행된 바 없다.

뿔밀깍지벌레

학명	*Ceroplastes pseudoceriferus* Green
영명	Horned wax scale

가. 형태

○ 암컷 성충은 거북밀깍지벌레에 비하여 현저하게 크고, 등 쪽에 뿔을 달고 있다.

○ 직경이 6mm 정도로 두꺼운 백색 밀납으로 덮여 있고, 때로는 밀납이 약간 붉은빛을 띤다. 몸은 적갈색 또는 암갈색이고 광택이 난다.

○ 배 쪽은 우묵하고 등 쪽은 매우 불룩하다. 수컷은 작고 별 같은 모양을 하고 있다.

(그림 4-130) 뿔밀깍지벌레

나. 피해 증상

○ 성충과 약충이 주로 가지에 기생하여 즙을 빨아 먹는다. 수세가 쇠약해지고, 그을음병이 유발되므로 그 부분이 새까맣게 된다.

다. 발생 생태

○ 연간 1회 발생한다. 수정한 암컷으로 월동하며 암컷은 5월 하순~6월 중순경에 약 800개의 알을 산란한다. 부화한 1령충은 어린 시기에는 잎에서 모두 발견되지만 점차 암컷이 될 것은 가는 가지에 정착하고, 수컷이 될 것은 잎의 겉면과 뒷면에 정착한다. 8월 이후 성충이 나타나 교미하고 암컷은 그대로 월동한다.

라. 방제

○ 월동기에 전정 작업 중에 성충을 제거하고, 기계유 유제를 살포한다. 1령의 약충기에는 일반깍지벌레에 준하여 약제를 살포한다.

감나무주머니깍지벌레

학명	*Asiaconococcus kaki* Kuwana

가. 형태

○ 암컷 성충은 3mm 정도이고 백색이며 타원형으로서 납질섬유로 된 주머니에 덮여 있다. 수컷의 경우 길이가 0.9mm 정도이고, 백색의 반투명한 날개가 1쌍 있으며, 날개맥은 2개이다.

○ 몸은 가늘고 적자색이며, 더듬이는 9마디이고 짧은 털이 드문드문 나 있다. 배 끝 가까이에 백색의 납질섬유가 2개 있고, 교미기는 극히 짧다.

○ 알은 길이가 0.23mm 정도이고, 적자색이며 난원형으로 암컷의 주머니 속에 낳는다.

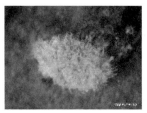  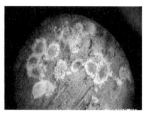

(그림 4-131) 감나무주머니깍지벌레 암컷 성충(왼쪽), 수컷 성충(가운데), 약충(오른쪽)

나. 피해 증상

○ 8월 이후부터 과실 수확기에 많이 발생하여 과실의 품질을 현격하게 떨어뜨린다. 이들이 많이 발생하게 되면 가지, 잎, 과실의 즙을 빨아 먹어 나무 세력이 약화된다.

○ 잎에 발생하는 경우 주로 잎 뒷면의 엽맥을 따라 많이 서식한다. 관리가 안 되는 과수원의 과실에서는 주로 감꼭지 밑이나 과육 표면에 지저분하게 밀생하여 상품성이 떨어지고 소비자에게 혐오감을 준다.

(그림 4-132) 과실 피해 증상

다. 발생 생태

○ 감나무주머니깍지벌레의 월동 성충은 솜털깍지로 몸을 덮고 그 아래에서 월동한다.

○ 수컷은 암컷 깍지와 달리 더 작은 타원형의 수컷 깍지에서 성충으로 우화한다.

○ 알은 월동한 암컷 깍지 아래에 있는 성충이 봄철에 타원형의 알을 산란하면, 그 속에서 부화한 약충은 새순으로 이동한다. 또한 수피 아래에서 월동한 약충들은 성충으로 성숙하며 그 성충이 산란한 알에서 부화한 약충이 이동한다.

○ 새순이나 수피 아래에서 이동한 깍지벌레는 잎, 연약한 가지, 과실, 수피 아래에서 발육한다. 약충은 암컷에 비하여 크기가 작고 둥근 타원형에 빨간색이며 외피에 일련의 띠를 형성하는 섬모에서 깍지가 되는 분비물을 배출하면서 점차 자란다.

○ 감나무주머니깍지벌레의 생태는 주로 수피 아래에서 월동한 성충이 산란하고 부화한 약충이 5월 초순경에 신초의 잎, 줄기, 수피, 과실로 이동하여 발육한다. 6월 중순경 성충이 되어 한번의 성충 발생최성기를 보인다. 이후 수피 아래와 잎에서 온도 조건에 따라 여러 생육단계가 혼재되어 나타난다.

라. 방제

○ 방제는 지제부에서 1m 이내 큰 줄기의 두꺼운 조피를 제거하여 월동처의 보온 효과를 줄이는 것이 중요하다. 부화 시기인 신초가 왕성하게 발육하는 시기는 1~2령의 약충도 활발한 활동기로 이 시기에 깍지벌레에 등록된 다양한 약제로 살포하는 것을 권장한다.

감관총채벌레

학명	*Ponticulothrips diospyrosi* Hega et Okajima
영명	Japanese gall-forming thrips

가. 형태
○ 성충 암수 모두 윤기 있는 흑색 또는 흑갈색으로, 몸길이는 2.5~3.2mm, 안테나는 8마디이다. 월동 성충이 4월 하순~5월 상순에 단감과원으로 이동하여 어린잎을 말고 산란한다.
○ 새로운 1세대 성충이 5월 하순부터 나타나서 6월 중에 피크를 보이고 7월까지 발생한다. 알은 유백색의 원통형 쌀알 모양이며 길이 0.5mm, 폭 0.24mm 정도이다.

(그림 4-133) 감관총채벌레 약충과 번데기

나. 피해 증상
○ 신초의 잎 가장자리에서 주맥을 향하여 세로로 말려 잎이 기형이 된다. 잎 언저리 부위와 한쪽이 말리기도 하고 심한 경우 양쪽으로 말려 곤봉상이 되기도 한다.
○ 피해 잎 속에서 충의 발육이 진전됨에 따라 녹색에서 주황색을 띠다가 마지막에 잎에 있는 영양분으로 모두 소진한 후에는 흑갈색으로 변색되어 탄화된다.

○ 초기에 말린 잎의 내부를 보면 성충 1~6마리가 잎 가장자리에서 서식하는 것이 관찰되며, 이들 성충이 산란하여 증식한 잎 속에는 유충이나 번데기가 200~300마리 이상 발견된다.

○ 감잎 전개기의 잎, 감꽃 개화기의 과실 그리고 중과기 이후에 꽃받침 주위에 식흔으로 지름 1mm 정도의 검은 반점이 생겨서 상품성이 떨어진다.

○ 감관총채벌레가 가해한 과실은 황갈색의 소반점이 산재하고 점차 적갈색에서 흑갈색으로 변색하며, 피해가 심한 경우는 과실 전체에 움푹 파인 반점이 남는다.

(그림 4-134) 감관총채벌레 피해 잎과 과실

다. 발생 생태

○ 송화가루 비산 시기인 4월 20일경까지 소나무 등에서 월동하다가 성충이 신엽 전개 중인 감 과수원으로 이동한다.

○ 감잎이 전개하는 초기에 신엽을 세로로 말고, 그 속에서 5월 상순경에 산란을 한다.

○ 5월 10일경부터 부화하기 시작하여 6월 7일경까지 약 25일간 감잎 속에서 성충으로 발육하면서 가해한다.

라. 방제

○ 방제 적기는 이른 봄에 새순이 나오면서 감잎이 5~6장 펼쳐졌을 때로, 이 시기
는 월동 성충이 감 과수원으로 날아와서 산란을 시작하는 1주일 내지 10일 간
격이다.

○ 이 시기에 2회 살포하여 월동 성충의 증식원을 차단하는 것이 중요하다. 그 이
후에는 감꽃의 개화기가 끝난 시점에 1회 정도 추가 살포한다. 살포 약제로는
2012년에 감에 등록된 약제로 네오니코티노이드계 약제나 그 혼합제가 17종
있다.

미국선녀벌레

병원균	*Metcalfa pruinosa*
영명	Citrus flatid planthopper

가. 형태
○ 미국선녀벌레 성충의 몸길이는 5.5~8.0mm 폭은 2~3mm이다. 넓은 삼각형
의 앞날개가 수직으로 붙어있고, 눈과 다리를 제외한 모든 부분에 왁스선으로
덮여있다. 약충은 유백색을 띠고 있다.

(그림 4-135) 미국선녀벌레 약충(좌) 및 성충(우)

나. 피해 증상
○ 약충과 성충 모두 수목, 관목 및 초본류 등 다양한 식물체를 흡즙하여 피해를
준다. 흡즙으로 인하여 피해가 심해지면 줄기의 발육이 저해되며, 초본류의 경
우 더 큰 피해를 받아 시들게 된다. 단감의 경우 밀랍이나 감로의 분비로 인하
여 과실의 품질을 떨어뜨려 경제적 피해를 야기한다.

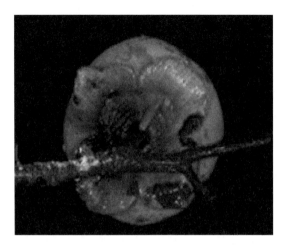

(그림 4-136) 단감에서 그을음으로 인한 피해

다. 발생 생태

○ 연간 1세대 발생하며 알로 월동한다. 알은 단감 등 기주식물의 수피 사이 갈라 진 틈에 산란을 하며, 월동한 알은 5월 중하순 경에 약충으로 부화한다. 부화 약충은 기주식물의 잎과 줄기에 붙어 흡즙을 시작한다.

○ 8월 초순을 전후하여 성충으로 성장하며 날개가 생겨 약충에 비하여 이동성 이 높아져 상대적으로 먼 지역까지 이동이 가능해진다. 발육 최저 임계 온도는 13℃, 최고 한계 온도는 31℃이며 최저 적온은 22℃, 최고 적온은 28.7℃이다.

라. 방제

○ 월동란이 90% 이상 부화하여 약충이 발생하는 6월 초에 1차 방제하는 것이 효 과적이며, 성충이 산란을 시작하는 8월 말에 감나무 과원과 인근 수목까지 동 시에 방제하는 것이 효과적이다. 방제 방법으로는 설폭사플로르 입상수화제 등 등록 약제를 이용하여 방제할 수 있고, 친환경 재배지나 수확기 직전에는 유 기농업자재를 활용하여 방제한다.

7. 참다래 해충

1991~1993년 전남 남부 해안 지역에서 재배되는 참다래 해충 조사에서 총 13종의 해충이 조사되었고 우점종은 열매꼭지나방(*Stathmopoda auriferella*)과 뽕나무깍지벌레(*Pseudaulacaspis pentagona*)로 보고되었다.

2008년부터 2012년까지 실시한 조사에는 총 25종이 확인되는데 볼록총채벌레, 뽕나무깍지벌레, 식나무깍지벌레, 우묵날개원뿔나방, 차애모무늬잎말이나방, 열매꼭지나방이 발생하여 주로 피해를 주는 것으로 나타났다.

〈표 4-2〉 참다래 발생 해충 종류, 발생 및 피해 정도(2008~2012)

해충 종류	해충명	학명	발생 정도	피해 정도	피해 부위
총채벌레	볼록총채벌레	*Scirtothrips dorsalis*	++++	++++	잎, 과실
노린재	뽕나무깍지벌레	*Pseudaulacaspis pentagona*	++++	+++++	줄기, 잎, 과실
	식나무깍지벌레	*Pseudaulacaspis cockerelli*	++++	+++++	줄기, 잎, 과실
	거북밀깍지벌레	*Cerostegia japonica*	+	–	줄기
	뿔밀깍지벌레	*Ceroplastes pseudoceriferus*	+	–	줄기
	짚신깍지벌레	*Drosicha corpulenta*	+++	+++	과실
	초록애매미충	*Empoasca vitis*	++++	+	잎
	선녀벌레	*Geisha distinctissima*	++++	+	잎
	진딧물류	–	++	+	줄기
나비	주머니나방류	*Eumeta spp.*	+	–	잎
	우묵날개원뿔나방	*Acria ceramitis*	+++	++	잎
	차애모무늬잎말이나방	*Adoxophyes honmai*	++++	++++	잎
	열매꼭지나방	*Stathmopoda auriferella*	++++	++++	잎, 과실
	이른봄밤나방	*Xylena pomosa*	++++	++++	과실
	대만나방	*Paralebeda plagifera femorata*	++	+++	잎
	뒷흰날개밤나방	*Peridroma saucia*	+	+	잎
	담배거세미나방	*Spodoptera litura*	++	+++	잎, 과실
	파밤나방	*Spodoptera exigua*	++	++	잎
	수검은줄점불나방	*Lemyra imparilis*	+++	+++	잎
	네눈쑥가지나방	*Ascotis selenaria*	+	+	잎
	줄고운가지나방	*Ectropis excellens*	+	+	잎
딱정벌레	청동풍뎅이	*Anomala albopilosa*	++	+	잎
달팽이	달팽이	*Acusta despecta*	++	+++	잎
	두줄달팽이	*Limax marginatus*	+++	+++	잎, 과실

발생 정도 : ++++(심), +++(다), ++(중), +(소),

피해 정도 : ++++(심), +++(다), ++(중), +(소), –(피해가 없거나 확인되지 않은 것)

볼록총채벌레

학명	*Scirtothrips dorsalis*
영명	Chilli thrips

가. 형태
○ 성충의 몸길이는 0.8~0.9mm이고, 체색은 황색이다. 날개는 짙은 검은색을 띠는데, 가위 모양을 닮아 육안으로 쉽게 구분된다.
○ 복부는 다른 총채벌레와 달리 다소 볼록하다. 참다래에서 발견된 유충의 체색도 황색이지만 주황색을 띠는 경우도 있다.

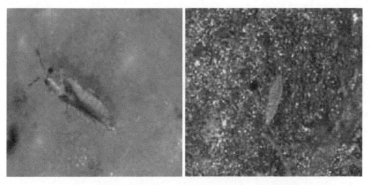

(그림 4-137) 볼록총채벌레 성충(왼쪽)과 약충(오른쪽)

나. 피해 증상
○ 과실에서 볼록총채벌레가 발생하는 경우는 홍다래에서만 발견되었고, '헤어워드' 등의 품종은 주로 잎에서 발생하여 피해를 준다.
○ 유충에 의해 잎 피해가 발생한다. 피해 받은 부위에는 흰 실이 풀려 있는 듯한 피해흔이 나타나고, 잎은 갈변한다.

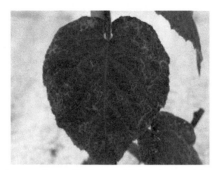

(그림 4-138) 볼록총채벌레 성충(왼쪽)과 약충(오른쪽)

다. 발생 생태
○ 잡초에서 월동하며 대개 5월 중순부터 밀도가 급증한다. 이 시기에 참다래 잎에서 볼록총채벌레가 발생하여 피해를 준다.

라. 방제
○ 디노테퓨란, 스피노사드, 클로로페나피르, 에마멕틴벤조에이트 등의 성분이 함유된 약제가 효과적이다.
○ 대개 참다래 잎에서만 발생하므로, 6월 중하순에 볼록총채벌레 피해가 있을 경우 1회 방제하면 된다.

뽕나무깍지벌레

학명	*Pseudaulacaspis pentagona*
영명	White peach scale

가. 형태
○ 암컷 성충의 체색은 주황색인데 약 2mm 크기의 흰색 둥근 껍질 안에서 산란한다. 산란된 알에서 부화한 1령 약충은 0.3mm 크기로 주황색을 띤다.
○ 수컷 성충은 가늘고 긴 흰털 모양의 껍질을 만드는데, 대개 뭉쳐 있다.

(그림 4-139) 뽕나무깍지벌레 암컷 성충(왼쪽), 알(가운데), 약충(오른쪽)

나. 피해 증상

○ 흡즙으로 인한 직접적인 피해보다는 과실 표면에 발생하여 상품성을 떨어뜨린다.

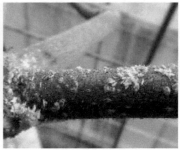

(그림 4-140) 과실과 가지 피해

다. 발생 생태

○ 약충으로 월동하며 연간 3세대가 발생한다. 방제 적기인 1령 약충은 대개 5월 상 중순, 7월 중하순, 9월 중하순에 발생한다.

○ 뽕나무깍지벌레류 중 뽕나무깍지벌레는 주로 경남과 제주도 지역에서 발생한다.

라. 방제

○ 뷰프로페진, 디노테퓨란 등의 성분이 포함된 약제로 방제하는 것이 효과적이다.

○ 방제 적기는 1~2령 시기이므로 1령 약충 발생 시기인 5월 상중순, 7월 중하순, 9월 중하순에 방제하는 것이 효과적이다.

열매꼭지나방

학명	*Stathmopoda auriferella*
영명	

가. 형태

○ 성충은 몸길이는 9~13mm이고, 머리와 날개 윗부분은 노란색을 띠며 날개의 중간 이하 부분은 갈색을 띤다. 다 자란 유충은 약 10mm 길이로 체색은 검은 색이다.

(그림 4-141) 열매꼭지나방 성충과 유충

나. 피해 증상

○ 유충은 과실 표면에 그물을 만들고 그 안에서 생활하며 과실 표면을 가해한다. 가해 받은 부위는 갈변하여 지저분하게 보인다.

(그림 4-142) 열매꼭지나방 피해 과실

다. 발생 생태
○ 열매꼭지나방 유충은 7월 중순에 처음 과실에 나타나고, 8월 이후에는 발생하지 않는다.

라. 방제
○ 메톡시페노자이드 등 나방 전문 약제로 방제한다. 방제 적기는 7월 중순이다.

차애모무늬잎말이나방

학명	*Adoxophyes honmai*

가. 형태
○ 성충은 몸길이가 8mm 정도이며 종모양이다. 황색에 갈색 줄무늬가 있다. 다 자란 유충은 10~12mm 크기이고, 체색은 옅은 황색이다.

나. 피해 증상
○ 잎과 과실에 발생한다. 과실에 발생할 경우 과경지나 꽃이 진 곳에 주로 그물을 치고, 과실 표면을 가해한다.
○ 가해 받은 과실은 약 2mm 크기의 구멍이 여러 개 생긴다. 피해 증상이 열매꼭지나방 유충 피해와 유사하다.

(그림 4-143) 차애모무늬잎말이나방 유충에 의한 피해 과실

다. 발생 생태
○ 연간 3~4회 발생하는데 유충은 6월 중순, 8~9월에 주로 발생한다.

라. 방제
○ 메톡시페노자이드 등 나방 전문 약제로 방제한다. 방제 적기는 6월 중순, 8월 말, 9월 중순이다.

파밤나방

학명	*Spodoptera exigua*
영명	Beet armyworm

가. 형태
○ 성충의 몸길이는 15~20mm, 날개는 황갈색이고 날개 중앙에 황색점이 있다.
○ 유충의 체색은 황록색 또는 흑갈색으로 변이가 심하고 대개 녹색을 띤다. 녹색을 띨 경우 몸 옆에 주홍색 고리가 있다. 다 자란 유충의 몸길이는 약 35mm이다.

나. 피해 증상
○ 주로 잎의 엽육 부위를 갉아 먹는다.

(그림 4-144) 파밤나방 유충과 피해 잎

다. 발생 생태
○ 연간 4~5회 발생한다.

라. 방제
○ 다발생 시 메톡시페노자이드 등 나방 전문 약제로 방제한다. 방제 적기는 6월 중순, 8월 말, 9월 중순이다.

8. 자두 해충

복숭아순나방

학명	*Grapholita molesta* Busck
영명	Oriental fruit moth

가. 형태

○ 성충은 수컷의 길이가 6~7mm이고, 날개를 편 길이가 12~13mm인 작은 나방이다. 머리는 암회색, 가슴은 암색이며 배는 암회색이다. 앞날개는 암회갈색이고, 13~14개의 회백색 뱀무늬가 있다. 암컷의 경우 길이가 7mm 정도이고, 날개를 편 길이가 13~14mm 정도이다. 수컷에 비하여 배가 굵고 배 끝에 털 무더기가 없으며 뾰족하다.

○ 알은 납작한 원형이고 알껍데기에 점무늬가 빽빽하게 나 있다. 부화유충은 머리가 크고 흑갈색이며 가슴과 배는 유백색이다. 노숙유충은 자황색이며 머리는 담갈색이다. 번데기는 겹눈과 날개 부분이 진한 적갈색이고 배 끝에 7~8개의 가시털이 나 있다.

(그림 4-145) 복숭아순나방 유충

나. 피해 증상

○ 유충이 새순과 과실 속으로 뚫고 들어가 조직을 갉아 먹는다. 4~5월에 1화기 성충이 발생하여 각종 과수의 신초, 잎 뒷면에 알을 낳고 유충이 신초의 선단부를 먹는다. 피해 받은 신초는 선단부가 말라 죽으며 진과 똥을 배출하므로 쉽게 발견할 수 있다.

○ 어린 과실의 경우는 보통 꽃받침 부분으로 침입하여 과심부를 식해한다. 다 큰 과실의 경우 꽃받침 부근에서 먹어 들어가 과피 바로 아래의 과육을 식해하기도 한다. 겉에 가는 똥을 배출하는 점에서 다른 심식충류와 구별할 수 있다.

(그림 4-146) 복숭아순나방 피해를 받은 신초(왼쪽)와 과실(오른쪽)

다. 발생 생태

○ 연간 4회 발생한다. 노숙유충으로 거친 껍질 틈이나 과수원에 버려진 봉지 등에서 고치를 짓고 월동한다.

○ 1회 성충은 4월 중순~5월 상순, 2회는 6월 중하순, 3회는 7월 하순~8월 상순, 4회는 8월 하순~9월 상순에 발생한다. 1~2화기는 주로 복숭아, 자두, 살구 등의 신초나 과실에 발생하며 3~4회 성충이 사과와 배의 과실에 산란하여 가해한다.

라. 방제

○ 봄철에 거친 껍질을 벗겨 월동 유충을 제거한다. 피해를 받은 신초와 과실은 따서 물에 담가 유충을 죽인다.

○ 성충이 산란한 알이 부화하는 시기인 5월 상순, 6월 중순, 7월 하순 및 8월 하순에 약제를 살포해야 한다. 현재 방제 약제로는 옥타브, 가이던스, 바이킹, 암메이트, 알타코아, 프레오 등이 있다.

복숭아유리나방

학명	*Synanthedon bicingulata* Staudinger
영명	Cherry tree borer

가. 형태
○ 성충의 몸길이는 15mm 정도이며 몸색은 푸른기를 띤 흑갈색이다. 날개가 투명하여 벌과 비슷한 나방으로 복부에는 2개의 황색 띠가 있다.
○ 알은 다갈색의 타원형이며 알의 크기는 0.5mm 정도이다. 다 자란 유충의 몸길이는 25mm 정도로 원통형이며 머리 부위는 갈색, 몸통은 유백색이고 등은 약간 적색을 띤다. 번데기의 몸길이는 18mm 정도이고 다갈색의 방추형이며 꼬리 끝에 원추 모양의 돌기가 있다.

(그림 4-147) 복숭아유리나방 유충(왼쪽)과 성충(오른쪽)

나. 피해 증상
○ 유충이 수간부 조피 밑을 가해하여 껍질과 목질부 사이(형성층)를 먹고 다닌다. 가해 부위에서 적갈색의 굵은 배설물과 함께 수액이 흘러나와 쉽게 눈에 띤다.
○ 어린 유충이 가해할 시 수액 분비가 적어지고 가는 똥이 배출되므로 잎말이나 방류 피해로 오인하기 쉽다.

(그림 4-148) 복숭아유리나방의 피해를 받은 나무

다. 발생 생태

○ 연 1회 발생하고 유충으로 월동하나 월동 유충은 어린 유충에서 노숙 유충까지 다양하다. 월동태가 노숙 유충일 경우 6월경에 성충으로 발생하고, 어린 유충 일 경우는 8월 하순경에 발생하므로 연 2회 발생하는 것처럼 보인다.

○ 월동 유충은 보통 3월 중순부터 활동을 시작한다. 이때 어린 유충은 껍질 바로 밑에 있기 때문에 방제하기 쉬우나, 성장할수록 껍질 밑 깊숙이 들어가기 때문 에 방제가 곤란하다.

라. 방제

○ 월동 유충이 활동하는 시기인 3월 중하순에 침투성 살충제를 굵은 가지와 주지 를 중심으로 흘러내리도록 충분히 살포한다.

○ 생육기에는 성충발생기인 5월 하순~6월 상순, 8월 하순~9월 상순에 유기인계 나 합성피레스로이드계 살충제를 살포한다. 특히 복숭아 수확이 끝나는 8월 이 후 약제 살포로 알과 유충을 구제하는 것이 효과적이다. 벌레 똥이 나오는 곳을 찾아서 철사, 칼, 망치로 유충을 잡는다.

벚나무사향하늘소

학명	*Aromia bungii* Faldermann
영명	Red-necked longhorn, Plum longhorn beetle, Peach longhorn beetle

가. 형태

○ 성충은 검은색이며 몸길이는 약 40mm이다. 등에 있는 딱딱한 날개는 윤이 나며 앞가슴이 빨간색이다. 유충은 흰색이며 크기는 17~22mm이다.

(그림 4-149) 벚나무사향하늘소 유충(왼쪽)과 성충(오른쪽)

나. 피해 증상

○ 유충이 줄기 속에 들어가 굴을 파고 다니면서 가해하여 나무의 세력을 떨어뜨린다. 줄기를 가해하면서 구멍 밖으로 다량의 톱밥 배설물을 방출한다.

(그림 4-150) 벚나무사향하늘소의 피해를 받은 나무

다. 발생 생태

○ 2년에 1회 발생하며 다양한 영기의 유충으로 피해 줄기 속에서 월동한다. 1년 차에는 어린 유충으로, 2년 차에는 노숙 유충으로 월동한다.

○ 유충은 4월 상중순부터 가해하기 시작하며 5~6월에 가장 왕성하게 섭식한다. 6월 하순경에 번데기가 되며 성충은 6월 하순부터 8월 상순까지 발생한다. 7월 부터 줄기의 껍질 틈에 산란하는데, 알 기간은 8~9일이다.

라. 방제

○ 다량의 톱밥 배설물로 쉽게 발견할 수 있으며 발견되면 유충이 숨어 있는 줄기 속으로 철사 등을 집어넣어 포살한다.

○ 성충이 산란하는 시기인 7~8월에 줄기에 잘 묻도록 살충제를 충분히 살포한다.

복숭아혹진딧물

학명	*Myzus persicae* Sulz
영명	Green peach aphid

가. 형태

○ 성충은 날개가 있는 것(유시충)과 없는 것(무시충)으로 크게 나뉜다. 유시충 성 충의 몸길이는 2~2.5mm로 몸 색깔이 황갈색, 연한 황색 또는 녹색이거나 때 로는 불그스름하다.

○ 무시충 성충의 몸길이는 1.8~2.5mm로 몸 색깔이 연한 황색, 녹황색, 녹색 및 분홍색이고 때로는 거무스름한 무늬가 있다.

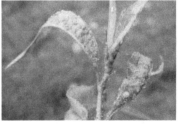

(그림 4-151) 복숭아혹진딧물 성충(왼쪽)과 피해 신초(오른쪽)

나. 피해 증상

○ 주로 신초나 새로 나온 잎을 흡즙하여 잎이 세로로 말리고 위축되며 신초의 신 장을 억제한다.

○ 5월 중순 이후에는 여름기주인 담배, 감자, 오이, 고추 등으로 이동하여 가해한다.

다. 발생 생태

○ 1년에 빠른 것은 23세대, 늦은 것은 9세대를 경과하며 복숭아나무 겨울눈 기부 에서 알로 월동한다.

○ 3월 하순~4월 상순에 부화한 간모는 단위생식으로 증식하고 5월 상중순에 유 시충이 생겨 6~18세대를 경과한다. 10월 중하순이 되면 다시 겨울기주인 복숭 아나무로 이동하며 산란성 암컷이 되어 교미 후 11월에 월동 알을 낳는다.

라. 방제

○ 월동 알 밀도가 높을 때에는 겨울에 기계유 유제를 살포하고 개화 전에 전문 약 제를 살포한다. 개화 후에는 진딧물을 대상으로 별도로 약제를 살포하지 말고 복숭아순나방과 복숭아굴나방 등 다른 해충과 동시에 방제한다.

○ 6월 이후는 여름기주로 이동하여 피해가 없으며 각종 천적이 발생하므로 약제 를 살포하지 않는 것이 좋다. 방제 약제로는 스토네트, 천하무적, 캡처, 메이저, 모스피란, 어택트, 세베로, 코니도, 세시미, 빅카드, 아타라 등이 있다.

점박이응애

학명	*Tetranychus urticae* Koch
영명	Two-spotted spider mite

가. 형태

○ 암컷은 길이가 0.4~0.6mm이고, 몸의 넓이가 0.3~0.4mm로 난형이며 황록색 또는 적색이다. 몸의 등 양쪽에 담흑색의 얼룩무늬가 있다.

○ 수컷은 길이가 0.3~0.4mm이고 몸의 넓이가 0.2mm 내외이며, 암컷보다 작고 납작하다. 응애는 거미의 일종이므로 날개는 없다.

나. 피해 증상

○ 약충과 성충이 주로 잎의 뒷면에 서식하면서 흡즙한다. 하부 잎의 뒷면에 거미 줄이나 흰색 점무늬의 피해가 나타나며 심한 경우에는 신초 잎과 상부 잎의 뒷면에서도 피해가 발견된다.

○ 나무가 응애 피해를 받으면 잎의 광합성 능력이 저하되어 과실 비대, 착색, 이듬해의 착과량 등에 악영향을 받는다.

(그림 4-152) 점박이응애 성충(왼쪽)과 피해 받은 잎(오른쪽)

다. 발생 생태

○ 연간 8~10세대 발생하는 것으로 알려져 있다. 성충 형태로 대부분이 나무의 거친 껍질 밑에서 월동하지만 일부는 지면 잡초나 낙엽에서도 월동한다. 월동 중인 성충은 3월 중순경 기온이 따뜻해지기 시작할 때 활동하기 시작하여 4~5월에는 주로 잡초 또는 과수 대목에서 발생된 흡지에서 증식한다.

○ 복숭아나무 위로 이동하여 기생하기 시작하는 시기는 5월 상순부터이다. 연중 다발생 시기는 7~8월이고 발생최성기는 8월 상순인 경우가 많다. 보통 고온 건조한 해에 많이 발생하며 나무가 한발 또는 침수 피해를 받았을 때 발생이 급증하는 경우가 있다.

라. 방제

○ 봄철 거친 껍질 밑이나 사이에서 월동하는 점박이응애를 방제하기 위해서 거친 껍질을 제거하고 기계유 유제를 살포한다. 6월에는 잎당 1~2마리, 7월 이후에는 잎당 2~3마리 도달 시 약제 살포를 실시한다.

○ 약제 살포 시에는 천적에 독성이 낮은 약제를 선택한다. 생육기 약제 살포 시 동일 약제 또는 같은 계통의 약제를 연속해서 살포하면 쉽게 약제 저항성이 유발되므로 계통이 서로 다른 약제를 번갈아 살포해야 한다. 점박이응애는 잎 뒷면에서 서식하므로 약제가 잘 묻도록 충분히 살포해야 한다. 방제 약제로는 스피로디클로펜 수화제가 있다.

9. 블루베리 해충

블루베리혹파리

학명	*Dasineura oxycoccana*
영명	Blueberry gall midge

가. 형태

○ 블루베리혹파리는 파리목 혹파릿과에 속하는 해충으로 성충은 몸 형태가 모기와 비슷하지만 크기가 1.5~2mm로 작아서 육안으로 직접 관찰하기가 어렵다.

○ 갓 부화한 어린 유충은 1mm 이내로 흰색 또는 반투명하여 관찰이 매우 어렵다. 노숙유충은 2~3mm까지 성장하고 색깔이 노란색으로 되면서 진해진다.

○ 번데기가 되기 전 대부분의 유충 과정을 신초 속에서 보내기 때문에 피해 신초 속을 자세히 관찰하기 전에는 발견이 어렵다.

성충

어린 유충

노숙유충

(그림 4-153) 블루베리혹파리

나. 피해 증상

○ 발생 시 신초와 꽃눈에 피해를 입히는데, 잎이 변형되거나 흑갈색으로 되면서 생장부의 눈을 고사시키므로 결국에는 정상적인 생육이 불가능해져서 수확량 감소의 원인이 된다.

○ 발생이 심하면 대부분의 신초에서 피해가 나타나는데, 신초 끝 시드는 부위를 자세히 살펴보면 1~2mm 전후의 노란색 유충들을 관찰할 수 있다. 시설재배지에서 특히 피해가 심하고 전체 신초의 80% 이상이 피해 받은 사례도 있다.

(그림 4-154) 신초 피해 증상

(그림 4-155) 꽃눈 피해 증상

다. 발생 생태

○ 번데기로 월동하는 블루베리혹파리는 날씨가 따뜻해지는 봄에 성충으로 우화하여 블루베리 꽃눈과 신초 등에 알을 낳는다.

○ 알에서 부화한 유충(1~2mm)은 새순과 꽃눈을 파고들면서 피해를 주기 때문에 신초가 마르면서 갈색으로 변한다. 다 자란 유충은 지상으로 떨어져 번데기가 된다.

○ 성충 한 마리당 20여 개의 알을 산란한다. 1령 유충이 성충까지 성장하는 데에 2~3주가 걸린다. 온도에 따라 차이가 있지만 연간 3~5세대 이상 발생하는데 고온 다습한 시설에서는 생존율이 높고 발육 기간도 짧아 더 빨리 증가한다.

(그림 4-156) 블루베리혹파리 산란(왼쪽)과 노숙유충 탈출(오른쪽) 장면

라. 방제

○ 기온과 재배 환경에 따라 발생 시기나 양에 차이가 있고, 연중 여러 세대가 발생하므로 끈끈이트랩이나 육안 조사를 통해 정확한 발생 및 방제 시기를 예찰하는 것이 중요하다.

○ 끈끈이트랩을 이용할 경우, 트랩을 블루베리혹파리에 의한 피해가 심한 식물체 주변 바닥에 설치하면 가장 효율적으로 예찰할 수 있다.

○ 피해 증상이 있거나 의심되는 신초와 꽃눈들을 비닐 팩에 넣은 후 기다리면 내부에 기생하는 혹파리 유충들이 밖으로 나오는 것을 볼 수 있는데, 피해 신초와 꽃눈은 발생 초기 즉시 제거하여 완전 밀폐하고 폐기해야 피해를 최소화할 수 있다.

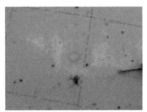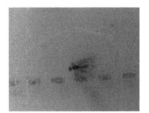

(그림 4-157) 끈끈이트랩 바닥 설치(왼쪽)와 유인된 유충(가운데)과 성충(오른쪽)

○ 블루베리혹파리에 의한 피해는 대부분 어린 신초에 집중되기 때문에 피해가 있었던 농가는 신초가 발생하는 시기에 예방 차원에서 집중적인 방제를 실시하면 효과적이다.

○ 외국의 경우 스피네토람, 스피노사드, 티아메톡삼 화학약제 등이 등록되어 있으나 유기농 재배에서는 사용할 수가 없다. 친환경 농자재를 포함한 약제를 살포할 경우에는 화분 매개충 보호를 위해 반드시 꽃봉오리 개화 이전에 약제를 살포하고 사전에 약해 발생 유무를 확인해야 한다.

○ 블루베리혹파리는 건조한 환경에서는 생존율이 높지 않기 때문에 습도가 높은 시설이라면 환기를 자주 하여 습도를 낮춰주어야 한다. 또한 노숙 유충은 번데기가 되기 위해 촉촉한 토양 속(1~2cm 깊이)으로 파고들어가는 특성을 갖고 있으며 이때 건조한 바닥에 노출되면 몸체의 습기를 빼앗겨 사망률이 높다. 노숙 유충의 사망률을 높이기 위해 바닥 통로를 부직포 등을 이용하여 피복하고 블루베리 기주 아래와 근처는 건조한 왕겨, 펄라이트 등의 피복물질(5~6cm 두께)을 덮으면 효과적이다.

○ 블루베리혹파리 번데기가 월동에 들어가는 시기는 늦은 가을(이른 겨울)이므로, 이 시기 기주식물이 심어져 있는 바닥을 얕게 갈아엎어 번데기를 겨울의 저온에 오랫동안 노출시키면 토양 속 월동 번데기들의 사망률을 높일 수 있다. 또한 성충으로 우화하기 전 봄, 토양에 예방적으로 약제를 몇 차례 살포하면 다음 세대 발생 밀도를 낮출 수 있다.

(그림 4-158) 블루베리혹파리 발생 억제를 위한 멀칭재배 현장

총채벌레류

가. 형태

○ 대부분의 총채벌레 성충은 1~2mm 크기에 길고 뾰족한 모양이다. 몸체는 담황색 또는 연한 갈색으로 뒷부분의 산란관을 이용하여 길쭉한 콩팥 모양의 작은 알(0.1~0.4mm)들을 작물체 조직 내부와 틈에 낳기 때문에 육안으로 관찰이 불가능하다.

○ 어린 약충(0.3~1.3mm)은 유백색이고 자라면서 색깔이 진하게 변한다. 알에서 부화한 약충은 식물즙을 먹고 다 자라면 땅속으로 내려가 번데기가 되기 때문에 또한 발견이 쉽지 않다.

(그림 4-159) 총채벌레 약충(왼쪽)과 성충(오른쪽)

나. 피해 증상

○ 총채벌레류는 기주 범위가 매우 광범위한 해충으로 알→약충→번데기→성충 발육단계를 거치면서 꽃과 잎, 과실 등 모든 부위에 발생하여 피해를 입힌다.

○ 신초 등 연한 부분을 갉아서 나오는 즙을 빨아 먹기 때문에 피해가 진행되면 전형적인 가해 증상인 은색의 자국(흔적)과 작은 반점이 생긴다.

○ 꽃이나 어린 과실에서는 낮은 밀도에서도 긁힘에 의한 기형과가 생길 수 있어 상품 가치가 떨어진다.

(그림 4-160) 총채벌레에 의한 블루베리 신초 피해 및 생장 위축 증상

○ 블루베리에서는 볼록총채벌레에 의한 피해가 확인되었는데 발생 시 주로 신초 부위 잎과 생장점 부위에 발생한다. 발생 초기 신초 부분이 뒤틀리고 피해가 확대되며 잎과 줄기 기부에 은색의 자국(흔적)과 작은 반점이 생기면서 생장을 위축시킨다.

다. 발생 생태

○ 알에서 부화한 약충은 다 자라게 되면 땅으로 떨어져 번데기가 되는데 유충과 성충의 중간 형태로 작을 뿐만 아니라 땅속이나 조직 틈에서 존재하기 때문에 발견이 쉽지 않다. 일정 기간 후 번데기는 성충이 되어 다시 기주식물로 이동해 다시 가해한다.

○ 발육 기간은 27℃ 정도에서 알 4일, 약충 4~5일, 번데기 3~4일로 암컷 한 마리가 100여 개의 알을 낳기도 한다. 고온 건조한 시기에 번식이 빠르기 때문에 늦은 봄과 여름에 많이 발생하며, 온실에서는 겨울에도 발생할 수도 있다.

(그림 4-161) 총채벌레에 의한 단계별 피해 증상(초기(왼쪽), 중기(가운데), 후기(오른쪽))

라. 방제

○ 기주 범위가 넓고 번식력이 강하며 세대 기간이 짧아 방제가 매우 어려운 해충이다. 블루베리의 경우 시설재배지에서 특히 피해가 많아 정확한 예찰을 통한 방제가 중요하다. 고온 건조 시 특히 피해가 심한데 노지에서도 온도가 높고 건조한 시기에는 발생량이 높아 피해가 심할 수 있다.

○ 황색이나 청색 끈끈이트랩을 설치하여 일정 간격으로 육안조사를 실시하면서 총채벌레 발생을 확인하여야 하는데 특히 꽃봉오리, 잎 사이 등을 자세히 관찰하여야 한다.

○ 간이예찰법으로는 피해가 의심되는 가지 밑에 흰색 종이를 깔고 가볍게 털어보면 총채벌레 약충과 성충이 종이 위로 떨어지는 것을 발견할 수 있다.

○ 피해가 심한 재배지에서는 재배 바닥을 비닐이나 부직포 등을 이용하여 멀칭하면 총채벌레 노숙 약충의 번데기화가 줄어 단계적으로 발생 밀도를 줄일 수 있다.

○ 약제 이용 시에는 발생 초기 친환경 유기농자재나 계통이 다른 전문 약제 2~3종을 5~7일 간격으로 2~3회 연속 살포해야 잎, 꽃, 토양 속에 있는 알, 어린벌레(약충), 번데기까지 방제가 가능하다.

○ 친환경 유기농자재들을 포함한 약제 살포 시 잎 앞뒷면과 식물체 조직 틈에 고루 살포하여야 효율적으로 밀도를 줄일 수 있다.

점박이응애

학명	*Tetranychus urticae*
영명	Two spotted spider mite

가. 형태

○ 점박이응애의 성충은 몸길이가 0.3~0.4mm이다. 몸체 양쪽에 연녹색 또는 노란색 바탕에 검은 반점을 갖고 있으며 계절별로 몸의 색깔이 변하는데 여름형 성충의 경우 대개 황록색이며 월동형 성충은 약간 붉은색을 띤다.

○ 성충은 다리가 4쌍이며 약충은 3쌍의 다리가 있다. 알은 공처럼 둥글고 흰색의 엷은 빛깔이다.

나. 피해 증상

○ 응애류는 흡즙성 해충으로 발생 시 잎 뒷면을 자세히 관찰하면 눈으로 볼 수는 있지만 작아서 피해가 진전되기 전까지 발견하지 못하는 경우가 많다.

○ 피해 부위는 즙을 빨아 먹히고 엽록소가 감소하기 때문에 잎 표면에 황색 또는 흰색 반점이 생긴다. 피해가 심해지면 조직이 갈변하고 조기 낙엽 및 낙화 증상이 나타난다.

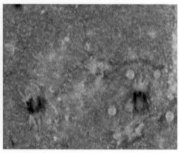

(그림 4-162) 점박이응애 성충과 알

(그림 4-163) 응애류에 의한 초기 피해(왼쪽)와 후기 피해(오른쪽) 증상

다. 발생 생태

○ 점박이응애류의 경우 알→애벌레→약충→성충까지 한 세대를 완료하는 데 25~27℃에서 10일 정도 소요된다.

○ 암컷 성충의 수명은 2~4주로 하루에 3~5개씩 수백 개의 알(0.1mm)을 낳는데 노지에서 연간 9회, 따뜻한 지방에서는 10~11회 발생할 수 있다.

라. 방제

○ 세대 기간이 짧아 증식 속도가 매우 빠르므로 발생 초기에 방제하는 것이 중요한데, 발생 초기 살비제나 해충 방제용으로 등록된 친환경 유기농자재 등을 이용하여 방제하여야 한다. 응애류 방제 약제나 친환경 농자재의 경우 침투이행성이 없기 때문에 해충이 발생하는 잎 뒷면에 고루 살포하여야 방제 효과가 높다.

○ 알-약충-성충 단계별로 약제에 대한 반응이 다르므로 약제 선정에 신경 써야 하고 화학 약제의 경우 동일한 약제나 계통이 비슷한 약제를 계속 사용하면 약제 저항성이 생겨 약효가 떨어질 수 있다.

진딧물류

① 목화진딧물

학명	Aphis gossypii Glover
영명	Cotton aphid

② 조팝나무진딧물

학명	Aphis citricola van der Goot
영명	Spiraea aphid

가. 형태

○ 목화진딧물의 경우 성충이 2~3mm의 타원형이며 주로 작물의 잎과 신초를 가해하는 해충이다. 몸 색깔은 황색, 황록색, 청록색 등으로 계절에 따라 다소 다르다. 작물체에 발생 시 날개가 있는 유시 성충과 없는 무시 성충이 섞여서 존재한다.

○ 무시충은 1.2~1.8mm 크기이고, 머리가 거무스름하다. 배는 황록색이고 미편과 미판은 흑색이다. 유시충은 머리와 가슴이 흑색이고 배는 황록색이다. 뿔관 밑부와 배의 측면은 거무스름하다. 알은 광택이 있고 검다.

(그림 4-164) 목화진딧물 유시충(왼쪽)과 무시충(오른쪽)

(그림 4-165) 조팝나무진딧물

나. 피해 증상

○ 진딧물은 군집을 이루는 해충으로 식물 즙을 빨아 먹어 피해를 일으키는 광범위성 해충이다.

○ 진딧물 피해를 받은 식물체는 성장이 느려지고 순과 잎이 말리는 증상을 보이게 된다. 식물을 흡즙하면서 많은 감로(꿀물)를 분비하기 때문에 그을음병이 추가로 발생할 수 있고 가끔 바이러스 매개충 역할을 하기도 한다.

(그림 4-166) 진딧물의 피해를 받은 꽃봉오리와 신초

다. 발생 생태

○ 대부분 진딧물이 발육과 번식 속도가 빨라서 시설 내에서는 연간 20세대 이상 발생하고 노지에서도 10세대 이상을 번식하는 것으로 알려져 있다. 온도가 높은 여름에는 발생이 낮고 봄(4~6월)과 가을에 발생 밀도가 높다.

○ 늦가을에 알로 월동하지만 시설에서는 시기에 관계없이 발생한다. 대부분의 경우 4월 중하순에 월동 알에서 부화하여 간모(날개 없는 성충)가 되고 단위생식으로 계속 번식한다. 5월 하순부터 6월 중순경에 유시충이 나타나 여름기주인 작물로 이동하여 많이 발생하므로 주의하여야 한다.

라. 방제

○ 블루베리에서는 주로 어린잎과 신초에 발생하기 때문에 신초가 발생하는 시기에 진딧물 발생 여부를 주의 깊게 살피면서 발생 초기 적절한 밀도 관리를 해주는 것이 좋다.

○ 주로 월동 알들이 부화하여 증식하나 유시 성충이 날아 들어올 경우도 있으므로 발생 초기에 전용 약제를 이용하여 방제한다. 진딧물의 경우 같은 계통 약제를 반복 사용하면 약제 저항성이 쉽게 생기기 때문에 계통이 다른 약제를 번갈아 살포해야 한다.

○ 진딧물 방제로 사용되는 친환경 농자재로는 제충국제제(피레쓰린), 데리스제제, 님오일제(아자디락틴), 미생물제(곤충병원성곰팡이) 및 기타 천연식물제 등이 알려져 있다.

나방류

가. 주요 나방류 종류 및 특징

○ 블루베리에 발생하여 문제가 될 수 있는 나방류로는 순나방류, 자나방류, 쐐기나방류, 흰불나방류 등 다양한데 주로 어린 순이나 연한 잎들을 가해한다. 일반적으로 나방류는 알-유충(애벌레)-번데기-성충의 완전 변태 발육 과정을 거치는 곤충이라서 같은 종이라도 발생 시기와 장소가 다양하기 때문에 종별 생태적 특징을 정확히 아는 것이 매우 중요하다.

○ 많은 경우 노지재배에서 문제가 되는데 5~10월 사이에 1년에 2~3세대 정도 발생하지만 시설 내에서는 더 일찍 발생(2~4월)할 수도 있다.

○ 나방 성충은 작물을 직접 가해하지 않고 주로 유충들이 잎과 신초에 발생하여 피해를 일으키는데 부화한 어린 1~2령 유충들이 잎 주변에서 무리 지어 피해를 주다가 3령 유충 이후 주변으로 이동하여 잎 뒷면이나 줄기를 가해한다.

○ 갓 부화한 1령 유충은 1mm 내외이지만 4~5회 정도 탈피를 하면 크게 자라서 농작물을 폭식하므로 심각한 피해를 일으킨다.

나. 주요 나방류 발생 생태와 피해 증상

〈잎말이나방류〉

○ 1년에 3~4회 발생하는데 나무껍질 틈에서 유충으로 월동한다. 유충은 신초를 좋아하고, 잎이 자라면 잎을 말면서 섭식한다. 발생 밀도가 높을 경우 큰 피해가 발생할 수 있다.

○ 성충은 5월 중순~6월 상순, 6월 하순~10월 중순에 연중 3~4회 발생한다.

잎말이나방 피해 잎　　　　　　잎말이나방 번데기

애기잎말이나방 피해　　　　　　애기잎말이나방 고치

(그림 4-167) 잎말이나방류 발생 및 피해 증상

〈순나방류〉

○ 1년에 3~4회 발생하는데 나무껍질 틈에서 유충으로 월동한다. 유충은 신초를 좋아하여 신초 끝부분에서 발생하며 줄기 속으로 파고들어가 신초를 말라 죽게 하는 피해를 준다.

○ 알이 부화하는 시기인 5월 상순, 6월 중순, 7월 하순, 8월 하순에 방제를 하여 초기 발생 밀도를 낮추어야 한다.

(그림 4-168) 순나방류 발육단계(왼쪽)와 피해 증상(오른쪽)

〈쐐기나방류〉

○ 성충은 약 15mm이고 유충의 몸통 사이에 반원형의 육질돌기가 있으며 여기에 여러 개의 작고 뻣뻣한 털들이 있다. 부화한 유충이 떼를 지어 기주식물의 잎에 피해를 주는데 피해가 심할 경우 잎에서 표피만 남기고 다 먹어버린다.

○ 성충은 6월 중하순에 나타나 기주식물의 잎에 수십 개씩 무더기로 알을 낳는다. 노숙유충은 가지 표면이나 낙엽 속에 고치를 만들고 그 안에서 유충으로 월동하므로 피해가 있었던 재배지에서는 나뭇가지나 낙엽 속 등에 있는 고치를 모아 태우거나 격리 처리하면 다음 해 밀도를 떨어뜨릴 수 있다.

○ 쐐기나방과 접촉할 경우 피부에 알레르기 발생하거나 따끔거리는 고통이 오랫동안 지속될 수가 있으므로 쐐기나방이 발생한 재배지에서는 반드시 긴소매 옷과 장갑을 착용하고 작업을 하여야 한다.

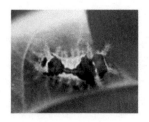

(그림 4-169) 쐐기나방 유충(왼쪽), 고치(가운데), 성충(오른쪽)

(그림 4-170) 쐐기나방 피해 증상

〈주머니나방류〉

○ 연 1회 발생하며 나뭇잎으로 만든 주머니 속에서 유충으로 월동하는데 다음 해 7월 중하순에 성충이 된다. 주로 잎에 피해를 주는데 어린 유충은 가끔 과실을 가해하기도 하고 월동 전후 가지 껍질에도 발생하여 피해를 준다.

○ 암컷은 특이하게 주머니 속에 살면서 산란하는데 날개가 있는 수컷이 찾아와 교미하고 부화한 어린 유충은 부근의 잎, 과실 등에 집단으로 서식한다.

(그림 4-171) 주머니나방(왼쪽)과 피해 증상(오른쪽)

〈기타 나방류〉

(그림 4-172) 자나방류와 피해 증상

(그림 4-173) 기타 나방류와 피해 증상

다. 방제

○ 잎과 줄기를 가해하는 나방의 경우 노숙 유충 시기까지 방치하면 피해가 커지기 때문에 성충들이 발생하기 시작하는 시기나 어린 유충들이 군집을 이루어 생활 하는 1~2령충 시기에 방제하여야 효과적이다. 알에서 깨어나 잎을 말아서 속에 들어가거나 숨기 전 또는 노숙 유충이 번데기가 되기 전에 제거하여야 한다.

○ 방충망 및 해충 포집기를 설치하여 성충들이 시설이나 재배지 내로 들어오지 못하게 하고 트랩에 잡힌 나방류 발생 유무 및 정도를 확인하면서 합리적인 방 제 계획을 세워야 할 것이다.

○ 물리적 방제와 함께 친환경 농자재를 살포하면 효과적인 방제가 가능한데 나방 류 방제를 위한 대표적인 친환경 농자재는 제충국제제, 고삼제제, 님오일제제 와 같은 천연식물제제, 곤충병원성 곰팡이와 Bacillus속 미생물제제 등이 있다.

노린재류

가. 주요 노린재 종류 및 특징

○ 블루베리에서는 톱다리개미허리노린재, 알락수염노린재 등이 발생하여 잎과 과실에 피해가 발생하고 있다.

○ 1년에 2~3회 발생하며 잔재물이나 재배지 주위의 잡초 등에서 월동한 다음 봄에 기주식물로 이동하여 피해를 준다. 노린재류는 4~5월경부터 주변의 다른 기주식물들로부터 날아와 피해를 주기 때문에 주의를 기울이지 않으면 방제 적기를 놓치기 쉽다. 따라서 노린재류의 형태적 특징과 생태적 특성을 잘 이해하여 적기 방제로 피해가 발생하지 않도록 예방하는 것이 중요하다.

알   약충

톱다리개미허리노린재   알락수염노린재   갈색날개노린재

(그림 4-174) 노린재 알, 약충 및 주요 노린재류 종류

나. 노린재류 피해 증상

○ 일부 블루베리의 경우 작물에서 잎이 기형이 되거나 구멍이 생기고 너덜너덜해지는 증상이 나타나 문제가 되고 있다. 이러한 증상은 주로 노린재류에 의한 피해 증상으로 추정되는데 잎에서 피해가 관찰될 때쯤이면 이미 해충은 잘 관찰되지 않으므로 원인이 무엇인지 잘 모르는 경우가 많다.

○ 노린재는 대개 휴면 중인 식물 눈 틈 등에서 알로 월동하고 이듬해 봄에 신초가 발아할 때부터 잎들이 형성되기까지의 기간에 피해를 준다. 부화한 약충은 신초 끝부분에 있는 잎에 피해를 주다가 과실이 열리는 시기에 과실을 가해하기도 한다.

○ 주로 어린잎을 흡즙하기 때문에 잎의 발육이 불량해지거나 위축되고 기형화된다. 과실이 열리는 시기에 흡즙하여 기형과를 발생시키기도 하는데, 피해 시기에 따라 증상이 다르다.

(그림 4-175) 알락수염노린재 및 피해 잎(왼쪽)과 과실(오른쪽)

다. 방제

○ 썩덩나무노린재, 갈색날개노린재 및 톱다리개미허리노린재는 사과의 과실을 가해하는 주요 노린재류로 집합페로몬을 이용하여 정밀한 발생 예찰 및 대량 포획에 의한 밀도 관리를 할 수 있다.

○ 톱다리개미허리노린재의 집합페로몬은 2종류로 3성분(EZ:EE:MI)과 4성분 (EZ:EE:MI:OI)으로 조성된 것이 있으며, 3성분보다 4성분이 톱다리개미허리노린재 유인 효과가 높다.

○ 썩덩나무노린재의 집합페로몬이 최근 미국에서 상용화되어 이용이 증가하고 있으며, 이 페로몬에는 썩덩나무노린재와 갈색날개노린재가 잘 유인된다.

○ 노린재류는 트랩의 종류에 따라 유인 효과 차이가 매우 큰데, 최근 하나의 트랩으로 여러 종류의 노린재류를 잘 포획할 수 있는 로케트 트랩이 개발되어 과수 가해 노린재류의 대량 포획에 적극 이용되고 있다.

○ 집합페로몬 트랩을 설치하는 방법은 로케트 트랩에 톱다리개미허리노린재와 썩덩나무노린재의 집합페로몬을 함께 넣어 재배지 가장자리에 약 20m 간격으로 설치하고 재배지 안에는 썩덩나무노린재의 집합페로몬을 로케트 트랩에 넣어 설치하는 것이다. 이를 통해 집합페로몬 트랩으로 과실의 피해를 줄이고 노린재류를 효과적으로 포획할 수 있다.

○ 집합페로몬에 콩 종실 및 마른 멸치를 넣어주면 노린재의 유인 효과가 크게 증가한다.

딱정벌레류

가. 주요 딱정벌레류 종류 및 피해 증상

○ 풍뎅이류, 잎벌레류 등 주로 어린 신초와 과실에 피해를 주는 종들과 나무좀, 방아벌레류와 같이 줄기에 피해를 주는 종 등 다양하게 발생한다.

○ 일반적으로 성충이 어린잎과 개화기에 꽃잎에 상처를 주기도 하고 일부 종은 과실 비대기나 성숙기에 과실에 상처를 입히기도 한다. 일부 딱정벌레 유충과 성충은 나뭇가지 줄기에 구멍을 뚫고 가해한다.

○ 유충은 목질부의 수피에 위아래로 구멍을 뚫거나 껍질 밑을 테 모양으로 갉아 먹으면서 피해를 입혀 말라 죽게 하는데 대부분의 경우 동해나 병해 등에 의해 수세가 약해진 나무에 발생한다. 일부는 피해를 받은 가지 줄기의 표면에 구멍을 뚫고 피해 부위 밖으로 톱밥 같은 배설물을 배출하기도 한다.

딱정벌레류에 의한 과실과 잎 피해

잎벌레류와 피해 증상

등얼룩풍뎅이와 피해 증상

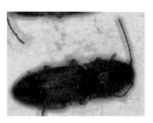

줄기를 가해하는 딱정벌레와 피해

(그림 4-176) 주요 딱정벌레 종류와 피해 증상

○ 일부 풍뎅이의 유충(굼벵이)의 경우 블루베리 뿌리 부위에 발생 밀도가 높아 뿌리를 갉아 먹는 등의 피해를 주어 문제가 되는 사례도 있다. 이는 친환경 재배지의 경우 굼벵이들이나 미소 절지동물의 먹이가 되는 유기물들이 많기 때문으로 여겨진다.

○ 또한 일부 재배지에서는 토양 속 굼벵이나 지렁이 등을 먹으려고 두더지들이 모여들어 2차적으로 뿌리 부위에 굴을 파고 다니면서 뿌리에 상처를 주는데, 심하면 나무 전체가 고사하는 경우도 있지만 서식 영역이 넓고 포획하기도 힘들어 방제가 쉽지 않다.

나. 방제

○ 피해를 받은 나무는 수세가 점차 쇠약해지고 결국 고사하는데 이런 가지는 다른 가지에 오염되지 않도록 초기에 격리한다. 이미 줄기 내부에 침입하여 있는 것들은 피해 구멍에 가느다란 철사를 찔러 넣어 죽이며, 피해가 심한 가지는 피해 부위 아래로 충분히 잘라서 제거해야 한다.

○ 일부 풍뎅이(등얼룩풍뎅이, 애풍뎅이, 연다색풍뎅이 등)의 경우 유인 물질과 전용 트랩들이 개발되어 있어 성충들을 포획하여 장기적으로 발생 밀도를 낮추는 방법도 있다. 유인 물질이나 페로몬은 종 특이성이 있기 때문에 우선 어떤 종류의 풍뎅이들이 발생하는지와 어떤 적용 유인 물질들이 있는지를 먼저 확인하여야 한다.

○ 토양 속 두더지 또는 굼벵이, 미소 절지동물 등으로 뿌리 부위에 피해가 발생한 재배지는 장기적으로 밀도를 낮추는 전략을 수행하여야 할 것이다. 굼벵이의 경우 월동 후 다음 해에 성충으로 우화하기 위하여 토양 표면으로 올라오는 5~6월 사이에 곤충병원성 성충을 재배지 표면에 2~3회 충분히 살포하면 어느 정도 밀도 억제 효과가 있다.

(그림 4-177) 풍뎅이 유인트랩(왼쪽)과 포획된 등얼룩풍뎅이 성충(오른쪽)

깍지벌레류

가. 형태

○ 대부분 원형이나 타원형 모양으로 크기도 1~2mm의 작은 것에서 5~6mm가 되는 큰 것까지 다양하다. 같은 종이라도 약충과 성충이 섞여 있어서 구분이 힘든 경우가 많다.

거북밀깍지벌레

무화과깍지벌레

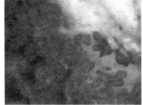

긴솜깍지벌레류

공깍지벌레

(그림 4-178) 깍지벌레류

나. 피해 증상

○ 깍지벌레는 주로 줄기나 잎의 앞, 뒷면 등 구석구석 발생하는데 분비물이 잎 표면에 달라붙고 피해 받은 부위에는 흰색 또는 연갈색의 반점이 남을 수 있다. 가지나 잎들이 갈라지는 부위에 발생할 경우 방제가 어렵고 오랫동안 발생 시 식물체 생장을 위축시킨다.

(그림 4-179) 깍지벌레 피해 가지

다. 발생 생태
○ 일반적으로 야외에서 연간 1~2회 이상 발생하며 노숙 약충 또는 성충으로 월동한다. 성충은 5월 중순경에 산란하며 알은 5월 하순~6월 상순경에 부화하지만 시설 내에서는 연중 발생할 수도 있다.
○ 1령충은 이동성이 있어서 식물체 사이를 기어서 이동하지만 2령 이후에는 식물체 표면에 고착생활을 하면서 이동성이 없어진다.

라. 방제
○ 일반적으로 깍지벌레는 두꺼운 깍지에 덮여 있어서 살충제를 살포해도 방제가 어렵기 때문에 발생 초기에 한두 마리가 관찰될 때 피해 부위를 제거해야 한다. 밀도가 높아지면 수작업으로 제거가 불가능하기 때문에 발생 밀도가 높은 가지는 잘라서 밀폐 또는 태워서 버려야 한다.
○ 기계유 유제의 경우 친환경 재배에서 사용 가능하지만 적용 시기가 제한되어 있고 예방적 차원에서 사용하여야 효과적이다. 피해가 심했던 재배지에서 낙엽이 진 늦가을과 신초가 나기 전 이른 봄에 사용하면 월동충의 생존율을 낮출 수 있다. 기계유 유제의 경우 신초 또는 생육 중기에 사용할 경우 약해가 발생할 가능성이 매우 높아 특히 주의하여야 한다.

갈색날개매미충

학명	*Ricania* sp.
영명	Asian planthopper

가. 형태

○ 갈색날개매미충은 매미목 큰날개매미충과 곤충으로 성충의 크기가 10~ 15mm이고, 노란색 인편 아래에 갈색 날개를 갖고 있다.

○ 알은 1mm 전후의 반투명한 흰색으로 식물체 조직 내에 무더기로 있다. 부화 약충은 1~2mm의 작은 크기로 흰색 실털 모양을 뒤집어쓴 것처럼 보인다.

  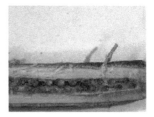

(그림 4-180) 갈색날개매미충 성충(왼쪽), 약충(가운데), 알(오른쪽)

나. 피해 증상

○ 최근 노지재배 블루베리를 중심으로 피해가 확산되고 있는데 발생할 경우 식물 체를 흡즙하여 피해를 유발한다. 또 어린 나무 줄기 속에 산란하여 가지에 피해 를 입는다.

○ 줄기, 잎, 과실 등을 흡즙할 경우 반점이 생기고 점차 노란색이 되며 심하면 낙 엽이 진다. 배설물에 의한 그을음 증상은 생육을 늦추고 과실 상품성을 떨어뜨 리는데 블루베리에서는 주로 어린 가지 속에 산란하여 가지를 말라 죽게 한다.

(그림 4-181) 산란 흔적(왼쪽)과 피해 가지(오른쪽)

다. 발생 생태

○ 갈색날개매미충은 줄기 속에 알 무더기 상태로 월동하여 이듬해 봄 5~6월 사이에 부화하고 7월 이후에 성충으로 활동하면서 주변 식물들에 피해를 일으킨다.

○ 8월 이후에는 갈색날개매미충 성충들이 재배지로 들어와 주로 어린 가지들만 골라서 줄기 속에 산란하기 때문에 블루베리에서는 성충에 의한 흡즙 피해보다는 산란 피해가 생긴 어린 가지 고사가 더 문제가 된다.

라. 방제

○ 산란한 알들은 나뭇가지 속에 있기 때문에 피해 가지에서 산란한 알들이 있는 부분을 오려내고 피해가 심한 가지들은 잘라서 폐기해야 한다.

○ 방제는 월동 알들이 부화하여 약충이 되는 5~6월 사이에 실시해야 하는데 친환경 농자재로는 고삼추출물, 데리스추출물, 님추출물 등이 있다. 성충은 8~9월 사이에 주변 기주나 야산에서 재배지로 이동하기 때문에 성충 유입 시기에 효과적인 예찰을 통한 방제가 이루어져야 한다.

○ 노란색끈끈이트랩에 유인 효과가 높아 성충들이 유입되기 전 재배지 주변 등에 설치하면 예찰에 효과적이고 다량으로 설치할 경우 초기 유입 밀도 억제에 효과적이다.

(그림 4-182) 끈끈이트랩에 유인된 갈색날개매미충 성충

알아두면 좋은 과수병해충

1판 1쇄 인쇄 2022년 04월 06일
1판 1쇄 발행 2022년 04월 11일
지은이   국립원예특작과학원
펴낸이   이범만
발행처   **21세기사**
등록   제406-2004-00015호
주소   경기도 파주시 산남로 72-16 (10882)
전화 031)942-7861 팩스 031)942-7864
홈페이지   www.21cbook.co.kr
e-mail   21cbook@naver.com
ISBN 979-11-6833-023-8

정가 30,000원